教育部职业教育与成人教育司推荐教材
职业教育改革与创新系列教材

机　械　制　图

第 2 版

主编　孙焕利　段接会
参编　贺文雪　刘兴波

机 械 工 业 出 版 社

本书是教育部职业教育与成人教育司推荐教材，是在第1版的基础上修订而成的。本书采用了最新的《技术制图》和《机械制图》国家标准，以满足数控技术应用专业和机械专业的要求为出发点，教材内容的选取力求做到“实用、够用”，突出读图和绘图能力的培养。本书主要内容包括制图的基本知识与技能、正投影法及三视图、组合体的视图及识读、轴测图、机械图样的画法、标准件和常用件的画法及识读、零件图、装配图和机器零部件的测绘。

本书可作为中等职业学校机电类专业学生的学习用书，也可作为岗位培训及职业技能鉴定考试的辅导用书。

为方便教学，本书配套有电子课件，选择本书作为教材的教师可来电（010-88379197）索取，或登录 www.cmpedu.com 网站，注册、免费下载。

图书在版编目（CIP）数据

机械制图/孙焕利，段接会主编. —2版. —北京：机械工业出版社，2015.9（2025.9重印）

教育部职业教育与成人教育司推荐教材　职业教育改革与创新系列教材

ISBN 978-7-111-51499-2

Ⅰ.①机…　Ⅱ.①孙…②段…　Ⅲ.①机械制图-高等职业教育-教材　Ⅳ.①TH126

中国版本图书馆CIP数据核字（2015）第206456号

机械工业出版社（北京市百万庄大街22号　邮政编码100037）
策划编辑：齐志刚　责任编辑：杨　璇　王丹凤
责任校对：陈立辉　封面设计：张　静　责任印制：张　博
北京机工印刷厂有限公司印刷
2025年9月第2版第6次印刷
184mm×260mm · 13.5印张 · 329千字
标准书号：ISBN 978-7-111-51499-2
定价：39.90元

电话服务	网络服务
客服电话：010-88361066	机　工　官　网：www.cmpbook.com
010-88379833	机　工　官　博：weibo.com/cmp1952
010-68326294	金　　书　　网：www.golden-book.com
封底无防伪标均为盗版	机工教育服务网：www.cmpedu.com

第 2 版前言

本书是根据教育部中等职业教育数控技术应用专业领域技能型紧缺人才培养培训指导方案和最新的数控专业教学计划，在第 1 版的基础上修订而成的。本书是教育部职业教育与成人教育司推荐教材，与之相配套的还有《机械制图习题集》。

本次修订是以教育部 2009 年 5 月印发的《中等职业学校机械制图教学大纲》为指导，是在广泛吸取近年来的教学经验和兄弟院校对教材第 1 版的使用意见以及部分专家对本教材的修订意见，在全面贯彻最新国家标准的基础上进行的。本次修订仍保持第 1 版的编写格局，主要在以下几个方面进行修订。

1. 贯彻了最新的《技术制图》和《机械制图》国家标准

力求与《技术制图》、《机械制图》国家标准以及与机械制图相关国家标准最新规定同步，相关术语、定义、图样都按新标准统一表述，图例、标记、附录等也做了相关修改。

2. 教材内容更具科学性、实用性和先进性

为保持本套教材的延续性和原有的读者层次，本次修订在原有教材风格和特点的基础上，根据教学实践，针对原教材的不足进行了改进，充分反映教学的需要。如紧扣教学大纲和相关职业技能标准，重新调整了各章的学习目标，对不切实际或过时的技术内容与错误进行了修正，补充了部分新知识、新工艺方面的内容。

3. 教材图文并茂，贴近中职学生的阅读习惯

本书根据中职学生的年龄特点与阅读习惯，版面设计生动活泼，对一些重点、难点或需提示的内容，进行了醒目的彩色印刷，既便于教师讲课、辅导，又便于学生自学。

本书的修订工作得到了各位编者的支持，参加修订的人员既有第 1 版教材的编者，也有近年来在教学一线工作、具有丰富教学经验的优秀中青年教师，保证了本次修订工作的顺利进行。本书由孙焕利、段接会任主编，贺文雪、刘兴波参加编写。

由于编者水平有限，书中难免存在缺点和错误，恳请读者批评指正。

编　者

第1版前言

本书是根据教育部中等职业教育数控技术应用专业领域技能型紧缺人才培养培训指导方案和最新的数控专业教学计划组织编写的，是教育部职业教育与成人教育司推荐教材。

本书的特点突出实用，充分体现先进的职业教育理念和以就业为导向的职业教育目标，以满足数控技术应用专业和机械专业的要求为出发点，采用模块式课程结构，尽可能压缩课时，少讲多练；删除不必要的理论，突出读图和绘图能力的培养。本书采用了现行最新国家标准。

“机械制图”是培养在相关企业从事数控设备的操作与维护、计算机绘图及技术档案管理、加工质量检测与管理、数控设备的销售与技术服务以及机械加工行业一线技术应用、实用性技术人才或高素质劳动者的一门实践性和实用性很强的主干技术基础课。其主要任务是培养学生掌握一定的机械制图的基础知识，具有一定的读图、绘图的能力和技能，并且培养学生具有一定的空间想象能力和思维能力，为后续的计算机绘图和专业课的学习奠定扎实的基础。

本书建议课时为100~130课时（含测绘），分配参考见下表。

章次	课时数	章次	课时数
绪论	1	第六章	11
第一章	10	第七章	12
第二章	16	第八章	11
第三章	12	第九章	7
第四章	6	综合测绘	30
第五章	15	机动	10

参加本教材编写的有：山东省轻工工程学校孙焕利（绪论、第五章），湖北十堰职业技术（集团）学校胡学新（第二章），山东省轻工工程学校王桂莲（第一章、第四章），河南机电学校王香耿（第六章、第七章），湖北十堰职业技术（集团）学校杜吉陆（第三章），徐州机电工程高等职业学校陈丽（第八章），山东省轻工工程学校刘兴波（第九章）。本书由孙焕利、胡学新任主编，崔国利任主审，主审对本书初稿提出了许多宝贵意见，在此表示衷心感谢。

由于编者水平有限，编写时间比较短，书中肯定有不少缺点，恳请读者批评指正。

编　者

目　录

绪　论

一、机械制图的研究对象和任务

工程图样被誉为“工程界的通用语言”，作为一个从事机械制造工作的技术人员不掌握这种“语言”就无法正常完成工作。本课程就是研究如何应用正投影原理，掌握绘制和阅读机械工程图样的方法。由于机械工程图样不仅要求表明机件的结构形状，同时还要反映机件的尺寸和制造生产机件的技术要求等内容，而与这些内容有关的相应国家标准中对其表示方式和方法都作了具体的规定，因此，上述内容和有关的生产知识及国家标准也是本课程的研究对象。本课程是工科学校学生的一门十分重要的、必修技术基础课程。

机械制图就是研究如何运用正投影法的基本原理，绘制和阅读机械工程图样的课程。本课程的主要任务如下：

1）使学生掌握机械制图的基本知识，获得读图和绘图能力。

2）培养学生分析问题和解决问题的能力，使其形成良好的学习习惯，具备继续学习专业技术的能力。

3）对学生进行职业意识培养和职业道德教育，使其形成严谨、敬业的工作作风，为今后解决生产实际问题和职业生涯的发展奠定基础。

二、本课程的特点和学习方法

本课程是一门实践性很强的技术基础课。因此，学习本课程首先应学好正投影法的基本理论和方法，并运用这些理论和方法去分析解决空间几何问题，由浅入深，逐步培养自己的空间想象能力与思维能力；其次应通过大量的作业、练习、绘图、读图实践，加深理解和巩固理论知识，加速培养自己的读图能力和图形表达能力，掌握绘图的方法与技能技巧，不断提高绘图质量；鉴于图样在生产过程中的重要作用，要多深入生产实际，不断增加自己的感性认识，丰富自己的工程实践知识，无疑这对于学好本课程也是十分有益的。此外，由于图样是生产的依据，绘图和读图中的任何一点疏忽，都有可能给生产造成严重的损失。因此，在学习中还应注意养成认真负责、耐心细致、一丝不苟的良好作风。

第一章
制图的基本知识与技能

【学习目标】

【知识目标】

1. 认识机械图样，了解《技术制图》与《机械制图》国家标准中关于图纸幅面和格式、比例、字体、图线和尺寸注法等的相关规定。

2. 掌握等分圆周和作正多边形的方法。

3. 理解斜度和锥度的概念，掌握其画法和标注。

4. 掌握圆弧连接的作图原理和作图方法。

5. 了解画草图的基本方法。

【技能目标】

1. 正确和熟练地使用常用的绘图工具和仪器进行绘图。

2. 掌握简单平面图形的分析方法和作图步骤。

3. 能正确绘制图形中的各类图线，做到正确、规范、清晰。

【素质目标】

1. 初步树立制图国家标准是技术法规观念和标准化意识。

2. 养成认真、细致、严谨的学习态度和工作作风。

3. 培养实施工作计划的能力、团队合作交流的能力以及良好的职业道德和职业情感，提高适应职业变化的能力。

第一节　制图的基本规定

图样是设计、制造机器的主要技术资料。为了正确地绘制和阅读机械图样，必须熟悉有关国家标准和规定。《技术制图》国家标准是工程界重要的技术基础标准，是绘图和读图的准则和依据。

我国国家标准（简称“国标”）的代号为“GB”（“GB/T”为推荐性国标），字母后面的两组数字，分别表示标准顺序号和标准发布的年份。GB/T 14689—2008 分别对图纸幅面及格式、比例、字体、图线、尺寸注法等作了规定，本节将对上述内容作简要介绍。

一、图纸幅面和格式（GB/T 14689—2008）

（一）图纸幅面尺寸

为了使图纸幅面统一，便于装订和管理，绘制图样时，应优先采用表 1-1 中规定的基本幅面，表中幅面代号意义如图 1-1、图 1-2 所示。

表 1-1　基本幅面　　（单位：mm）

幅面代号	A0	A1	A2	A3	A4
$B\times L$	841×1189	594×841	420×594	297×420	210×297
a	25				
c	10			5	
e	20		10		

（二）图框格式

在图纸上，图框线必须用粗实线画，其格式分为留有装订边和不留装订边两种，分别如图 1-1、图 1-2 所示。但同一产品的图样只能采用一种格式。

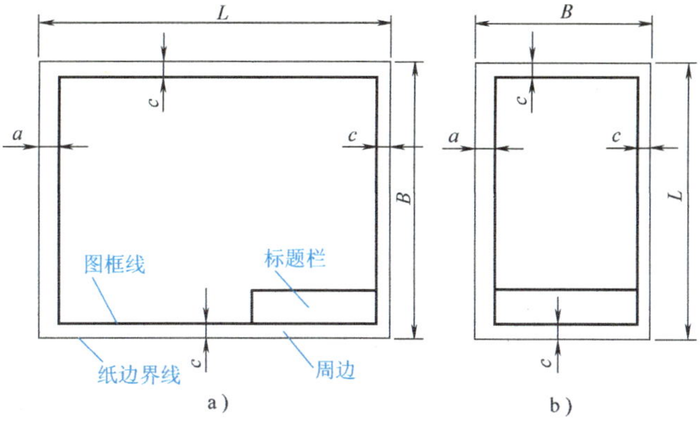

图 1-1　留有装订边的图框格式

a）横装订的格式　b）竖装订的格式

需要装订的图纸，一般采用 A4 幅面竖装或 A3 幅面横装的形式。

（三）标题栏和明细栏

国家标准《技术制图　标题栏》（GB/T 10609. 1—2008）、《技术制图 明细栏》（GB/T 10609. 2—2009）对标题栏与明细栏的要求、内容、格式与尺寸作了明确的规定，如图 1-3 所示。生产上用的标题栏内容较多、较复杂，一般均印在图纸上，在学校的制图作业中，建议采用简化标题栏，如图 1-4 所示。

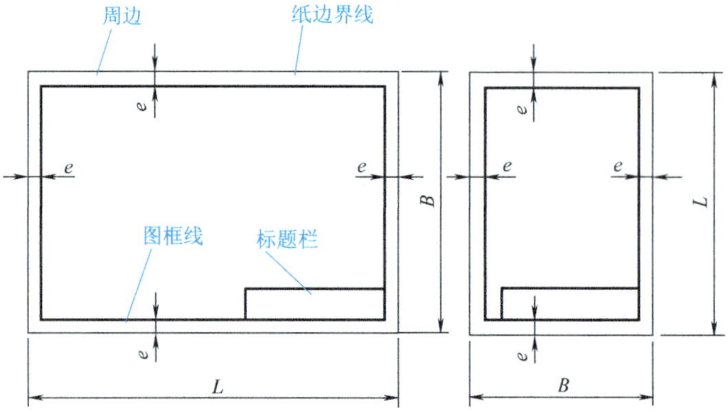

a)　　b)

图 1-2　不留装订边的图框格式

a）A3 横装订的格式　b）A4 竖装订的格式

标题栏中的文字方向一般为看图方向。标题栏一般应位于图纸的右下角。

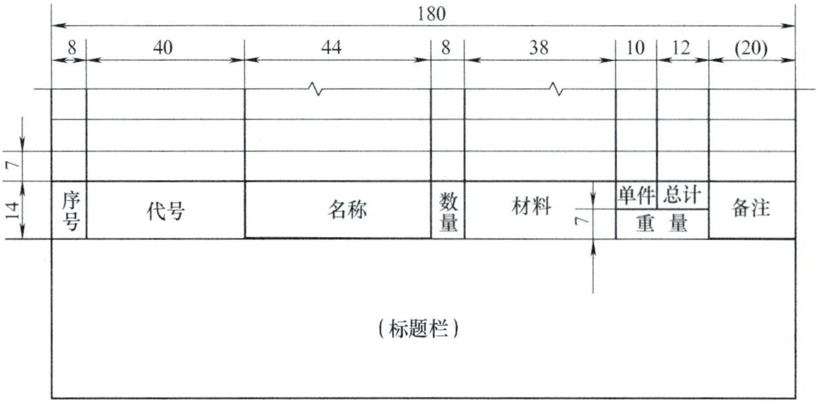

a)

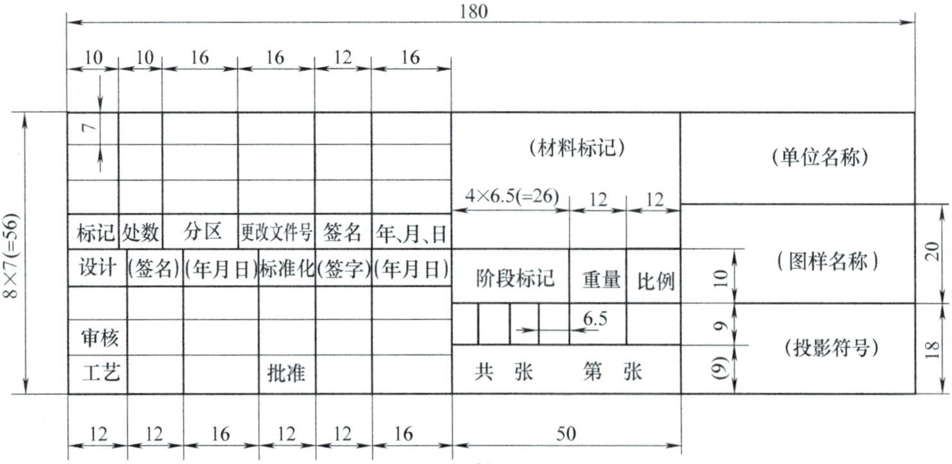

b)

图 1-3　标题栏与明细栏的格式

a）标题栏的格式　b）明细栏的格式

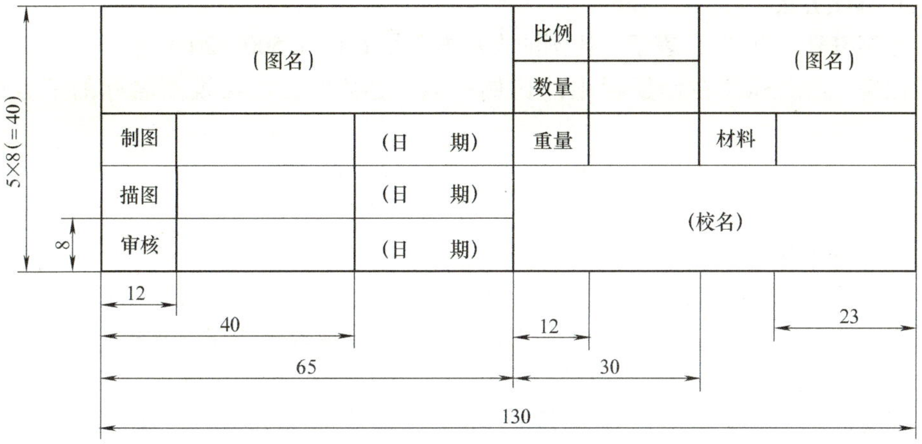

图 1-4　学生用标题栏格式

(四) 看图方向的规定

为了利用预先印制好的图纸，允许将图纸逆时针旋转 90° 放置，如图 1-5a、b 所示。此时，为了使图样复制和缩微摄影时定位方便，应在图纸各边长的中点处分别画出对中符号。同时为了明确绘图和看图方向，在图纸下边对中符号处画一个方向符号，方向符号为一个细实线绘制的等边三角形，其大小、位置如图 1-5c 所示。

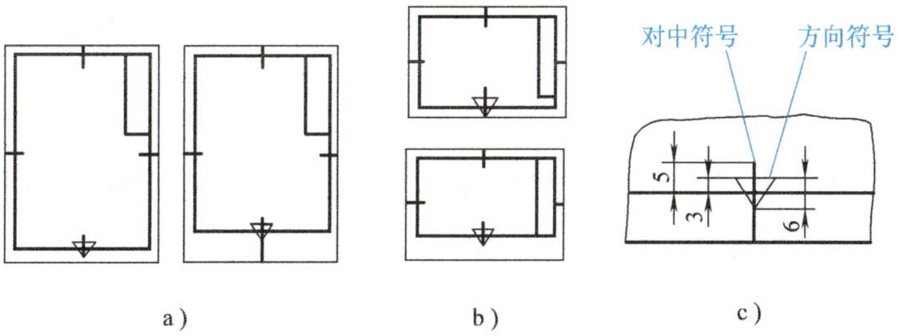

图 1-5　标题栏位于右上角时的看图方向

对中符号用粗实线绘制，线宽不小于 0. 5mm，伸入图框边界内 5mm。当对中符号处在标题栏的范围内时，伸入标题栏的部分省略，如图 1-5b 所示。

二、比例 (GB/T 14690—1993)

(一) 概念

比例是指图样中图形与其实物相应要素的线性尺寸之比。国家标准规定当需要按比例绘制图样时，应由表 1-2 规定的系列中选取适当的比例。必要时，也允许选取表 1-2 中带括号的比例。

表 1-2　绘图比例 (摘自 GB/T 14690—1993)

种类	比　例
原值比例	1:1
放大比例	2:1　5:1　1×10^n:1　2×10^n:1　5×10^n:1 (2. 5:1)　(4:1)　(2.5×10^n:1)　(4×10^n:1)
缩小比例	1:2　1:5　1:10　1:1×10^n　1:2×10^n　1:5×10^n (1:1. 5)　(1:2. 5)　(1:3)　(1:4)　(1:6) (1:1.5×10^n)　(1:2.5×10^n)　(1:3×10^n)　(1:4×10^n)　(1:6×10^n)

注：n 为正整数。

（二）标注方法

1）比例符号应以“:”表示。比例的表示方法如 1:1、1:500、20:1 等。

2）比例一般应标注在标题栏中的比例栏内。必要时，可在视图名称的下方标注比例，如：

$$\frac{\mathrm{I}}{2:1} \qquad \frac{A}{1:100} \qquad \frac{B-B}{10:1}$$

（三）选择原则

1）当表达对象的形状复杂程度和尺寸适中时，一般采用原值比例 1:1 绘制。

2）当表达对象的尺寸较大时应采用缩小比例，但要保证复杂部位清晰可读。

3）当表达对象的尺寸较小时应采用放大比例，使各部位清晰可读。

4）尽量优先选用表 1-2 中不带括弧的比例。根据表达对象的特点，必要时才选用表1-2 中带括弧的比例。

5）选择比例时，应结合幅面尺寸，综合考虑其最佳表达效果和图面的审美价值。

无论采用何种比例，图形中所注的尺寸数值均指机件的实际大小，与图形的比例无关。

三、字体（GB/T 14691—1993）

在图样中书写的字体必须做到字体工整、笔画清楚、间隔均匀、排列整齐。

字体高度（用 h 表示）的公称尺寸系列为 1.8mm、2.5mm、3.5mm、5mm、7mm、10mm、14mm、20mm。字体高度代表字体的号数。

汉字应写成长仿宋体，并应采用国家正式公布推行的简化字。汉字的高度不应小于 3.5mm，其字宽一般为 $h/\sqrt{2}$。字母和数字分 A 型和 B 型，A 型字体的笔画宽度为字高的 1/14，B 型字体的笔画宽度为字高的 1/10。在同一图样上，只允许选用一种型式的字体。

字母和数字可写成斜体和直体，斜体字字头向右倾斜，与水平基准线成 75°。用作指数、分数、极限偏差、注脚等的数字及字母，一般应采用小一号的字体。

长仿宋体汉字示例：

10 号　工程字体长仿宋体

7 号　字体工整笔画清楚排列整齐

5 号　装配技术要求对称不同轴线热处理

3.5 号　螺栓母钉汽缸活塞滑块齿轮带轮弹簧连接箱体拉杆

B 型拉丁字母示例：

大写斜体：

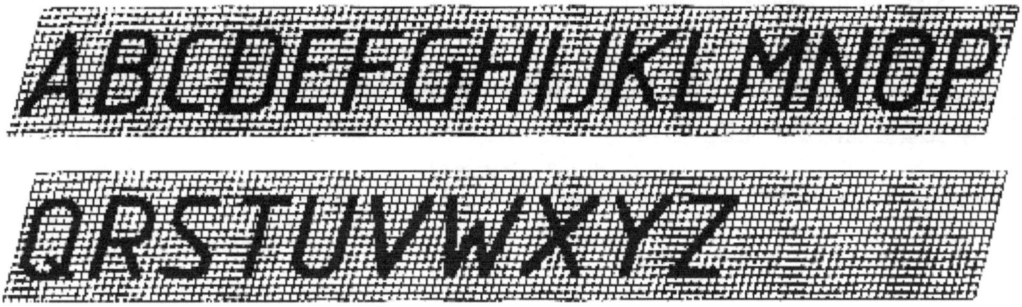

小写斜体：

B 型阿拉伯数字示例

斜体：

直体：

B 型罗马数字

斜体：

直体：

四、图线（GB/T 4457.4—2002）

（一）图线的类型

图线基本线型见表1-3，共有15种，其中01是连续线，02～15为不连续线。基本线型可能的变形见表1-4。

表1-3 基本线型

代码 No.	基本线型	名称
01		实线
02		虚线
03		间隔画线
04		点画线
05		双点画线
06		三点画线
07		点线
08		长画短画线
09		长画双短画线
10		画点线
11		双画单点线
12		画双点线
13		双画双点线
14		画三点线
15		双画三点线

表1-4 基本线型可能的变形

基本线型可能的变形	名　称
	规则波浪连续线
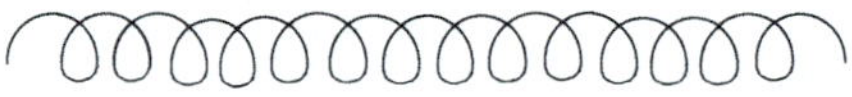	规则螺旋连续线
	规则锯齿连续线
	波浪线（徒手连续线）

注：本表仅包括了№.01基本线型的变形，№.02～15可用同样的方法变形表示。

标准规定了九种图线宽度，所有线型的图线宽度（d 表示图线宽度）应按图样的类型和尺寸在下列数系中选择：0.13mm、0.18mm、0.25mm、0.35mm、0.5mm、0.7mm、1mm、1.4mm、2mm。图线的宽度分粗线、中粗线、细线三种，粗线、中粗线、细线的宽度比例为4:2:1。在同一图样中，同类图线的宽度应一致。一般粗线和中粗线宜在0.5～2mm之间选取，应尽量保证在图样中不出现宽度小于0.18mm的图线。

机械图样上采用两种线宽，其比例关系是2:1。机械图样上常用的线型为粗实线、细实线、[细]波浪线、[细]双折线、粗虚线、[细]虚线、粗点画线、[细]点画线、[细]双点画线（“[ ]”内表示一般缺省时所指的粗细线型）。

注意：04点画线、05双点画线、06三点画线的画为“长画”，10画点线、12画双点线、14画三点线的画是“画”；其中的点是“点”，而不是原意义上的“短画”。

手工绘图时，线素的长度宜符合表1-5的规定。

表1-5　图线的构成

线素	线型	长度	线素	线型	长度
点	04～07，10～15	≤0.5d	画	02，03，10～15	12d
短间隔	02，04～15	3d	长画	04～06，08，09	24d
短画	08，09	6d	间隔	03	18d

基本线型和线素的画法示例，如图1-6所示。

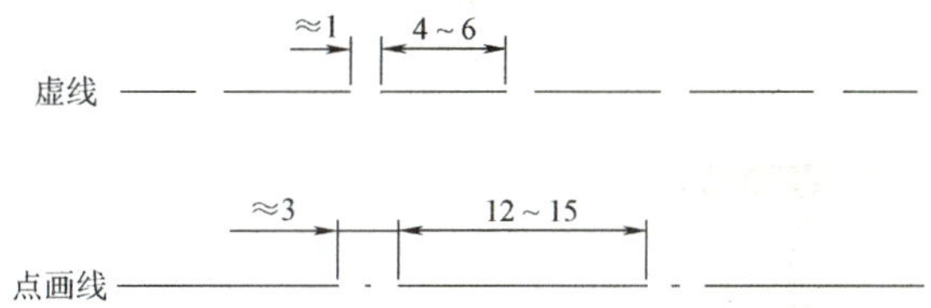

图1-6　图线规格

（二）图线的应用

绘制点画线和虚线时，还应遵守图1-7的画法要求，在较小的图形上绘制点画线或双点画线有困难时，可用细实线代替。绘制点画线的要求是：以长画为始尾，以长画相交，超出图形轮廓3～5mm。

图线的一般应用示例如图1-8所示。

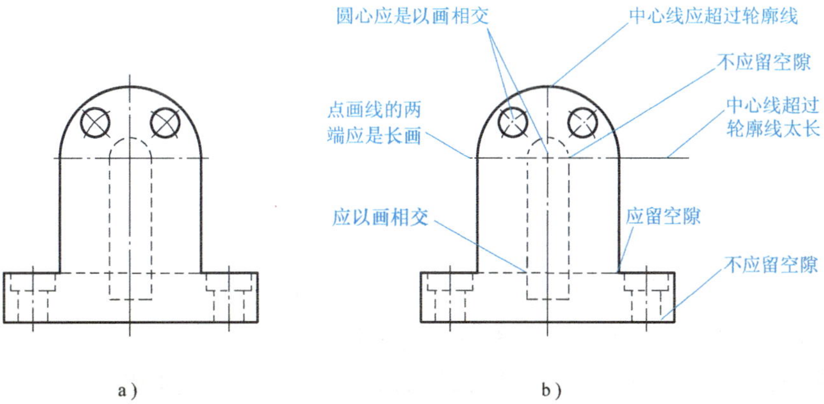

图1-7　点画线和虚线的画法

a）正确　b）错误

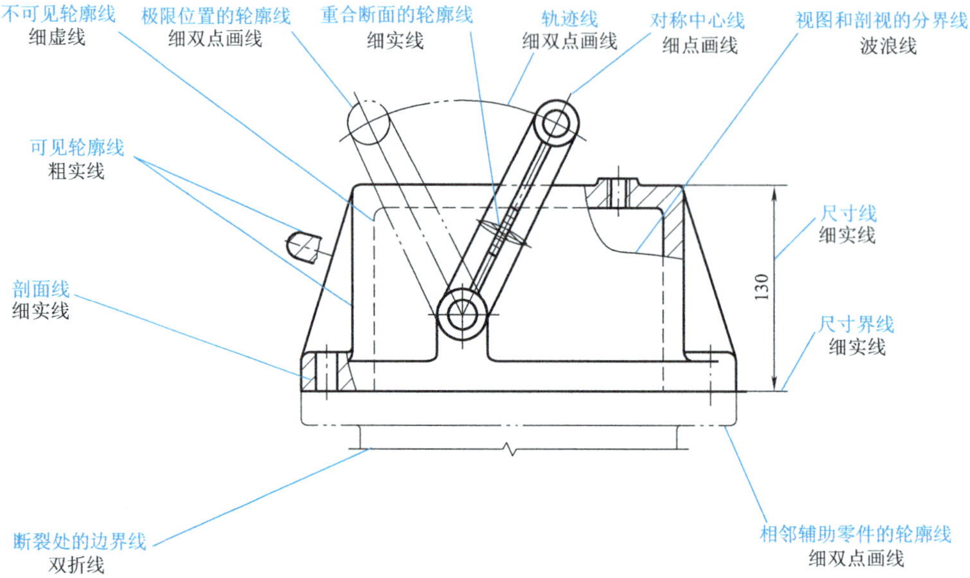

图 1-8 图线应用示例

注意的问题（图 1-9）：

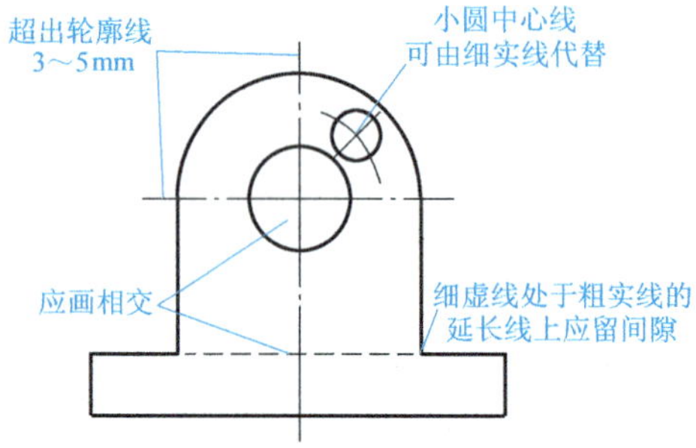

图 1-9 图线画法注意事项

1）同一张图样的同类图线的粗细应基本一致，虚线、点画线及双点画线中长画的长短和间距大小靠目测控制，应各自大致相等。

2）点画线或双点画线中的点是极短的一画（长约 1mm），而首末两端应是长画。

3）虚线与虚线或实线相交，应以画相交不得留间隙。

4）点画线应以画相交，点画线的首末两端应是画而不是点，应超出图形 3 ~ 5mm。

5）图线与图线相切应以切点相切，相切处应保持两线中的较宽的图线宽度，不要相割或相离。

五、尺寸注法（GB/T 4458.4—2003 和 GB/T 16675.2—2012）

图形只能表达零件的形状，零件的大小则通过标注尺寸来确定。国家标准规定了标注尺寸的一系列规则和方法，绘图时必须遵守如下内容。

（一）基本规定

1）图样中的线性尺寸，以毫米为单位时，不需注明计量单位代号或名称。若采用其他单位则必须标注相应计量单位或名称。

2）图样中标注的尺寸数值是零件的真实大小，与图形大小及绘图的准确度无关。

3）零件的每一尺寸，在图样中一般只标注一次。

4）图样中标注的尺寸是该零件最后完工时的尺寸，否则应另加说明。

5）在保证不引起误解的情况下，可简化标注。

（二）尺寸要素

一个完整的尺寸，包含下列四个尺寸要素：

1. 尺寸界线

尺寸界线用于表示所注尺寸的范围。

尺寸界线用细实线绘制。尺寸界线一般自图形轮廓线、轴线或对称中心线引出，超出尺寸线终端2～3mm。也可直接用轮廓线、轴线或对称中心线代替尺寸界线，如图1-10a所示。线性尺寸的尺寸界线一般与标注的线段垂直，必要时允许倾斜，但两尺寸界线仍然相互平行。角度的尺寸界线应沿径向引出，弦长及弧长的尺寸界线应平行于弦的垂直平分线，如图1-14所示。

2. 尺寸线

尺寸线用于表示尺寸度量的方向。

尺寸线用细实线绘制在尺寸界线之间，如图1-10a所示。尺寸线必须单独画出，不能与图线重合或在其延长线上，如图1-10b中尺寸3和8的尺寸线，并应尽量避免尺寸线之间及尺寸线与尺寸界线之间相交，如图1-10b中尺寸14和18的标注不正确。

标注线性尺寸时，尺寸线必须与标注的线段平行，相同方向的各尺寸线的间距要均匀，间隔应大于7mm，以便注写尺寸数字和有关符号。标注角度和弧长时，尺寸线应画成圆弧，圆心是该角的顶点尺寸线不得用其他图线代替，如图1-14所示。

3. 尺寸线终端

尺寸线终端用于表示尺寸的起止。

尺寸线终端有箭头和细斜线两种形式，如图1-11所示。箭头适用于各种类型的图形，箭头尖端与尺寸界线接触，不得超出也不得离开，如图1-12所示。

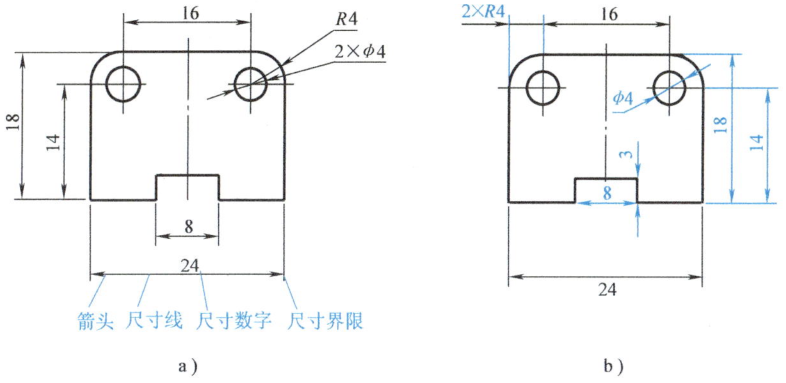

图1-10　尺寸的组成及尺寸标注正误对比

a）正确　b）错误

图1-11　尺寸线终端的两种形式

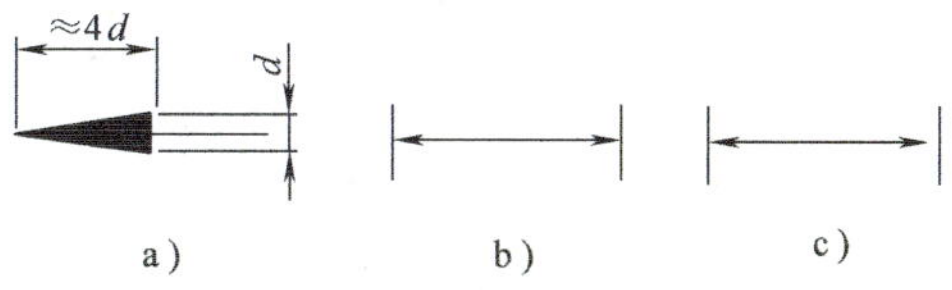

图1-12　箭头画法的对比

a）箭头的画法　b）正确注法　c）错误注法

箭头的尾部宽度等于图形中可见轮廓线的宽度 d，长度为 $4d$～$5d$。箭头的位置应与尺寸界线接触，不得留有间隙。

细45°斜线的方向和画法如图1-11所示，当尺寸线终端采用细斜线形式时，尺寸线与尺寸界线必须相互垂直，并且同一图样中只能采用一种尺寸线终端形式。画箭头地方不够时，允许用圆点或细斜线代替箭头，也可用单边箭头。

4. 尺寸数字

尺寸数字用于表示标注零件尺寸的实际大小。

尺寸数字采用斜体阿拉伯数字，同一张图样中数字大小应一致；线性尺寸数字一般应标注在尺寸线的上方，也允许写在尺寸线的中断处。线性尺寸的注法如下。

方法一：线性尺寸数字的方向应以图纸右下脚的标题栏为基准，使水平字头朝上，铅直尺寸字头朝左，倾斜尺寸的尺寸数字都应保持字头仍有朝上的趋势（垂直30°范围内尽量不标注倾斜尺寸）。

方法二：对非水平方向的尺寸，其数字可水平地标注在尺寸线的中断处。

注意：一般用第一种方法，也允许用第二种方法。但一张图纸尽量用一种方法 。

（三）常用的符号及缩写词（表1-6）

（四）各类尺寸注法示例

1. 线性尺寸的注法

标注线性尺寸时，尺寸线须与所标注的线段平行。线性尺寸的数字应按图1-13a中所示的方向注写，并尽可能避免在图示30°的范围内标注尺寸，当无法避免时，可按图1-13b所示的方法进行标注。

表1-6 常用的符号和缩写词（摘自GB/T 4458.4—2003）

名称	符号或缩写词	名称	符号或缩写词
直径	ϕ	正方形	□
半径	R	45°倒角	C
球直径	$S\phi$	深度	↧
球半径	SR	沉孔或锪平	⌴
厚度	t	埋头孔	∨
弧长	⌒	均布	EQS

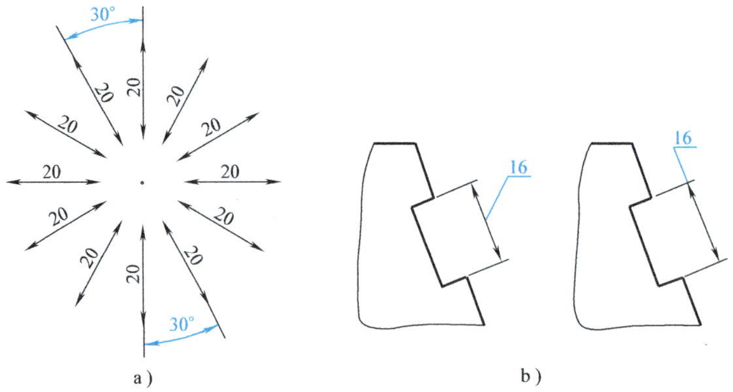

图1-13 线性尺寸的数字注法

2. 角度尺寸的注法

标注角度时，尺寸界线应沿径向引出，尺寸线画成圆弧，圆心是角的顶点，尺寸数字一律水平书写，即字头永远朝上，一般标注在尺寸线的中断处，如图 1-14a、b 所示，必要时也可按图 1-14c 的形式标注。角度尺寸必须注明单位。

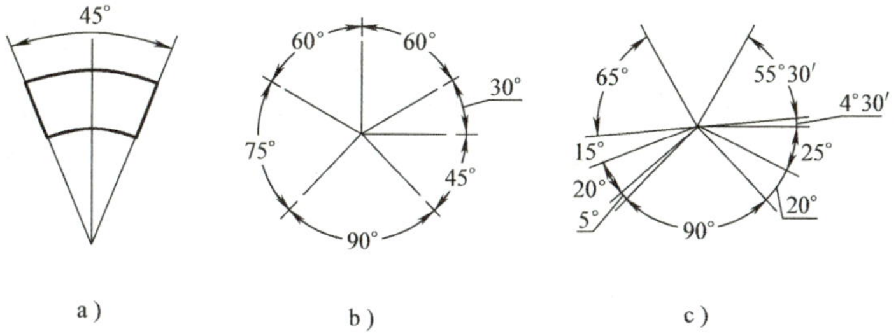

图 1-14　角度尺寸的注法

3. 圆、圆弧及球面尺寸的注法

1）标注圆的直径尺寸时，尺寸线应通过圆心，尺寸数字前应加注符号“ϕ”，如图 1-15 所示。标注圆弧的半径尺寸时，尺寸线的一端一般应画到圆心，尺寸数字前应加注符号“R”，如图 1-15 所示。圆的直径和圆弧半径的尺寸线的终端应画成箭头。

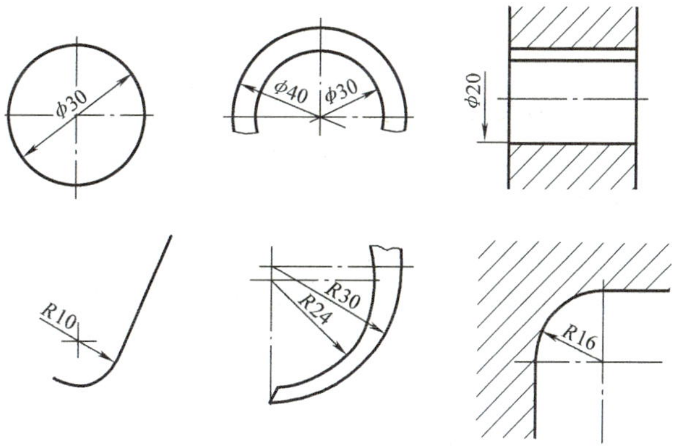

图 1-15　圆及圆弧尺寸的注法

2）当圆弧的半径过大或在图纸范围内无法按常规标出其圆心位置时，可按图 1-16a 所示形式标注；如果不需标出其圆心位置时，则可按图 1-16b 所示形式标注。

3）标注球面的直径或半径时，应在尺寸数字前分别加注符号“$S\phi$”或“SR”，如图 1-17 所示。

4）圆、圆弧以及球面的尺寸数字方向均按图 1-15 ~ 图 1-17 所示的方法标注。

4. 小尺寸的注法

对于小尺寸，在没有足够的位置画箭头或注写数字时，箭头可画在外面，或用圆点代替两个箭头，尺寸数字也可采用旁注或引出标注，如图 1-18 所示。

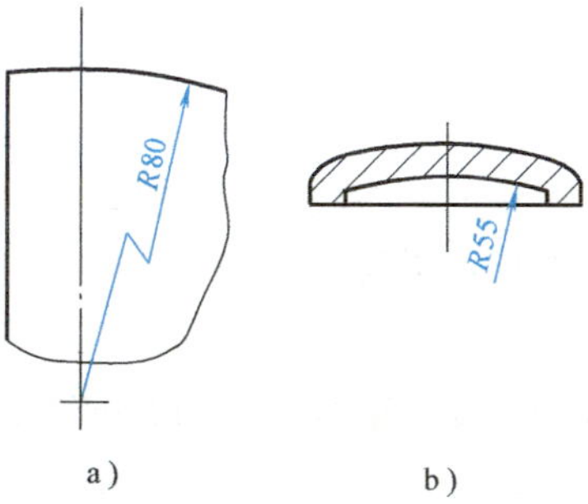

图 1-16　大圆弧尺寸的注法

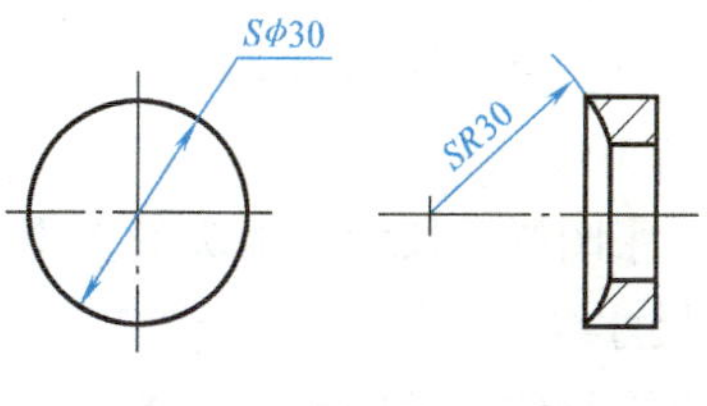

图 1-17　球面的尺寸注法

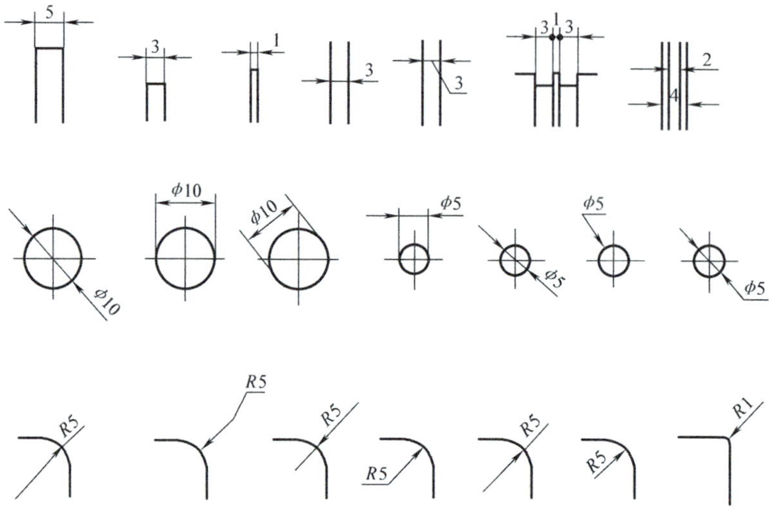

图 1-18 小尺寸的注法

5. 弦长和弧长的标注

如图 1-19 所示，标注弦长时，尺寸界线应平行于弦的垂直平分线。标注弧长尺寸时，尺寸线用圆弧，并应在尺寸数字上加注符号“⌒”。

6. 板状零件厚度的注法

如图 1-20 所示，标注板状零件的厚度尺寸时，在尺寸数字前加注符号“*t*”。

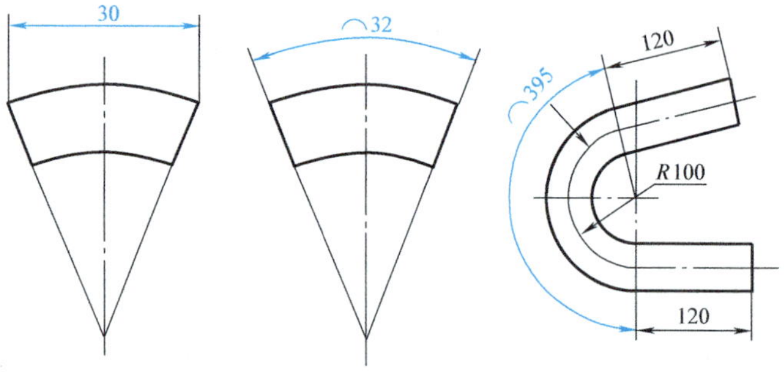

图 1-19 弦长和弧长的标注

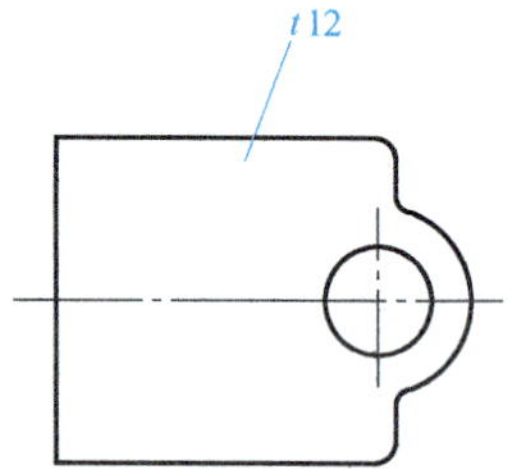

图 1-20 板状零件厚度的标注

图 1-21 用正误对比的方法，列举了初学标注尺寸时的一些常见错误。

（五）尺寸标注时应注意的问题

1. 尺寸数字

同一张图样上公称尺寸的字高要一致，一般采用 3.5 号字，不能根据数值的大小而改变字符的大小。字符间隔要均匀，字符格式应严格按国标的规定书写。

2. 箭头

同一张图样上尺寸线箭头的大小应一致。机械图样中尺寸线箭头应是闭合的实心箭头。

3. 尺寸线

相互平行的尺寸间距应相等。尽量避免尺寸线相交。

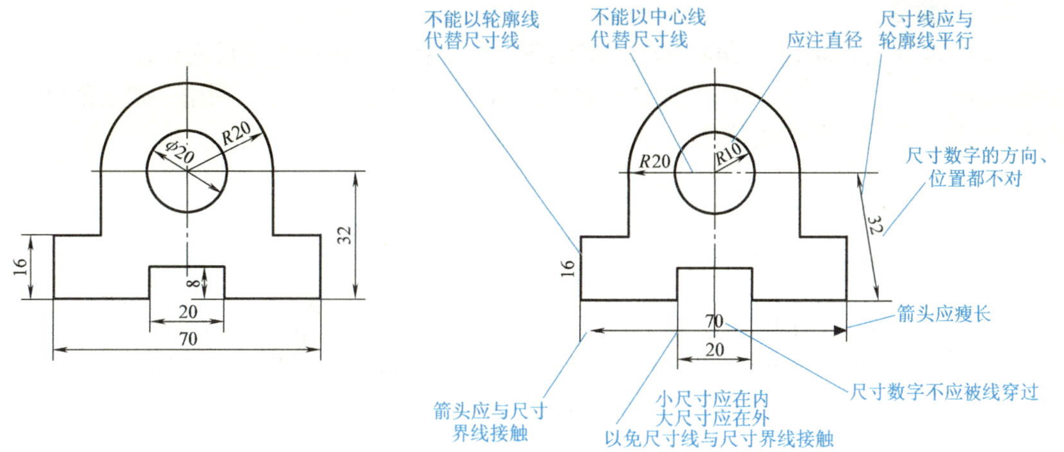

a)　　　　b)

图 1-21　尺寸标注的正误对比示例

a）正确　b）错误

第二节　绘图工具及其使用方法

正确使用绘图工具和仪器，是保证绘图质量、提高绘图速度的一个重要方面。因此，须养成正确使用绘图工具及仪器的良好习惯。

常用的绘图工具主要有图板、丁字尺、三角板、圆规等。

绘图用品包括铅笔、图纸、橡皮、胶带纸、小刀等。在绘图前应把这些工具、仪器、用品准备好。

现将几种常用的绘图工具、用品及其使用方法分别介绍如下。

一、图板与丁字尺

图板用作画图的垫板，一般用胶合板制成，要求表面平坦光洁，用作导边的左边必须平直，图纸用胶带纸固定在图板上。丁字尺由尺头和尺身组成。丁字尺与图板配合使用，主要用于画水平线，如图 1-22 所示。画图时，应使尺头始终紧靠图板左侧的导边，以保证尺身的工作边始终处在正确的水平位置。

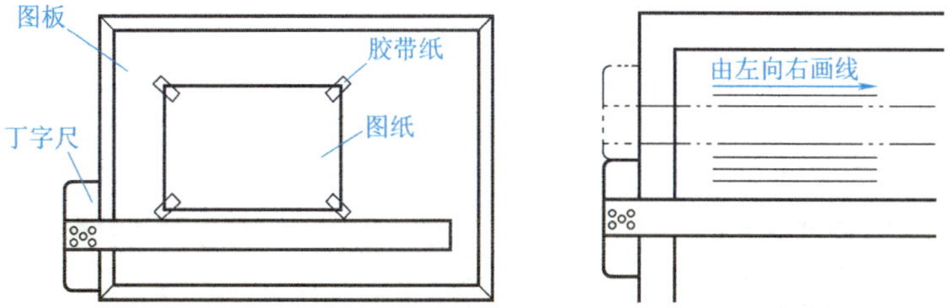

a)　　　　b)

图 1-22　图板与丁字尺的用法

a）图板与丁字尺　b）标尺的正确使用

二、三角板

一副三角板有两块，45°角和30°、60°角各一块。将三角板和丁字尺配合使用，可画垂直线和30°、45°、60°以及 $n\times15°$ 的各种斜线，如图1-23所示。此外，利用一副三角板，还可画出已知直线的平行线或垂直线。

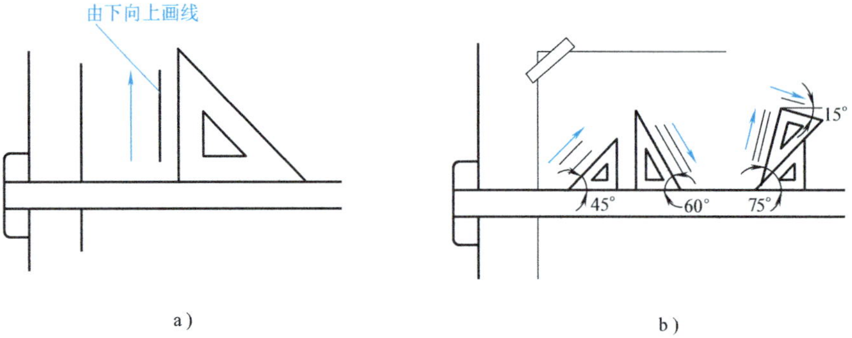

图1-23 三角板与丁字尺的配合用法

a）垂直线与平行线的画法 b）各种斜线的画法

三、圆规

圆规是画圆及画圆弧的工具，如图1-24a所示。圆规由钢针插脚、铅芯插脚、鸭嘴插脚和延伸插杆等附件组成。在使用圆规前，应先调整好钢针插脚的针尖，使针尖略长于铅芯。又如图1-24b所示，在用圆规画图时，应将圆规向前进方向稍微倾斜；画较大圆时，应使圆规两脚都与纸面垂直。

四、分规

分规用于等分和量取线段等，分规两针尖应平齐，如图1-25a所示。截取尺寸时，先用分规在三棱尺或三角板上量取所需尺寸，然后再量到图纸上去。如图1-25b所示，等分直线段可用试分法。

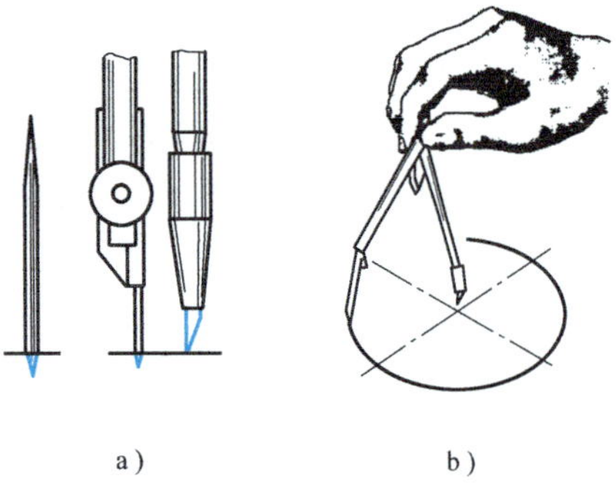

图1-24 圆规的用法

a）针尖应比铅芯稍长

b）画大圆时，两钢针插脚应与纸面垂直

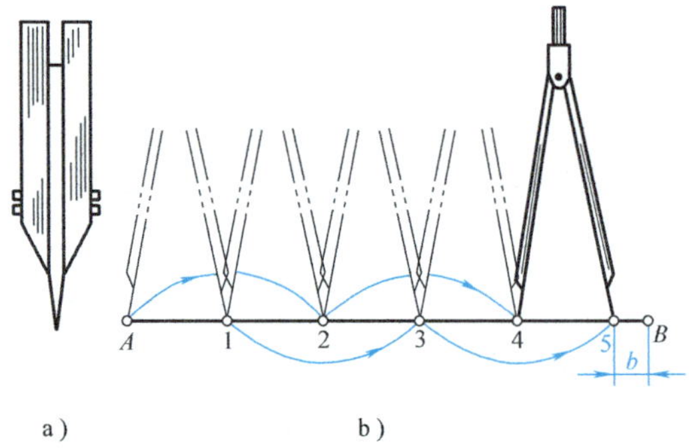

图1-25 分规的用法

五、铅笔

绘图用铅笔的铅芯分别用B和H表示其软、硬程度。绘图时根据不同的使用要求，应备有以下几种硬度不同的铅笔：B或2B铅笔是用于画粗实线；H或HB铅笔（图1-26a）是用于写字；H 或 2H 铅笔用于画细线或打底稿。画粗实线的铅笔芯磨成凿形，如图 1-26b 所示，其余可磨成锥形，如图 1-26c 所示。

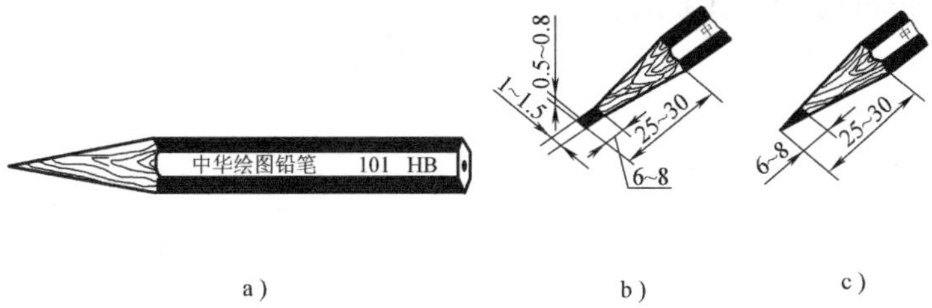

图 1-26　铅笔的削法

a）铅笔　b）画粗实线用（四棱柱）　c）一般使用（锥形）

六、曲线板

曲线板用于画非圆曲线。已知曲线上的一系列点，用曲线板连成曲线的画法如图 1-27 所示。

图 1-27　曲线板的用法

先徒手将这些点轻轻地连成曲线；接着从一端开始，找出曲线板上与所画曲线吻合的一段，沿曲线板画出这段曲线。用同样的方法逐段描绘曲线，直到最后一段，值得注意的是前后描绘的两段曲线应有一小段（至少三个点）是重合的，这样描绘的曲线才显得圆滑。

第三节　常见图形的画法

虽然零件的轮廓形状是多种多样的，但它们的图样基本上都是由直线、圆弧和其他一些曲线组成的几何图形，因而在绘制图样时，常要运用一些几何作图的方法。

一、等分圆周和作多边形

（一）用丁字尺和三角板等分圆周

用丁字尺和三角板等分圆周，使其成为 4、6、8、12、24 等分，如图 1-28 所示。

（二）正六边形的作法

正六边形的具体作图步骤，如图 1-29 所示。

1）以 $R=\dfrac{D}{2}$ 为半径作一圆，交中心线于 A、B、C、D 各点，以 A、B（或 C、D）为中心，同一半径 R 为弧即可将圆周六等分，再连接成一个内接正六边形。

2）已知对角距 AB，用 30°、60° 三角板及丁字尺，按图 1-29b 中标注顺序即可作出一个正六边形，其中 1 和 2 为作图用辅助线。

3）以已知对边距 S 为直径作一圆，用 30°、60° 三角板及丁字尺作圆的切线，即可画出一个外切正六边形，如图 1-29c 所示。

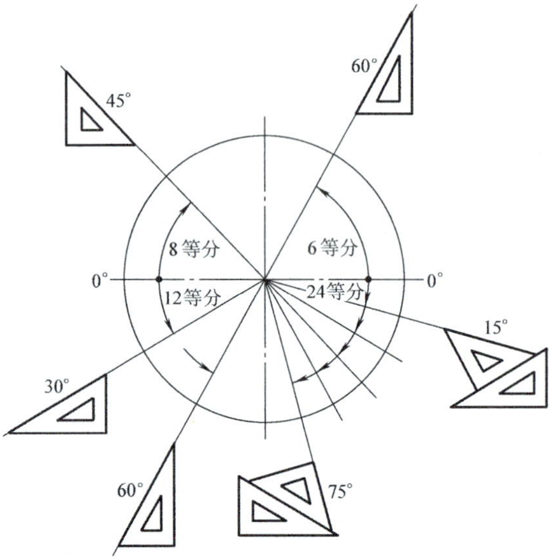

图 1-28　用丁字尺和三角板等分圆周

（三）五等分圆周及作五边形

具体作图步骤如图 1-30 所示。

1）作已知圆，并作出 OB 的中点 G。

2）以 G 为中心，GC 为半径作圆弧，交 AO 于 H，直线段 CH 即为内接正五边形边长。

3）以 CH 之长依次截取圆周得五个等分点 1、2、3、4 和 5。

4）连接相邻各点，即为正五边形。

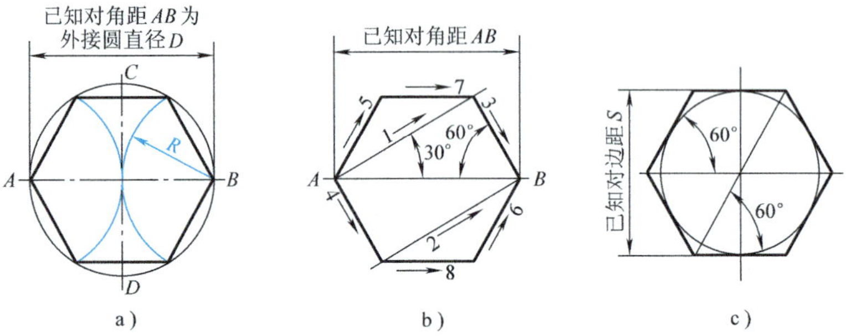

图 1-29　正六边形的画法

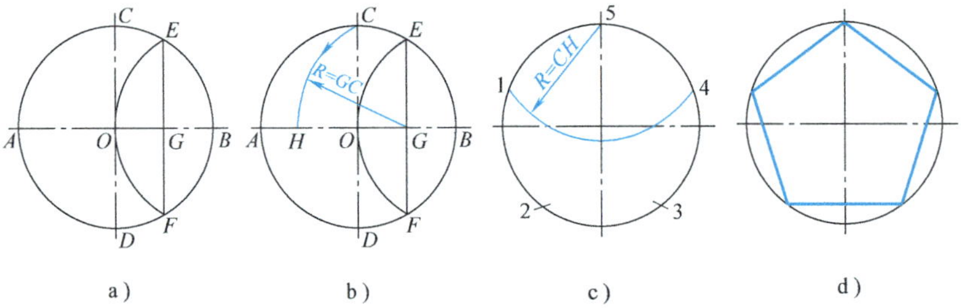

图 1-30　五等分圆周及作五边形

二、斜度和锥度（GB/T 4458.4—2003）

（一）斜度

斜度是指一直线（或平面）对另一直线（或平面）的倾斜程度，用代号“S”表示，如机械图样中的铸造起模斜度。

斜度的大小可以用该两直线（或平面）间夹角的正切值来表示，但通常以垂直于相隔一定距离的两高度差与两高度间距离之比表示，写成 1∶n 的形式。如图 1-31 所示，斜度 $S=\tan\beta=\dfrac{BC-AD}{AB}=\dfrac{5}{50}=1:10$。

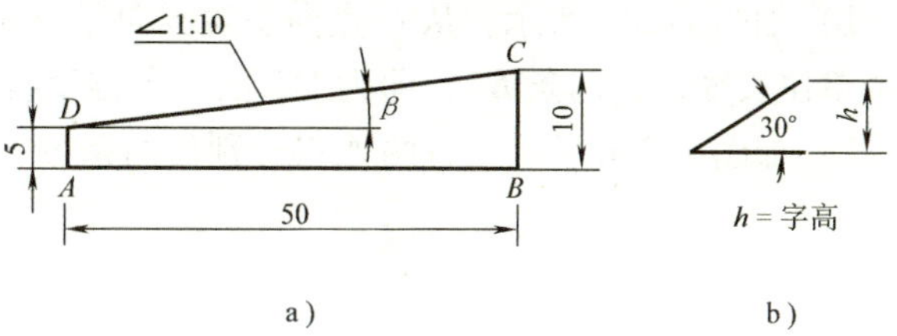

图 1-31　斜度
a）斜度　b）斜度符号

作如图 1-32a 所示的斜键。具体作图步骤为：

1）作 $OB\perp OA$，在 OA 上截取 10 个单位长度，并在 OB 上截取 1 个单位长度，连接 10 和 1，即为 1∶10 的参考斜度线，如图 1-32b 所示。

2）在图 1-32c 中按尺寸定出 C 点，过 C 点作参考斜度线的平行线 CB，即为所求。

斜度应标注在指向具有斜度的轮廓线的引出线上。标注斜度时，应在比数之前，要用斜度符号“∠”或“⦣”表示，斜度符号的样式可按图 1-31b 绘制，线宽为 $h/10$，符号的方向应与斜度的方向一致。

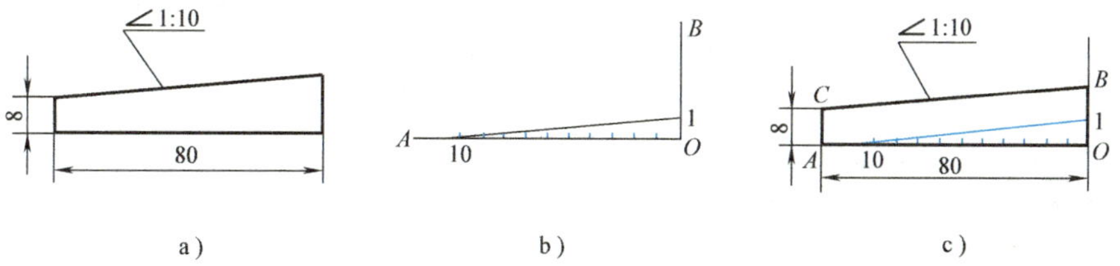

图 1-32　斜度的画法

（二）锥度

锥度的大小由圆锥角 α 决定，通常以圆锥上两截面圆的直径差与截面间距离之比来表示，在图样中常以 1∶n 的形式表示。如图 1-33a 所示，锥度 $C=2\tan\dfrac{\alpha}{2}=\dfrac{D}{l}=\dfrac{20}{60}=1:3$。而在图 1-33b 中，锥台锥度 $=\dfrac{D-d}{l}=\dfrac{18-8}{50}=\dfrac{10}{50}=1:5$。图 1-33c 所示为锥度图形符号的画法，线宽为 $h/10$。符号所示的方向应与锥度的方向一致。

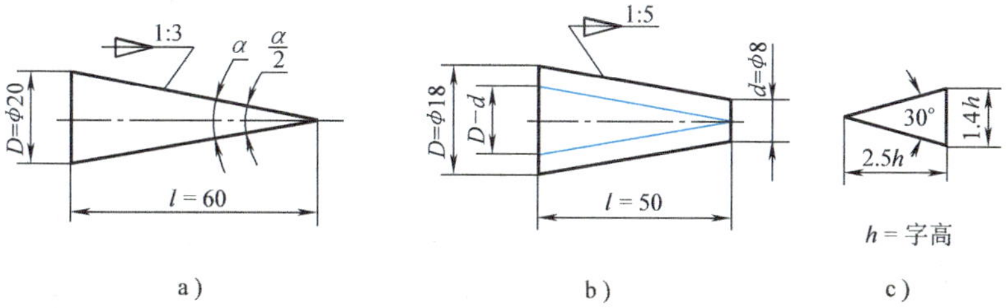

图 1-33　锥度
a）锥度　b）锥台的锥度　c）锥度的图形符号

锥度的画法如图 1-34 所示。

作如图 1-34a 所示带锥度 1∶5 图形的具体作图步骤为：

1）如图 1-34b 所示，从 O 点向小端方向截取 5 个单位长度，得点 C，在 O 点上下各取半个单位长度，连两条 BC，即为 1:5 的参考锥度线。

2）如图 1-34c 所示，过两 A 点分别作两条 BC 的平行线，即为所求。

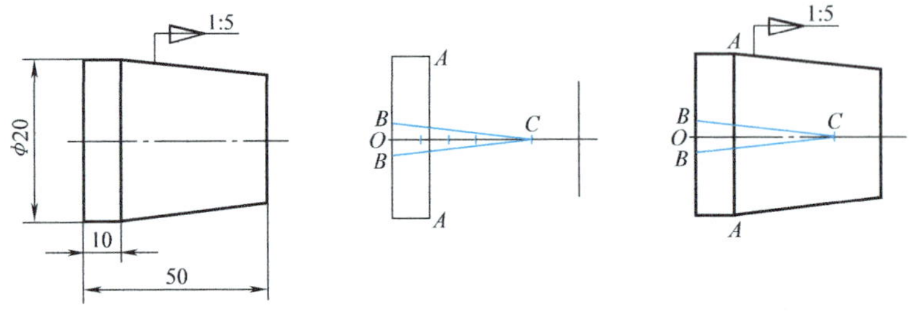

a) b) c)

图 1-34 锥度的画法

三、圆弧连接

在绘图时，经常遇到用圆弧来光滑地连接已知直线或圆弧，这类作图方法称为圆弧连接。按已知条件可以直接作图的线段称为已知线段，根据与已知线段的连接关系才能作出的圆弧称为连接圆弧。连接圆弧的半径是给定的为了达到光滑连接保证相切，必须准确地作出连接圆弧的圆心和连接点（切点）。

（一）圆弧连接的基本轨迹

1. 与定直线相切的圆心轨迹

当一个半径为 R 的连接圆弧与已知直线连接（相切）时，则连接弧圆心 O 的轨迹是与定直线相距为 R 且平行于定直线的直线；切点即为连接圆弧圆心向已知直线作垂线的垂足 T，如图 1-35 所示。

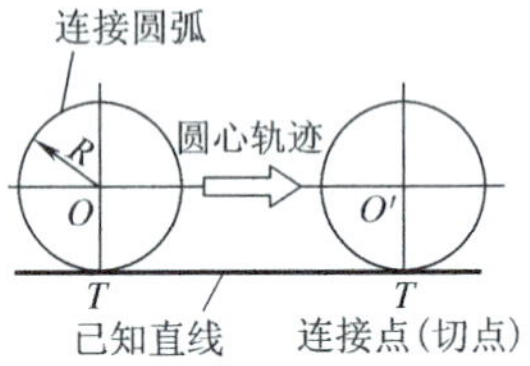

图 1-35 与定直线相切的圆心轨迹

2. 与定圆外切的圆心轨迹

当一个半径为 R 的连接圆弧与已知圆弧（半径为 R_1）外切时，则连接圆弧圆心的轨迹是已知圆弧的同心圆弧，其半径为 R_1+R；切点即为两圆心连线与已知圆的交点 T，如图 1-36 所示。

3. 与定圆内切的圆心轨迹

当一个半径为 R 的连接圆弧与一已知圆弧（半径为 R_1）内切时，则连接圆弧圆心的轨迹是已知圆弧的同心圆弧，其半径为 R_1-R；切点即为两圆心连线与已知圆的交点 T，如图 1-37 所示。

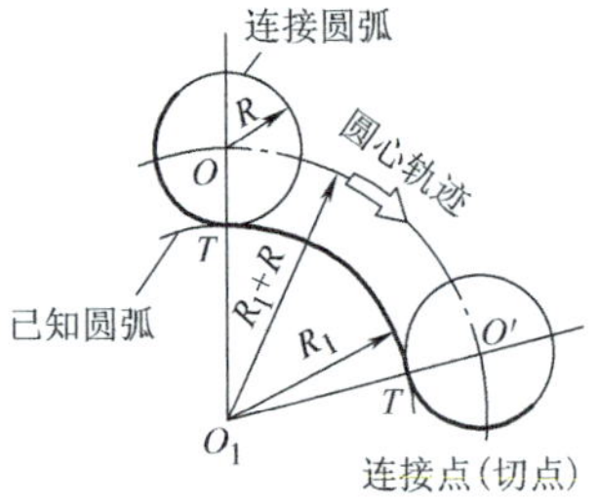

图 1-36 与定圆外切的圆心轨迹

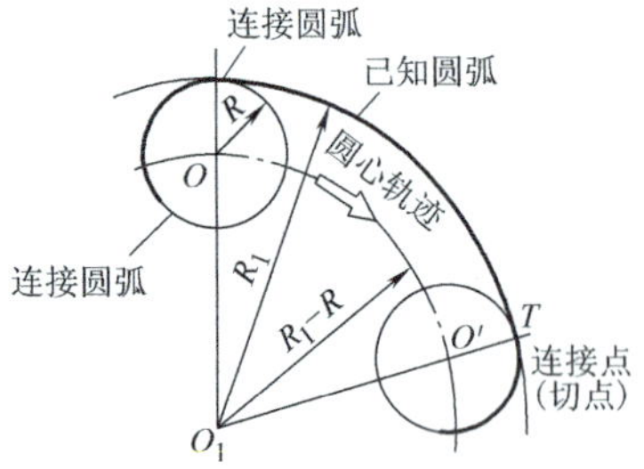

图 1-37 与定圆内切的圆心轨迹

（二）圆弧连接的画法

圆弧连接有三种情况：用已知半径为 R 的圆弧连接两条已知直线；用已知半径为 R 的圆弧连接两已知圆弧，其中有外连接和内连接之分；用已知半径为 R 的圆弧连接一已知直线和一已知圆弧。

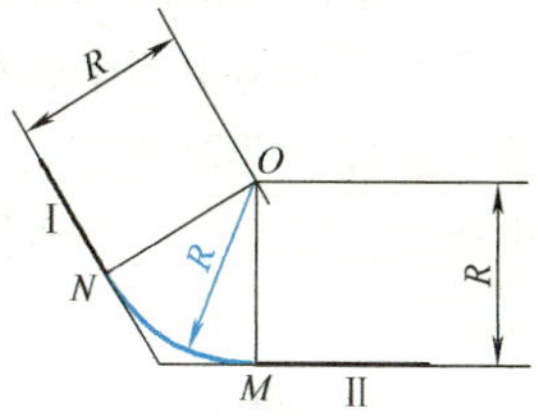

图 1-38　圆弧连接两直线的画法

1. 圆弧与两已知直线连接的画法

已知两直线Ⅰ、Ⅱ以及连接圆弧的半径 R，求作两直线的连接圆弧，作图过程如图 1-38 所示。

（1）求连接圆弧的圆心　作与已知两直线分别相距为 R 的平行线，交点 O 即为连接圆弧圆心。

（2）求连接圆弧的切点　从圆心 O 分别向两直线作垂线，垂足 M、N 即为切点。

（3）画连接圆弧　以 O 为圆心，R 为半径在两切点 M、N 之间作圆弧，$\overset{\frown}{MN}$即为所求。

2. 圆弧与两圆弧外连接的画法

已知两圆圆心 O_1、O_2 及其半径 R_1、R_2，用半径为 R 的圆弧外连接两圆弧。作图过程如图 1-39 所示。

（1）求连接弧的圆心　以 O_1 为圆心，R_1+R 为半径画弧；以 O_2 为圆心，R_2+R 为半径画弧，两圆弧的交点 O 即为连接圆弧的圆心。

（2）求连接弧的切点　连接 O、O_1 得点 N，连接 O、O_2 得点 M。点 N、M 即为切点。

（3）画连接圆弧　以 O 为圆心，R 为半径，画圆弧 MN，MN 即为所求。

3. 圆弧与两圆弧内连接的画法

已知两圆圆心 O_1、O_2 及其半径 R_1、R_2，用半径为 R 的圆弧内连接两圆弧。作图过程如图 1-40 所示。

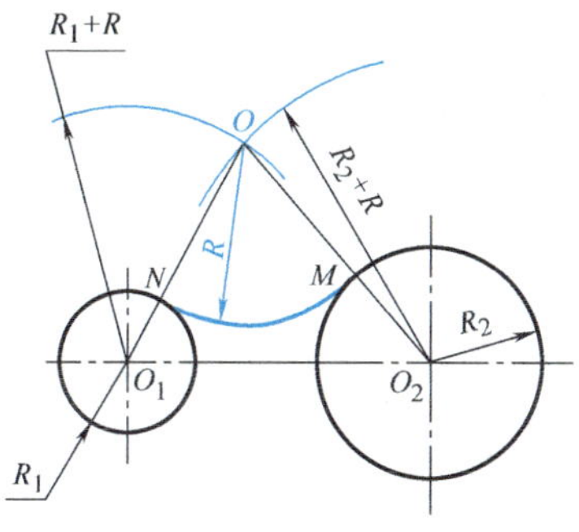

图 1-39　圆弧与两圆弧外连接的画法

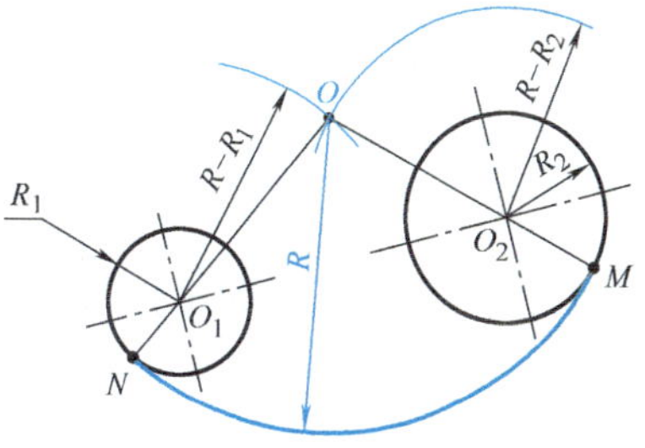

图 1-40　圆弧与两圆弧内连接的画法

（1）求连接弧的圆心　以 O_1 为圆心，$|R-R_1|$为半径画弧；以 O_2 为圆心，$|R-R_2|$为半径画弧，两圆弧的交点 O 即为连接圆弧的圆心。

（2）求连接弧的切点：连接 O、O_1 点并延长 OO_1，得点 N，连接 O、O_2 点并延长 OO_2，得点 M，点 M、N 即为切点。

（3）画连接圆弧　以 O 为圆心，R 为半径，画圆弧 MN，MN 即为所求。

四、平面图形的画法及尺寸标注

平面图形是由多个较简单的封闭图形组成的，而每个封闭图形又由若干条线段（直线、圆弧）组成。要画图就要知道线段形状的大小，即定形尺寸和位置尺寸。因而画图前要进行尺寸分析和线段性质分析。

（一）平面图形的尺寸分析

平面图形的尺寸按其作用不同，可分为定形尺寸和定位尺寸两类。

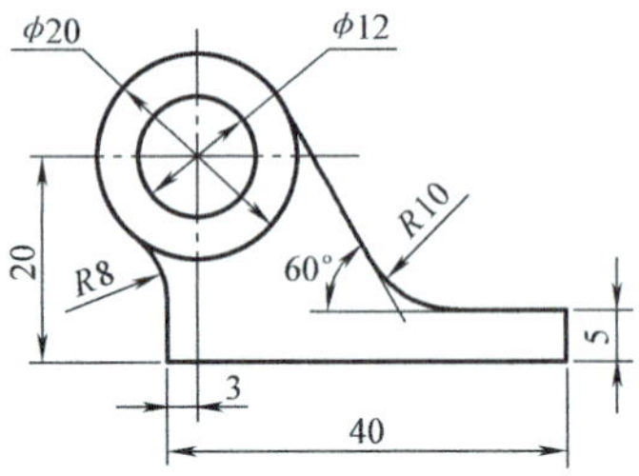

图 1-41　平面图形的尺寸分析

1. 定形尺寸

定形尺寸又称大小尺寸，它是确定平面图形中各部分形状大小的尺寸，如矩形块的长度和宽度、圆及圆弧的直径或半径、角度的大小等，例如图 1-41 中的矩形块尺寸 40 和 5、同心圆的直径尺寸 $\phi12$ 和 $\phi20$，两个连接圆弧的半径尺寸 $R10$ 和 $R8$，斜线的倾斜角度尺寸 60°等，均属于这类尺寸。

2. 定位尺寸

定位尺寸是确定平面图形上各线段或各封闭图形相对位置的尺寸。例如图 1-41 中确定左上方同心圆与下部矩形块间上下方向的定位尺寸 20 和左右方向的定位尺寸 3。有时某个尺寸既是定形尺寸，也是定位尺寸，具有双重作用。定位尺寸应以尺寸基准作为标注尺寸的起点。

3. 尺寸基准

平面图形的尺寸，大体属于上下（Y 轴），左右（X 轴）两个方向，在每个方向上都有标注尺寸的起始点，该起始点称为基准。

一般选用图形的对称轴线，较大圆的中心线，较长的直线或重要的点作为基准。

（二）平面图形的线段分析

平面图形的线段按所具有的定形、定位尺寸情况分已知线段、中间线段和连接线段三类。

由于圆弧连接部分较难，以下专门分析圆弧的性质。

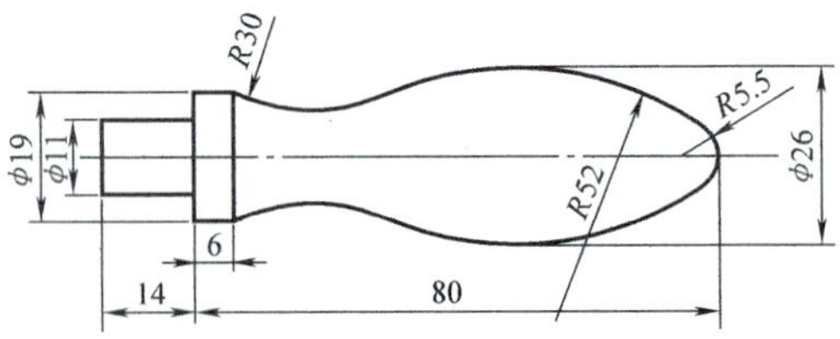

图 1-42　手柄

1. 已知圆弧

已知圆弧是指有完整的定位尺寸和定形尺寸的圆弧；已知其圆心 O 的两个定位尺寸 (X,Y) 及定形尺寸（R）。

2. 中间弧

中间弧是指有定形尺寸和一个定位尺寸的圆弧；每个图中都有一个或多个甚至没有中间弧；中间弧总和已知线段相切，利用一个相切条件便可画出。

3. 连接弧

连接弧是指只有定形尺寸而没有定位尺寸的圆弧；每个图中都有连接弧，连接弧总是与两个已经画出的线段相切，也可利用两个相切条件画出。例如图 1-42 中，根据尺寸 $\phi19$、$\phi11$、14 和 6 可画出其左边的两个矩形，根据尺寸 80 和 $R5.5$ 可画右边小圆弧，以上为已知线段；R52 为中间线段；R30 为连接线段。

（三）平面图形的作图步骤

通过平面图形的线段和尺寸分析，显然可以得出如下结论：绘制平面图形时，须先画出各已知线段，再依次画出各中间线段，最后画出各连接线段。

现以图 1-42 所示手柄为例，在对其线段分析的基础上，具体作图步骤如图 1-43 所示。

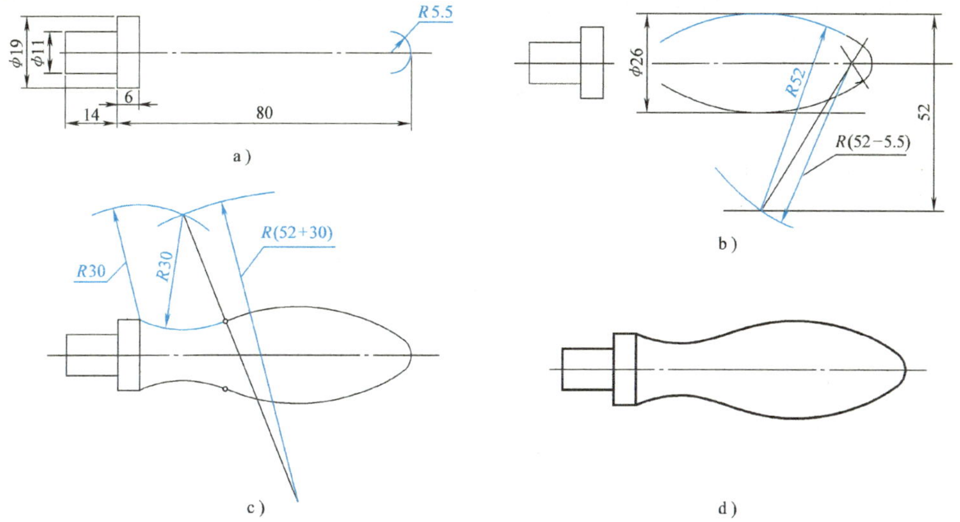

图 1-43 手柄的画图步骤

1）分析平面图形构成的特点及每个尺寸的作用，了解图形和尺寸之间的关系（即尺寸分析及线段分析）。

2）定出图形的基准线，按给定的尺寸画已知线段，如图 1-43a 所示。

3）利用几何条件及一个相切条件画中间线段 R52，如图 1-43b 所示。

4）利用几何条件及两个相切条件画连接线段 R30，如图 1-43c 所示。

5）擦去多余作图线，按线型要求加深图线，完成全图，如图 1-43d 所示。

（四）平面图形的尺寸标注

平面图形的尺寸标注应遵守国家标准规定，做到正确、完整、清晰和合理。

具体标注步骤为：

1）确定尺寸基准。在水平方向和垂直方向各选一条直线作为尺寸基准。

2）确定图形中各图线段的性质。确定已知线段、中间线段和连接线段。

遵循的规律有，两已知线段间有任意中间线段，但必须有且只能有一个连接线段。

3）注出已知线段的定形尺寸和定位尺寸（X，Y）两方向。

4）注出中间线段的定形和一个方向的定位尺寸。

5）注出连接线段的定形尺寸。

6）标注总体尺寸。

五、绘图的基本方法和步骤

为了提高图样质量和绘图速度，除了正确使用绘图工具和仪器外，还须掌握正确的绘图程序和方法。

1. 绘图前的准备工作

（1）准备工具　准备好画图用的仪器和工具，用软布把图板、丁字尺、三角板等擦拭干净，以保持图纸纸面整洁。按线型要求削好铅笔：粗实线用 B 的铅笔，按宽度 d 削成扁平状或圆锥状；虚线、细实线和点画线用 H 或 2H 的铅笔，按 $d/3$ 的宽度削成扁平状或圆锥状；写字用 HB 的铅笔，削成圆锥状。

（2）整理工作地点　将暂时不用的物品从工作地点移开，需要使用的工具、用品、资料放在取用方便的地方。

（3）固定图纸　先分析图形的尺寸和线段，按图样的大小选择比例和图纸幅面，然后将图纸固定。

2. 底稿的画法和步骤

1）画出图框和标题栏。

2）画出主要基准线、轴线、中心线和主要轮廓线；按先画已知线段，再画中间线段和连接线段的顺序依次进行绘制工作，直至完成图形。

3）画尺寸界线和尺寸线。

4）仔细检查底稿，改正图上的错误，轻轻擦去多余线条。

3. 描深底稿的方法和步骤

底稿描深应做到线型正确，粗细分明，连接光滑，图面整洁。

描深底稿的一般步骤为：

1）描深图形。先曲后直，保证连接圆滑；先细后粗，保证图面清洁，提高画图效率；先水平（从上至下）后垂直、斜线，从左至右、从上而下，保证图面整洁；先小（指圆弧半径）后大，保证图形准确。

2）描深图框线和标题栏。

3）画箭头、标注尺寸和填写标题栏。

4）检查校对，完成全图。

六、徒手画图

徒手画的图又称为草图。它是以目测估计图形与实物的比例，不借助绘图工具（或部分使用绘图仪器）徒手绘制的图样。草图中的线条也要粗细分明，长短大致符合比例，线型符合国家标准。草图常用于表达设计意图。设计人员将设计构思先用草图表示，然后再用仪器画出正式工程图。另外，在机器测绘、设备零件维修中，也常徒手作图。尤其随着计算机绘图的普及，徒手绘图越来越被人们认可。

1. 画草图的要求

草图是表达和交流设计思想的一种手段，如果作图不准，将影响草图的效果。草图是徒手绘制的图，不是潦草的图。因此作图时要做到线型分明、比例适当，不求图形的几何精度。

2. 草图的绘制方法

绘制草图时应使用铅芯较软的铅笔（如 HB、B 或 2B）。铅笔的铅芯应磨削成圆锥形，粗细各一支，分别用于绘制粗、细线。

画草图时，可以用有方格的专用草图纸，或者在白纸下面垫一张有格子的纸，以便控制图线的平直和图形的大小。

（1）直线的画法　画直线时，可先标出直线的两端点，在两点之间先画一些短线，再连成一条直线。运笔时手腕要灵活，目光应注视线段的终点，不可只盯着笔尖。

画水平线应自左至右画出；垂直线自上而下画出；斜线斜度较大时可自左向右下或自右向左下画出，斜度较小时可自左向右上画出，如图 1-44 所示。

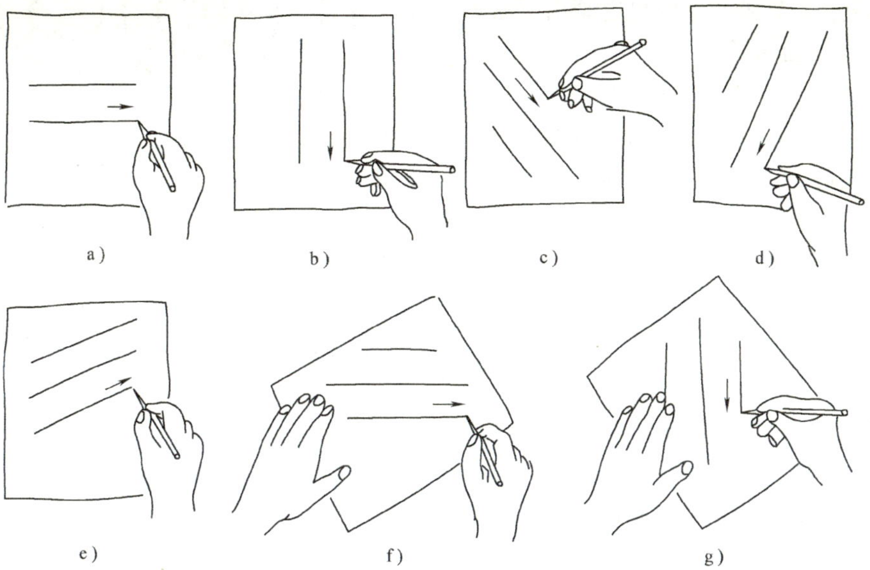

图 1-44　徒手画直线的方法

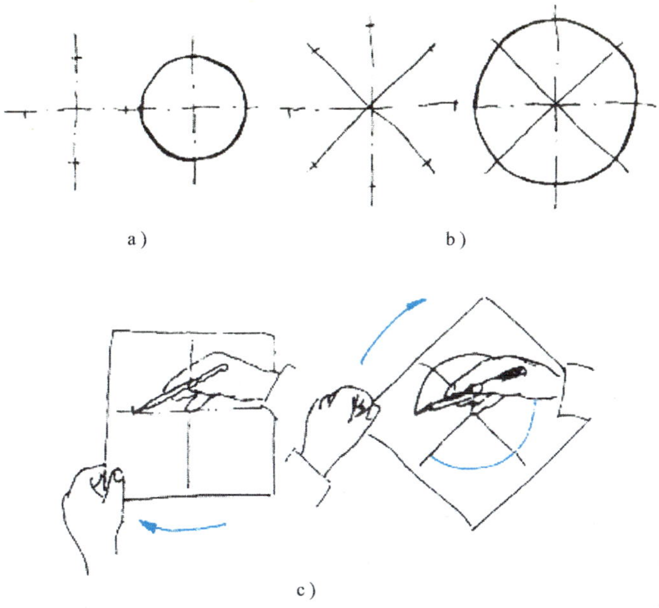

图 1-45　徒手画圆的方法

a）画小圆　b）画稍大圆　c）画大圆

2）圆的画法　画圆时，应先画中心线。较小的圆在中心线上定出半径的四个端点，过这四个端点画圆；稍大的圆可以过圆心再作两条斜线，再在各线上定半径长度，然后过这八个点画圆；圆的直径很大时，可以用手作圆规，以小指支撑于圆心，使铅笔与小指的距离等于圆的半径，笔尖接触纸面不动，转动图纸，即可得到所需的大圆，如图 1-45 所示。也可在一纸条上作出半径长度的记号，使其一端置于圆心，另一段置于铅笔，旋转纸条，便可以画出所需圆。

3. 绘制平面图形

徒手绘制平面图形时，也与使用尺、规作图时一样，要进行图形的尺寸分析和线段分析，先画已知线段，再画中间线段，最后画连接线段。在方格纸上画平面图形时，主要轮廓线和定位中心线应尽可能利用方格纸上的线条，图形各部分之间的比例可按方格纸上的格数来确定。图 1-46 所示为徒手在方格纸上画平面图形的示例。

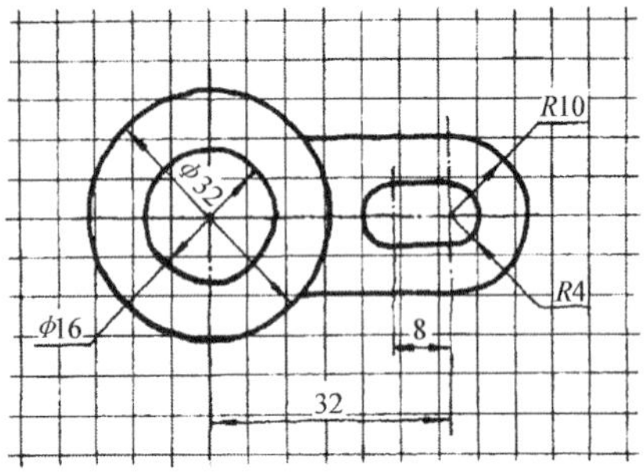

图 1-46 徒手绘制平面图形

【综合应用训练】

【案例 1-1】 画出如图 1-47 所示吊钩的平面图形并标注尺寸。

1. 画吊钩平面图的步骤

1）分析该平面图形构成的特点及每个尺寸的作用，了解图形和尺寸之间的关系（即尺寸分析及线段分析）。

定形尺寸：$\phi32$，$\phi76$，$R38$，$R6$，$R44$，$R46$，$R89$。

定位尺寸：203，19。

已知线段：$\phi32$，$\phi76$，$R38$，$R89$ 弧。

中间线段：$R44$，$R46$ 与 $R38$ 相连的斜线。

连接线段：$R6$，$R38$ 及与 $\phi76$，$R38$ 相切的斜线。

2）画基准线，确定已知圆，已知圆弧的圆心，如图 1-48a 所示。

3）按给定的尺寸画出已知线段，如图 1-48b 所示。

4）根据几何条件画中间线段：利用一个相切条件作图，如图 1-48c 所示。

5）根据几何条件画连接图，如图 1-48d 所示。

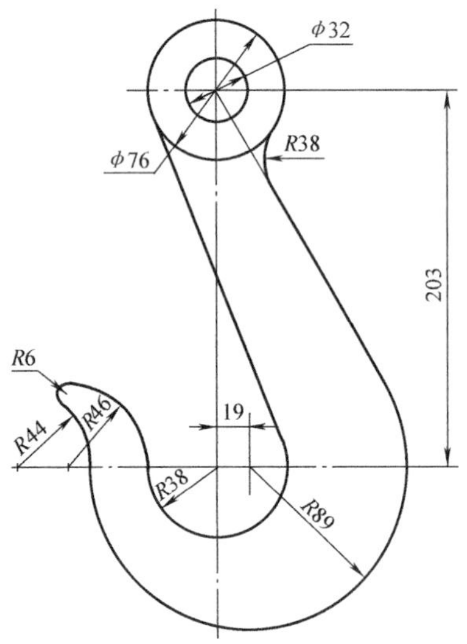

图 1-47 吊钩

2. 标注吊钩的尺寸（图 1-47）

1）确定尺寸基准。在水平方向和垂直方向各选一条直线作为尺寸基准，本例选 $R38$ 的对称中心线。

2）确定图形中各线段的性质，确定已知线段、中间线段和连接线段。

（参考画图过程）。

3）注出已知线段的定形尺寸和两方向的定位尺寸（X，Y），如 19、203、$\phi32$、$\phi76$、$R38$、$R89$。

4）注出中间线段的定形尺寸和一个方向的定位尺寸，如 $R46$、$R44$。

5）注出连接线段的定形尺寸，如 $R38$、$R6$。

6）注出总体尺寸（本题由于两端为圆弧，故略总体尺寸）。

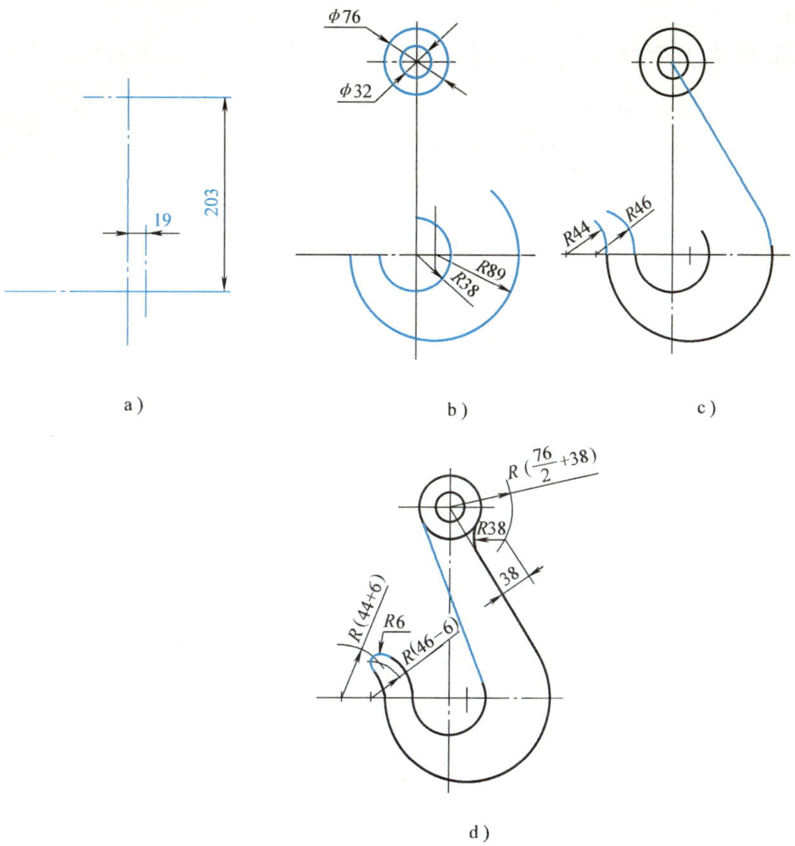

图 1-48　吊钩的画图步骤

a）画图形的基准线　b）画已知线段　c）画中间线段　d）画连接线段

【案例 1-2】　画出图 1-49 所示定位块的平面图形。

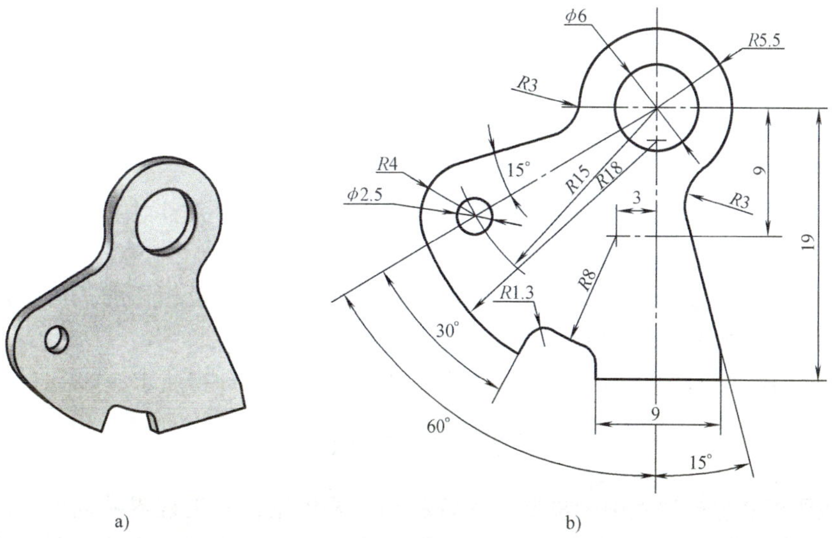

图 1-49　定位块

作图步骤：

1）画基准线及已知线段的定位尺寸，如 19、9 及 $R15$ 等，如图 1-50a 所示。

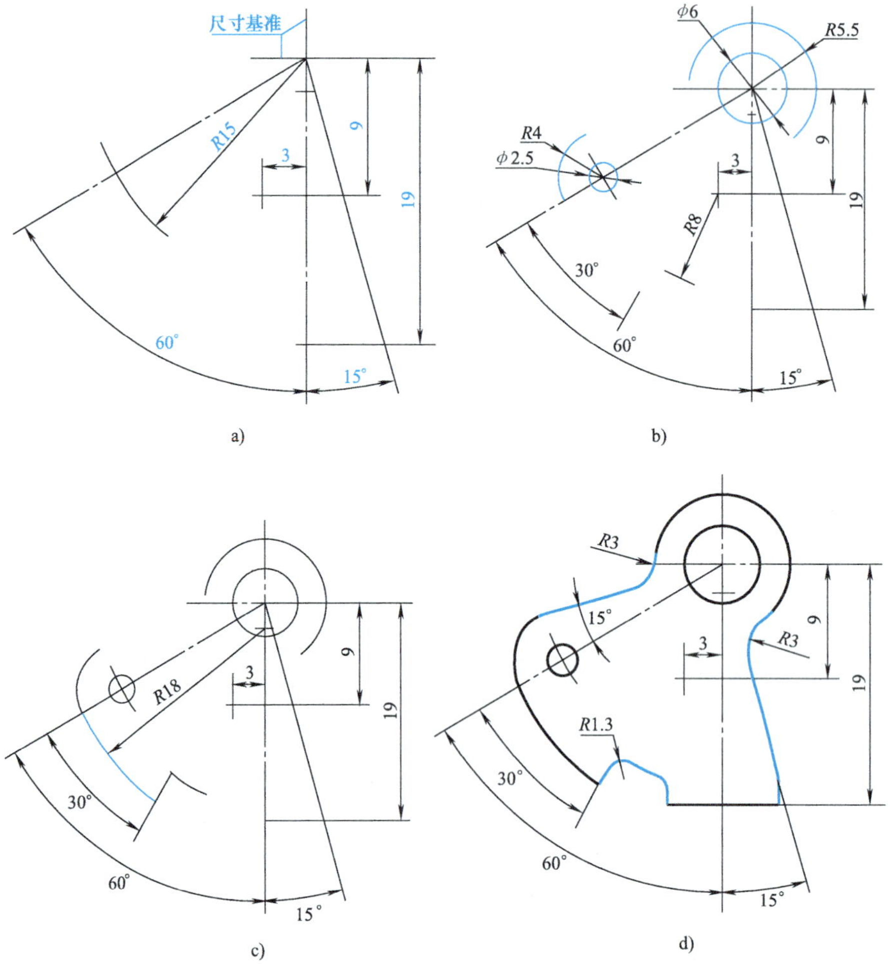

图 1-50　画定位块的平面图形的步骤

2）画已知线段，如 $\phi6$、$\phi2.5$、$R5.5$、$R4$、$R8$ 等。它们是能够直接画出来的轮廓线，如图 1-50b 所示。

3）画中间线段，如 $R18$。它需要借助与 $R4$ 内切的几何条件才能画出，如图 1-50c 所示。

4）画连接线段，如 $R3$、$R1.3$ 等。它们要根据与两已知线段相切的几何条件找到圆心位置后方能画出，如图 1-50d 所示。

5）检查并校对，无误后按规定线型描深，并标注尺寸，即得所求，如图 1-49b 所示。

【归 纳 总 结】

1. 机械图样是生产过程中的重要技术资料和主要依据，是工程界共同的技术语言，因此在绘图过程中必须严格遵守国家标准《技术制图》、《机械制图》和有关的技术标准。对于标准中介绍的图纸幅面及格式、比例、字体、图线、尺寸标注等内容，在学习过程中不需要死记硬背，在看图和绘图时只要多查阅、多参考，经过一定的实践后便可掌握。

2. 斜度是指一直线（或平面）对另一直线（或平面）的倾斜程度。其大小用该两直线（或两平面）间夹角的正切值来表示。

3. 锥度是指正圆锥体底圆直径与锥高之比。

4. 圆弧连接的作图可归纳为以下三个步骤：

1）求连接圆弧的圆心。

2）找连接点（切点）。

3）在两连接点之间画出连接圆弧。

5. 平面图形的尺寸分析和线段分析就是分析每个尺寸的作用以及尺寸间的关系，从而解决以下三个问题：

1）该图形能否画出，即所给尺寸是否够用或多余。

2）在标注平面图形尺寸时，能分析出哪个尺寸该标注，哪个尺寸不该标注，使标注的尺寸恰到好处。

3）在画图时能知道先画哪些线段，后画哪些线段，最后再画哪些线段。

6. 几何图形的绘制是画机械图样的基础，绘图速度的快慢、图面质量的高低，在很大程度上决定于是否能采用正确的绘图方法和按正确的绘图顺序，自如的运用各种绘图工具绘制几何图形。

第二章
正投影法及三视图

【学习目标】

【知识目标】

1. 理解正投影法的概念，熟悉其投影特性。

2. 理解三视图的形成过程、投影规律，掌握三视图与物体方位之间的对应关系。

3. 熟悉点、直线和平面的投影特性。

4. 熟悉常见形体的视图画法及其表面求点的方法。

5. 掌握立体被平面截切后截交线的作图方法，理解相贯线的简化画法。

【技能目标】

1. 正确使用尺规，规范绘图。

2. 掌握三视图的投影规律和作图方法，形成初步的空间思维和想象能力。

3. 掌握简单几何体的三视图画法及尺寸注法。

4. 掌握用特殊位置平面截切简单几何体的画法和尺寸注法。

【素质目标】

1. 形成良好的学习习惯，养成认真负责的工作态度和严谨细致的工作作风。

2. 培养实施工作计划的能力、团队合作交流的能力以及良好的职业道德和职业情感，提高适应职业变化的能力。

第一节 投 影 法

一、投影法

用一组射线将几何要素按一定规则投射到预定的平面上，所得到的图形称为该物体在这个平面上的投影。这种得到投影的方法称为投影法。

如图2-1所示，投射线发出点S称为投射中心，射线SAa称为投射线，预定平面P称为投影面，点A称为物体，点a称为投影。

二、投影法的分类

投影法分为中心投影法和平行投影法。

1. 中心投影法

投射线汇交于一点的投影法称为中心投影法。运用中心投影法得到的投影称为中心投影（图2-2）。

从图2-2中可知，当$\triangle ABC$与投影面P的夹角一定时，所得投影$\triangle abc$的大小会随着投射中心S距离$\triangle ABC$的远近而变化，或者随着$\triangle ABC$距离投影面P的远近而变化。由于它不能反映物体的真实形状和大小，不便于度量和作图，因此在机械图样中较少使用。

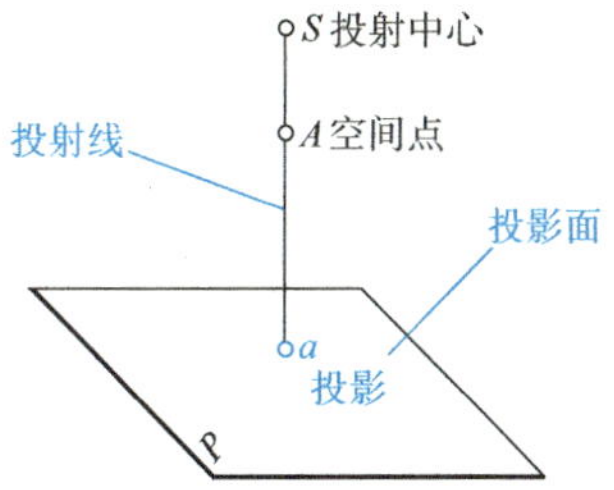

图2-1　投影法

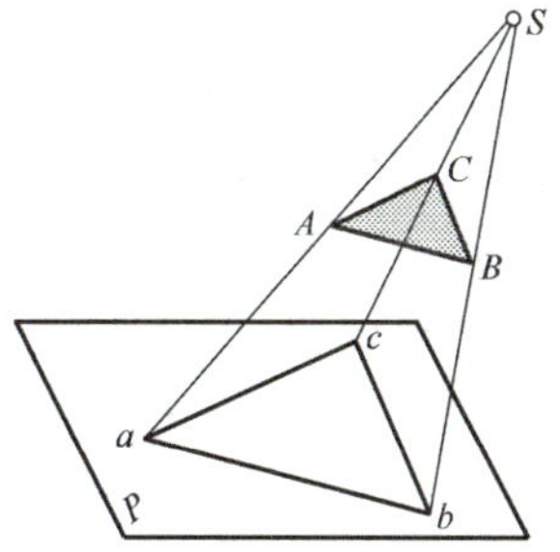

图2-2　中心投影法

2. 平行投影法

假设投射中心S在无穷远处，这时的投射线就可以看作是互相平行的，这种投射线互相平行的投影法称为平行投影法。投射线的方向称为投射方向。运用平行投影法得到的投影称为平行投影（图2-3）。

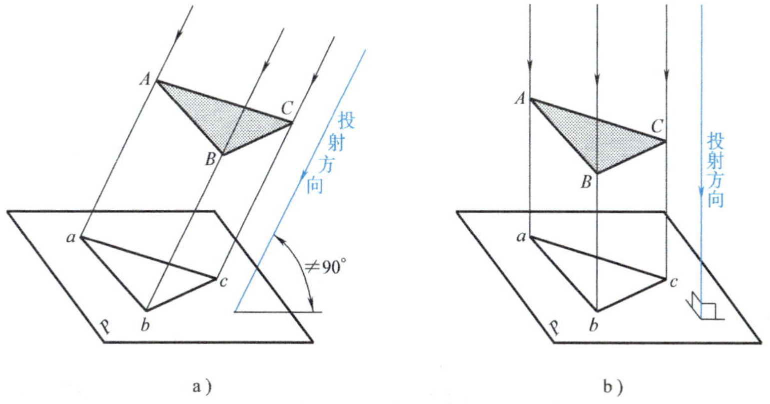

图2-3　平行投影法

a）斜投影法　b）正投影法

在平行投影法中，因为投射线是互相平行的，如果改变物体与投影面之间的距离，则所得投影的形状和大小不变。

根据投射线与投影面的角度不同，平行投影法又可分为斜投影法和正投影法两种。

（1）斜投影法　在平行投影法中，投射线与投影面倾斜时的投影称为斜投影法。如图2-3a所示，当△*ABC*与投影面*P*的夹角一定时，△*ABC*与投影面*P*距离的远近不影响其投影△*abc*的大小，但是投射线与投影面的夹角不同时，投影△*abc*的大小也不同。

（2）正投影法　在平行投影法中，投射线与投影面垂直时的投影称为正投影法。如图2-3b所示。当△*ABC*与投影面*P*的夹角一定时，其投影△*abc*是唯一的。

正投影法得到的投影能够完整、真实地表达物体的形状和大小，度量方便，作图简便。因此，在机械制图中得到广泛应用。在实际绘图中，可以用平行的视线当作投射线，把图纸看作投影面，画在图纸上的图形就是物体的投影——视图，即物体向投影面投射所得的图形。

三、正投影法的投影特点

1. 积聚性

当平面图形或直线段与投影面垂直时，其投影积聚为一直线段或一点。如图2-4所示，△*ABC*垂直于投影面*P*，则△*ABC*的投影积聚为一直线段*abc*。直线段*AB*垂直于投影面*P*，则直线段*AB*积聚为一点*a*（*b*）。点*A*在点*B*的上方，记为*a*（*b*）。

2. 真实性

当平面图形或直线段与投影面平行时，其投影反映实形或实长。如图2-5所示，△*ABC*平行于投影面*P*，则△*ABC*的大小与其投影△*abc*的大小相等，即△*abc*≌△*ABC*。直线段*AB*平行于投影面*P*，则直线段*AB*的长度与其投影*ab*的长度相等，即*ab*＝*AB*。

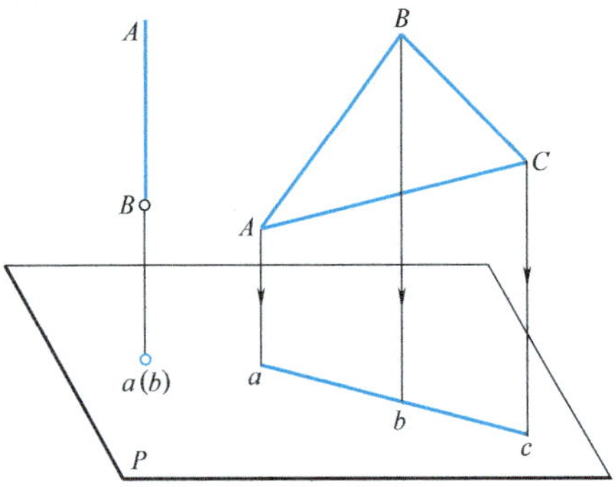

图2-4　正投影法的投影特点——积聚性

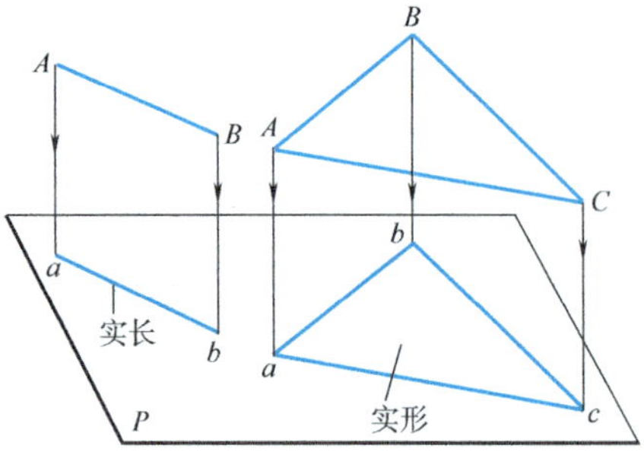

图2-5　正投影法的投影特点——真实性

3. 相似性

当平面图形或直线段与投影面倾斜时，平面的投影成相似形，直线段的投影比实际长度短。如图2-6所示，△*CDE*倾斜于投影面*P*，△*CDE*的大小大于其投影△*cde*的大小，即$S_{\triangle cde}<S_{\triangle CDE}$。直线段*AB*倾斜于投影面*P*，则直线段*AB*的长度大于其投影*ab*的长度，即*ab*＜*AB*。

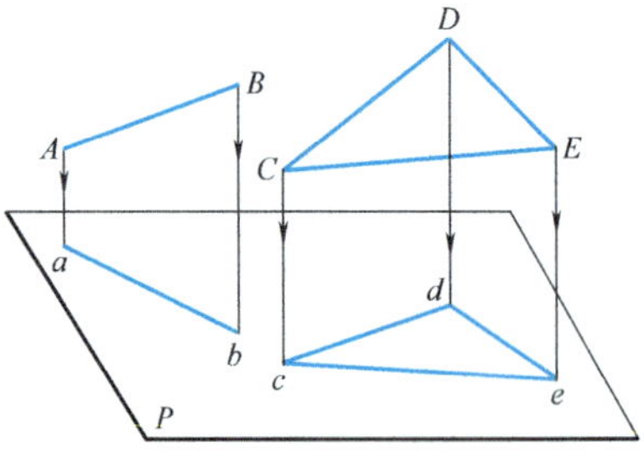

图2-6　正投影法的投影特点——相似性

第二节　三视图的形成及其投影规律

一、三投影面体系

如图 2-7 所示，由三个互相垂直相交的投影面组成的投影体系，称为三投影面体系。它们把空间分成八个部分，分别把它们称为第一分角、第二分角……。

如图 2-8 所示，在三投影面体系第一分角中，位于观察者正对面的投影面称为正立投影面，简称正面，用字母 *V* 表示；水平位置的投影面称为水平投影面，简称水平面，用字母 *H* 表示；右侧的投影面称为侧立投影面，简称侧面，用字母 *W* 表示。三投影面也可称为 *V* 面、*H* 面、*W* 面。

三个投影面之间的交线 *OX*、*OY*、*OZ* 称为投影轴，简称 *X* 轴、*Y* 轴、*Z* 轴。三个投影轴相互垂直相交于一点 *O*，称为原点。以原点 *O* 为基准，可以沿 *X* 轴方向度量长度方向尺寸和确定左右位置；沿 *Y* 轴方向度量宽度方向尺寸和确定前后位置；沿 *Z* 轴方向度量高度方向尺寸和确定上下位置。

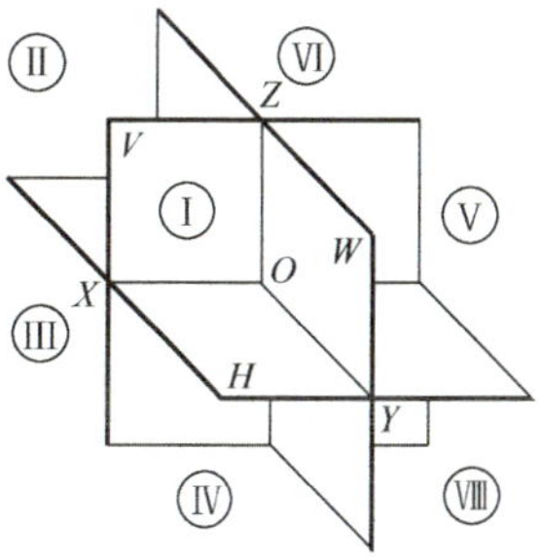

图 2-7　三投影面体系的八个分角

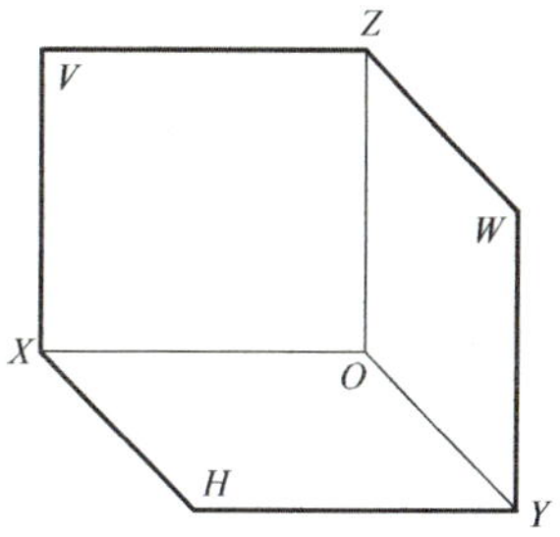

图 2-8　第一分角三投影面体系

把物体放置在第一分角内，使物体处于观察者和投影面之间，用正投影法进行投射，在投影面上得到图形，然后按规定展开放置，这种方法称为第一角画法。

中国、德国、法国等国家都采用第一角画法，美国、加拿大、澳大利亚等国家都采用第三角画法，日本、英国等国家第一角画法和第三角画法均可采用。

我国国家标准规定，技术图样用正投影法绘制，并优先采用第一角画法。必要时允许采用第三角画法，并且须在图样上画出第三角画法的识别符号。

二、三视图的形成

如图 2-9a 所示，把物体放置在三投影面体系中，使物体上尽可能多的表面和直线段平行或垂直于投影面。这样，得到的投影具有真实性或积聚性，便于度量和画图。

物体的位置一经确定，画各个视图时就不许再变动。然后，按正投影法向各投影面投射，就可以得到物体的三个视图。

在 *V* 面上得到的视图称为主视图，在 *H* 面上得到的视图称为俯视图，在 *W* 面上得到的视图称为左视图。

为了方便画图，国家标准规定，*V* 面保持不动，将 *H* 面绕 *X* 轴向下旋转 90°与 *V* 面成一个平面，将 *W* 面绕 Z 轴向右旋转 90°，也与 *V* 面成一个平面，这样就得到一个平面上的三个视图，如图 2-9b 所示。投影面展开后 *Y* 轴被分为两处，*H* 面上的 *Y* 轴用 Y_H 表示，*W* 面上的

Y 轴用 Y_W 表示，如图 2-9c 所示。

投影面是无限延展的，因此，在工程图样上通常不画投影面的边界线。为了方便画图，合理利用图纸，也不画投影轴，如图 2-9d 所示。

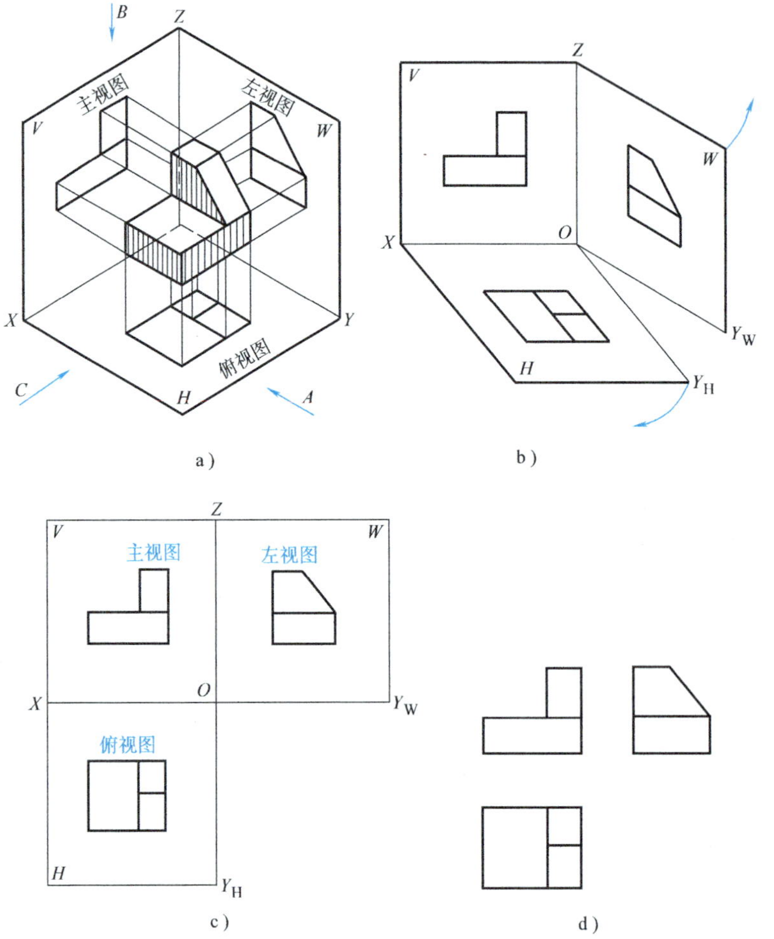

图 2-9　三视图的形成

三、三视图的投影规律

1. 形体与三视图的关系

物体的三个视图之间不是孤立的，而是相互联系的，每个视图反映物体一个方向的形状和两个方向的尺寸，如图 2-10 所示。

主视图反映从物体前方向后方投射的形状和长度、高度方向的尺寸以及左右、上下的位置。

俯视图反映从物体上方向下方投射的形状和长度、宽度方向的尺寸以及左右、前后的位置。

左视图反映从物体左方向右方投射的形状和宽度、高度方向的尺寸以及前后、上下的位置。

2. 三视图之间的关系

（1）位置关系　位置关系是指主视图、俯视图、左视图放置位置之间的关系。国家标准规定，以主视图为主，俯视图在主视图的正下方，左视图在主视图的正右方。画三视图要严格按这种关系排列三个视图的位置，这称为按投影关系配置视图，并且视图之间必须对正、对齐，如图2-10所示。

（2）尺寸关系　尺寸关系是指每对相邻的视图在同一方向的尺寸相等。即：

主视图与俯视图——长度相等；且对正；

主视图与左视图——高度相等；且平齐；

俯视图与左视图——宽度相等。

不仅整个物体的三视图符合上述投影规律，而且物体上的每一组成部分的三面投影也符合上述投影规律。在画图、读图、度量和标注尺寸时都要遵守和应用上述投影规律，如图2-10b、c所示。

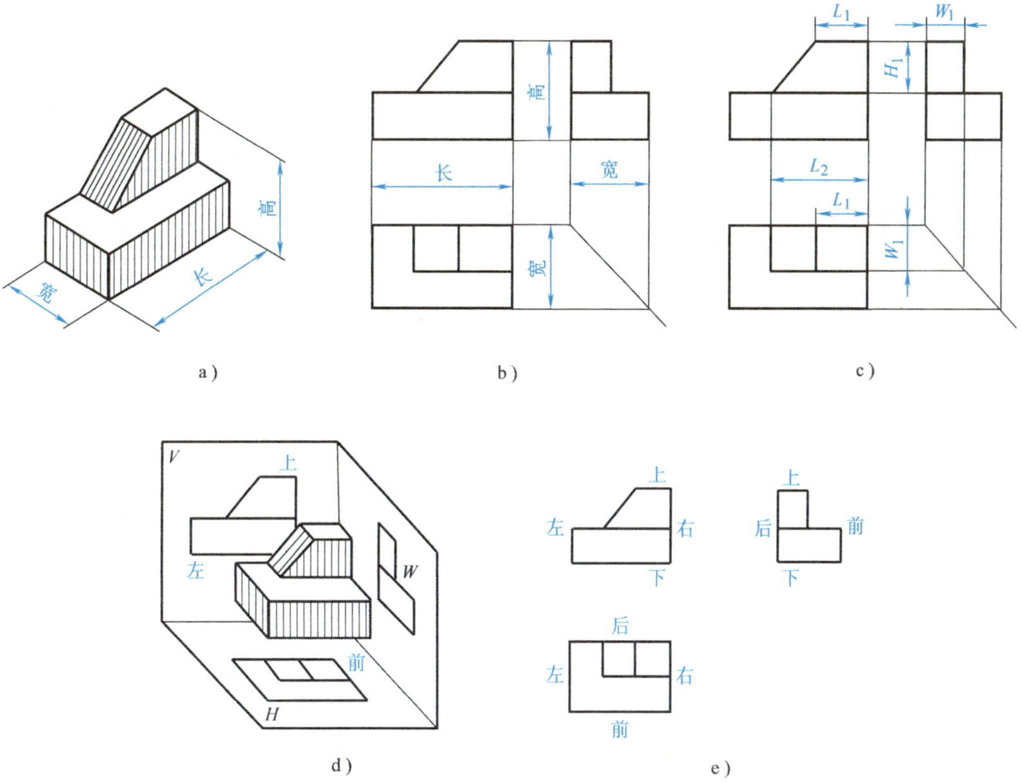

图2-10　三视图的投影规律

（3）方位关系　方位是指物体的左右、前后、上下位置，分别对应物体的长度方向、宽度方向和高度方向。方位关系是指物体的三视图与物体方位之间的关系。在三投影面体系中，*X*轴的正方向指向物体的左方，*Y*轴的正方向指向物体的前方，*Z*轴的正方向指向物体的上方，如图2-10d、e所示。

主视图反映物体的左、右和上、下关系；

俯视图反映物体的左、右和前、后关系；

左视图反映物体的前、后和上、下关系。

在三视图上，俯视图和左视图靠近主视图的一侧都是物体的后方，远离主视图的一侧都是物体的前方。

【例 2-1】 根据图 2-11a 所示立体图，画出其三视图。

根据物体立体图（轴测图）画三视图时，首先分析物体的形状特点，选择主视图的投射方向和物体在三投影面体系中的放置位置，然后再画三视图。三视图的画图方法和步骤如图 2-11 所示。

1）分析物体的形状特点，把物体形状特点突出的方向作为主视图的投射方向，把物体放置在三投影面体系中，并且使物体表面上的直线段和平面尽可能多地与某一投影面平行或垂直，这样方便度量和画图，如图 2-11a 所示。

2）先画出对称中心线、基准线，确定三视图的位置，如图 2-11b 所示。

3）该物体由底板和立板两部分组成，应分部分画出。依次画出底板、立板的三视图，如图 2-11c ~ f 所示。

4）核对无误后描深，如图 2-11g 所示。

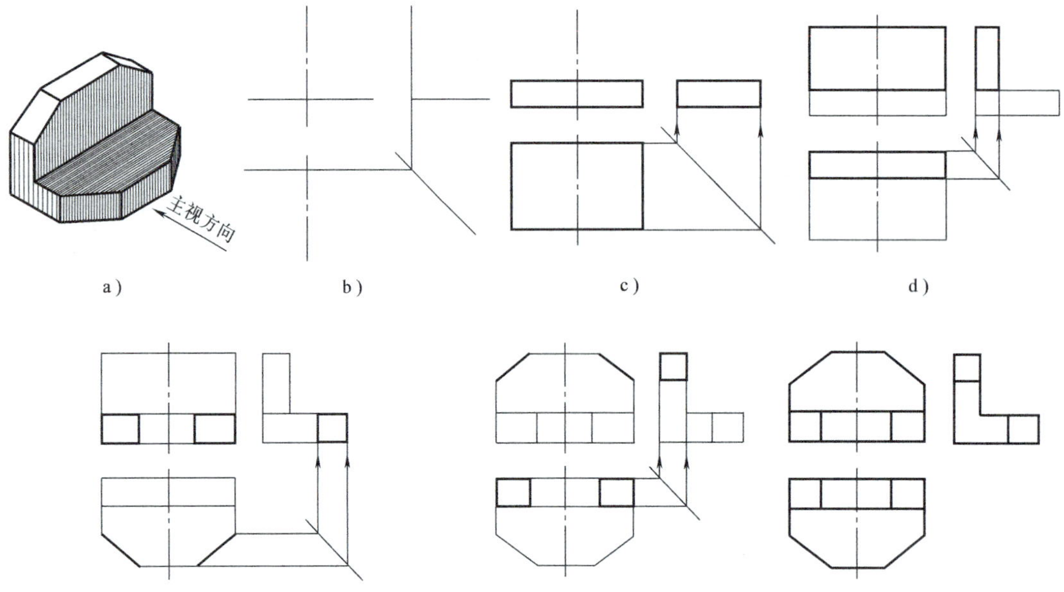

图 2-11 三视图的画图方法和步骤

第三节 点、直线、平面的投影特性

点、直线和平面是构成物体表面的基本几何元素。学习和熟练掌握基本几何元素的投影规律和特点，为学习机械图样奠定必要的理论基础和提供科学的分析方法。

一、点的投影

1. 点的投影与其三面投影规律

点的投影仍然是点。

如图 2-12a 所示，点 A 是空间的一点，自点 A 分别向三个投影面作垂线（即投射线），得到三个垂足 a、a'、a''，它们分别是点 A 在 H 面、V 面、W 面上的投影。过点 a 分别向 X

轴和 Y 轴作垂线，过点 a' 分别向 X 轴和 Z 轴作垂线，过点 a'' 分别向 Y 轴和 Z 轴作垂线，它们在 X 轴、Y 轴、Z 轴上的垂足分别记为 a_x、a_y、a_z。

如图 2-12b 所示，为了方便画图，V 面保持不动，将 H 面绕 X 轴向下旋转 90°与 V 面成一个平面，将 W 面绕 Z 轴向右旋转 90°，也与 V 面成一个平面，这样就得到一个平面上点的三面投影，如图 2-12c 所示。这时 a_x、a_y、a_z 分别为点 A 的投影连线与 X 轴、Y 轴、Z 轴的交点。一般情况下，在作点、直线和平面的三面投影时，通常不画出投影面范围，但要画出 X 轴、Y 轴（Y_H 轴、Y_W 轴）、Z 轴以及原点 O，如图 2-12d 所示。

通常规定空间点用大写字母表示，例如 A、B、C 等，H 面的投影用相应的小写字母表示，如 a、b、c 等；V 面的投影用相应的小写字母在右上角加一撇表示，如 a'、b'、c' 等；W 面的投影用相应的小写字母在右上角加两撇表示，如 a''、b''、c'' 等。

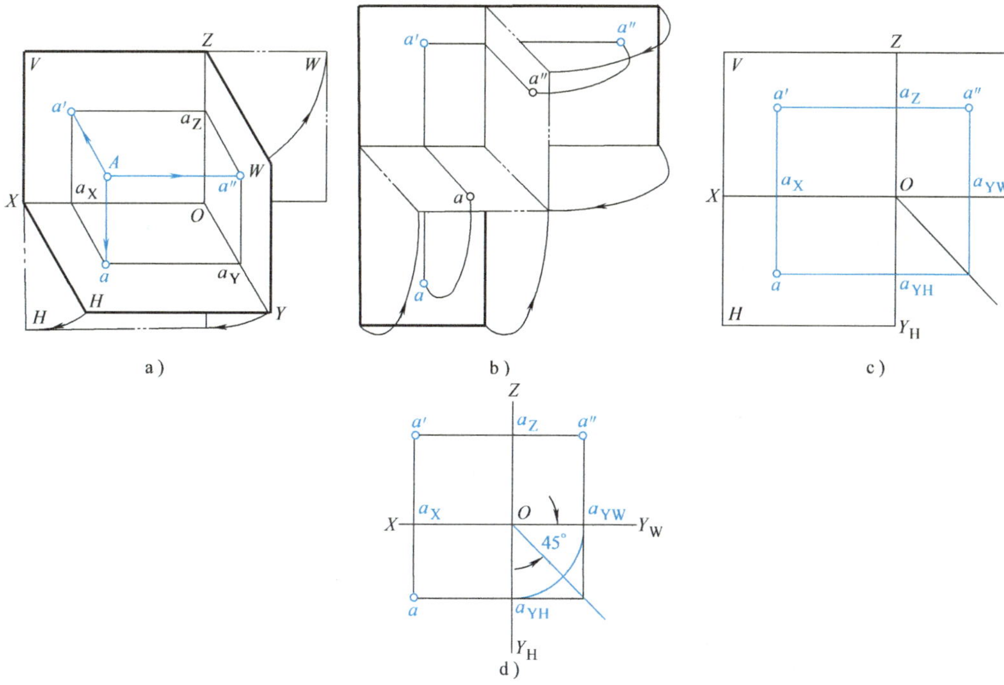

图 2-12　点的三面投影

点在空间的位置可以用直角坐标值来确定，表达形式为：A（x，y，z），例如：A（20，10，18），x、y、z 分别是 X 轴、Y 轴、Z 轴的坐标值，如图 2-13a、b 所示。

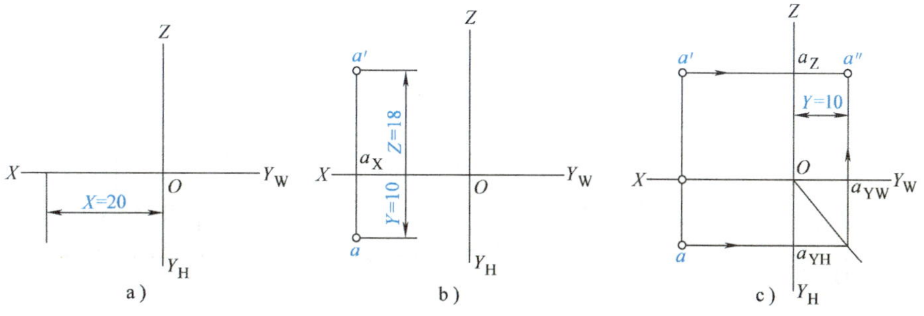

图 2-13　点的投影规律

如图 2-12、图 2-13 所示，根据点的三面投影的形成过程和点与直角坐标系的关系，可以得到点的三面投影规律：

（1）点的两面投影连线垂直于相应的投影轴　即

$a'a \perp OX$、$aa_{YH} \perp OY_H$、$a''a_{YW} \perp OY_W$、$a'a'' \perp OZ$。

（2）点的每一面投影反映点的两个坐标值，也反映点到两个投影面的距离　即

a (x, y)、a' (x, z)、a'' (y, z)；

$Aa'' = a'a_Z = aa_{YH} = Oa_X = x$ = 点 A 到 W 面的距离；

$Aa' = a''a_Z = aa_X = Oa_Y = y$ = 点 A 到 V 面的距离；

$Aa = a'a_X = a''a_{YW} = Oa_Z = z$ = 点 A 到 H 面的距离。

由于点的一面投影反映两个坐标值，所以点的两面投影就能确定点的空间位置。

【例 2-2】 已知点 A（15，10，20），求作点 A 的三面投影。

如图 2-14 所示，作图方法和步骤为：

1）画出投影轴 OX、OY_H、OY_W、OZ 和原点 O 以及 45°的斜线。

2）分别在 OX、OY、OZ 轴上取坐标值 15、10、20，得到交点 a_X、a_{YH}、a_{YW}、a_Z。

3）过交点 a_X、a_{YH}、a_{YW}、a_Z 分别作 OX、OY、OZ 轴的垂线，所得的交点即为点 A 的三面投影 a、a'、a''。

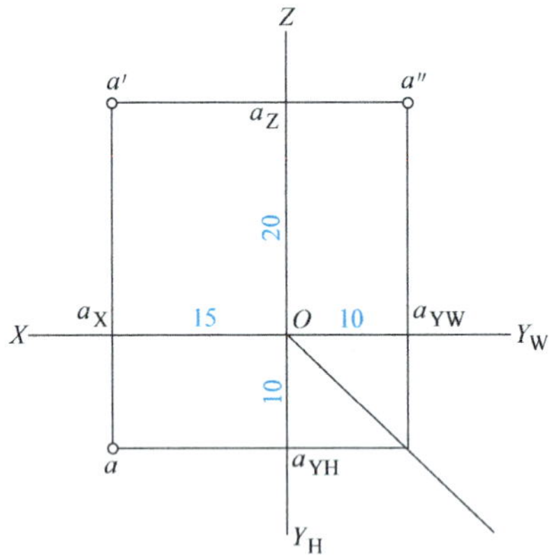

图 2-14　已知点坐标求作点的三面投影

【例 2-3】 已知点 A 到 H 面的距离为 20，到 V 面的距离为 10，到 W 面的距离为 15，求作点 A 的三面投影。

如图 2-14 所示 ，首先将点 A 到投影面的距离转化为点的坐标，即 A（15，10，20），然后按照【例 2-2】的作图方法和步骤即可得到点 A 的三面投影 a、a'、a''。

【例 2-4】 已知点 A 的 W、V 面投影，求作点 A 的 H 面投影。

如图 2-15 所示，过点 a'作 OX 轴的垂线，过点 a''作 OY_W 轴的垂线与 45°的斜线相交，过交点作 OY_H 轴的垂线，与 OX 轴的垂线相交，交点即为 a。

2. 两点的相对位置

两点的相对位置是指两点在空间的左右、前后、上下三个方向的相对位置。如图 2-16

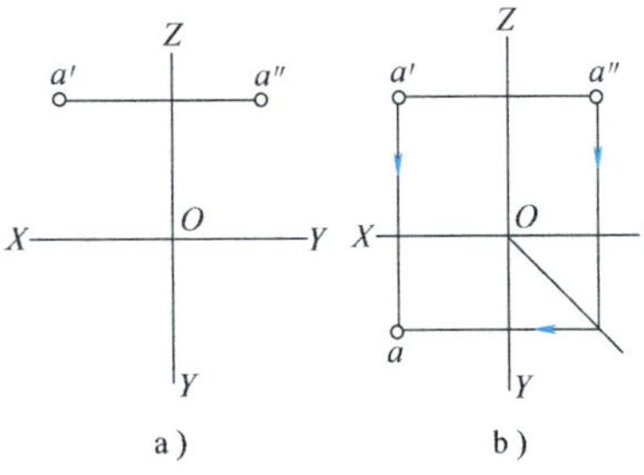

图 2-15　作点 A 的 H 面投影

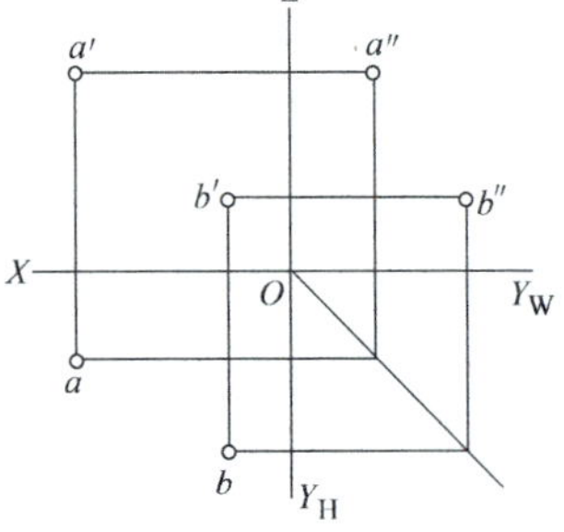

图 2-16　两点的相对位置

所示，已知点 A、B 的三面投影，判断 A、B 两点的相对位置。

判断方法为：

在 H、V 面上可以判断左右相对位置，X 轴的坐标值大的在左方，小的在右方。故点 A 在点 B 的左方。

在 H、W 面上可以判断前后相对位置，Y 轴的坐标值大的在前方，小的在后方。故点 A 在点 B 的后方。

在 V、W 面上可以判断上下相对位置，Z 轴的坐标值大的在上方，小的在下方。故点 A 在点 B 的上方。

由于点的坐标值与点到投影面的距离有直接的关系，所以也可以利用点到投影面的距离大小来判断两点的相对位置。

二、直线的投影

1. 直线的投影特性

直线的投影是直线或点。两点确定一条直线，因此，直线的投影可以是直线上两点同面投影的连线。如图 2-17a 所示，已知点 A、B 的三面投影，将它们的同面投影连接起来，就得到直线 AB 的三面投影，即：水平投影 ab，正面投影 $a'b'$，侧面投影 $a''b''$。

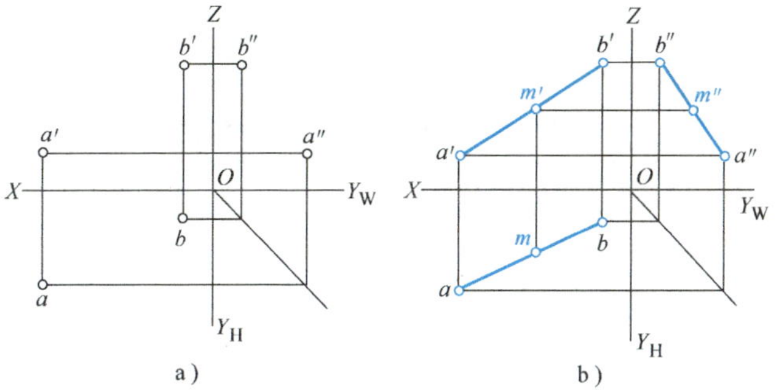

图 2-17　直线的投影

直线上点的投影在直线的同面投影上，并且符合点的投影规律。如图 2-17 所示，在直线 AB 上有一点 M，点 M 的三面投影 m、m'、m''分别在 ab、$a'b'$、$a''b''$上，并且符合点的投影规律。点 M 的三面投影中只要有一面投影不在直线 AB 的同面投影上，那么点 M 就一定不在直线 AB 上。

2. 各种位置直线的投影特点

在三投影面体系中，空间直线有三种位置，它们是一般位置直线、投影面平行线、投影面垂直线。后两种统称为特殊位置直线。

（1）一般位置直线　与三个投影面都倾斜的直线称为一般位置直线。直线与 H 面、V 面和 W 面的倾角分别用 α、β 和 γ 表示。

一般位置直线的投影特点是：一般位置直线的三面投影都是直线，具有相似性（不反映实长），并且都与投影轴倾斜。如图 2-18 所示，直线 AB 是一般位置直线，所以它的三面投影都是直线，具有相似性，即：$ab < AB$、$a'b' < AB$、$a''b'' < AB$，并且都与投影轴倾斜。

（2）投影面平行线　平行于一个投影面而与另外两个投影面倾斜的直线称为投影面平行线。

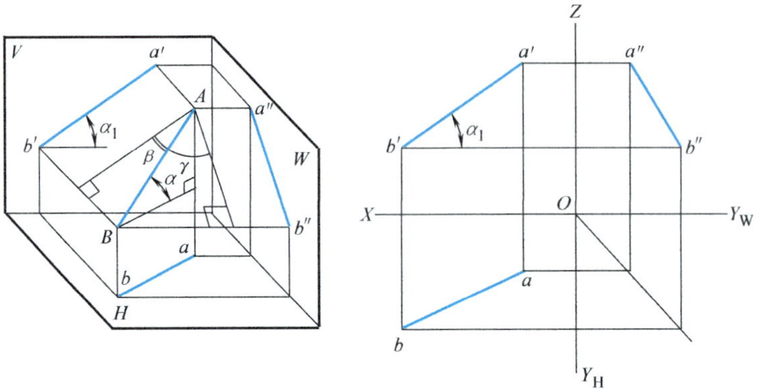

a）　　　　b）

图 2-18　一般位置直线的投影

平行于 *H* 面的直线称为水平线。

平行于 *V* 面的直线称为正平线。

平行于 *W* 面的直线称为侧平线。

投影面平行线的投影特点是：投影面平行线的三面投影都是直线，其中在与直线平行的投影面上的投影反映实长，并且与相应的投影轴倾斜；另外两面投影都具有相似性，并且分别平行于相应的投影轴，见表 2-1。

表 2-1　投影面平行线的投影特点

名称	直观图	投影图
水平线	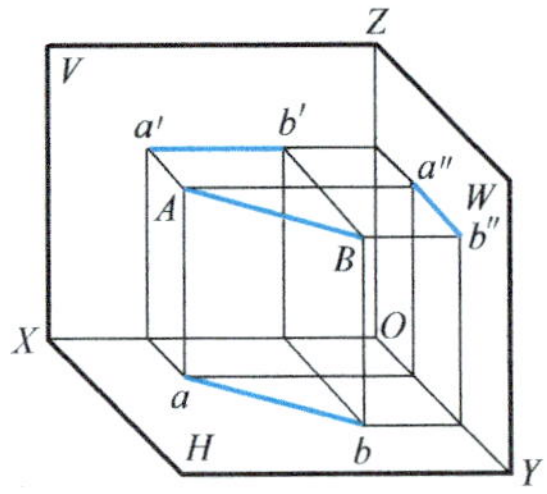	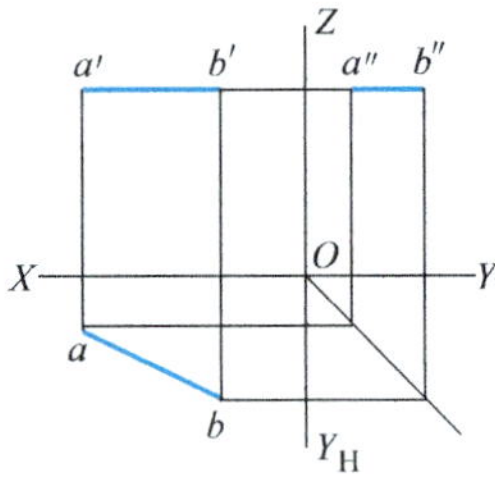
正平线	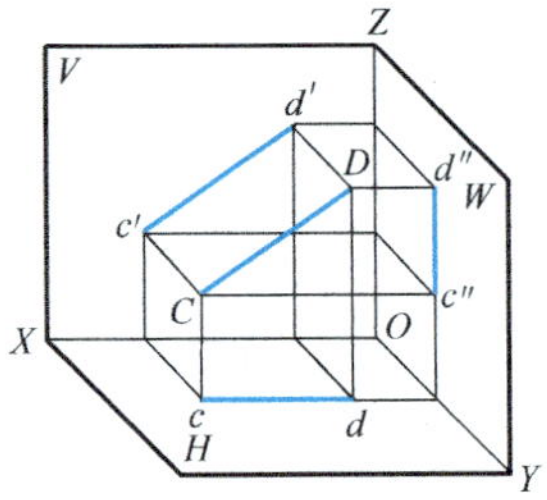	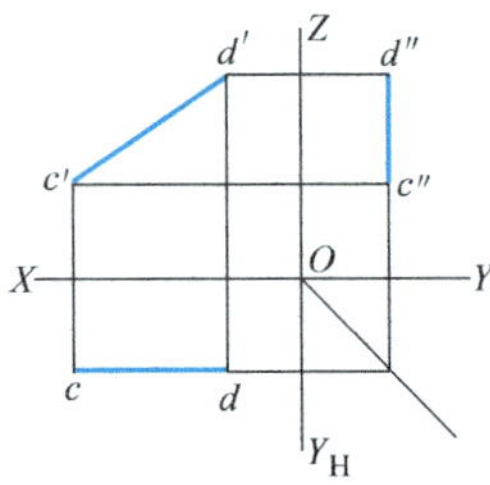
侧平线	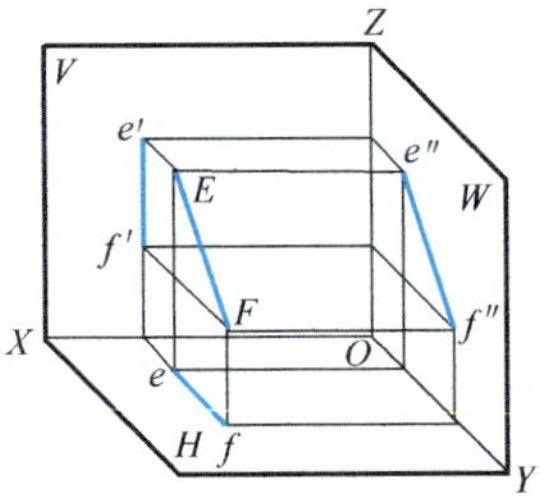	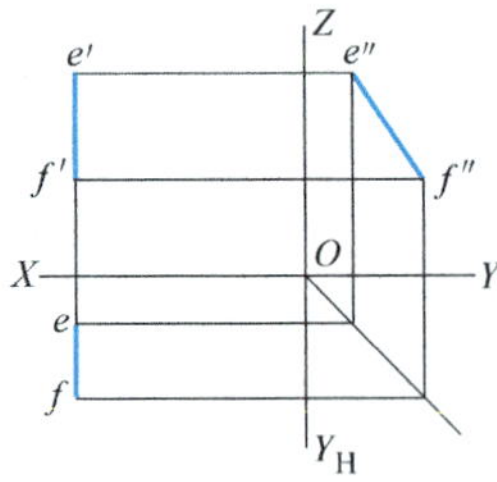

（3）投影面垂直线　垂直于一个投影面的直线称为投影面垂直线。一条直线垂直于一个投影面，同时平行于另外两个投影面。

垂直于 *H* 面的直线称为铅垂线。

垂直于 *V* 面的直线称为正垂线。

垂直于 *W* 面的直线称为侧垂线。

投影面垂直线的投影特点是：投影面垂直线在所垂直的投影面上的投影积聚为一个点；另外两面投影反映实长，并且分别垂直于相应的投影轴，见表 2-2。

表 2-2　投影面垂直线的投影特点

<table>
<tr><th>名称</th><th>直　观　图</th><th>投　影　图</th></tr>
<tr><td>铅垂线</td><td>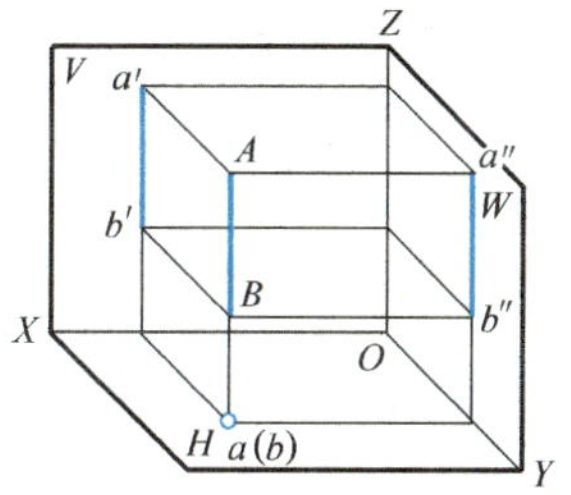</td><td>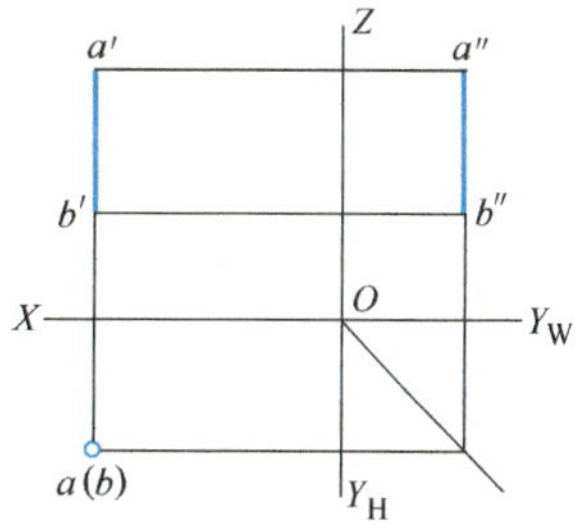</td></tr>
<tr><td>正垂线</td><td>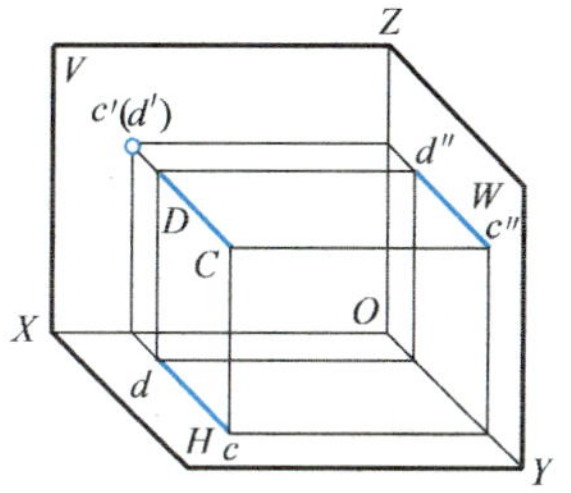</td><td>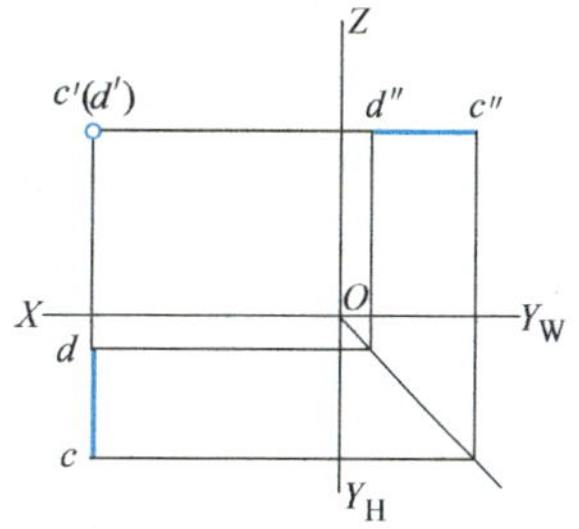</td></tr>
<tr><td>侧垂线</td><td>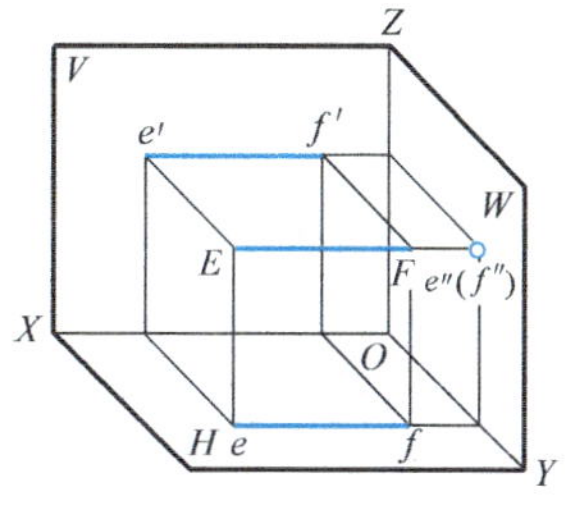</td><td>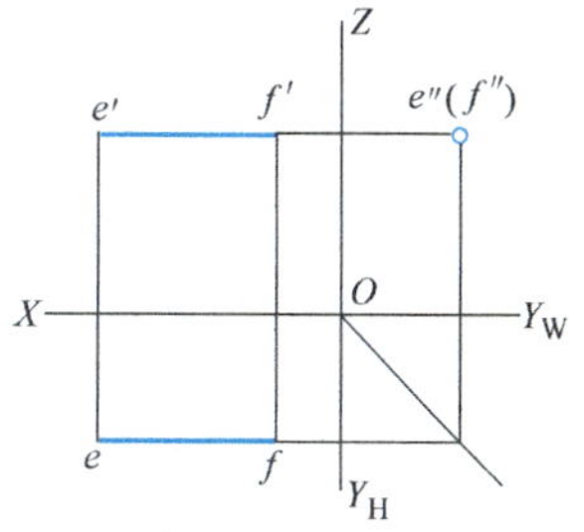</td></tr>
</table>

三、平面的投影

根据平面几何知识可知，不在同一直线上的三点确定一平面。因此，平面的表示方法有：不在同一直线上的三点；一条直线和直线外的一点；两条相交直线；两条平行直线；任意一个平面图形等。

1. 各种位置平面的投影特点

在三投影面体系中，空间平面有三种位置，它们是一般位置平面、投影面垂直面、投影面平行面。后两种统称为特殊位置平面。

（1）一般位置平面　与三个投影面都倾斜的平面称为一般位置平面。平面与 *H* 面、*V*

面和 W 面的倾角分别用 α、β 和 γ 表示。

一般位置平面的三面投影特点是：一般位置平面的三面投影都是平面，具有相似性（不反映实形）。如图 2-19 所示，平面 ABC 是一般位置平面，它的三面投影都具有相似性，即：$S_{\triangle abc} < S_{\triangle ABC}$、$S_{\triangle a'b'c'} < S_{\triangle ABC}$、$S_{\triangle a''b''c''} < S_{\triangle ABC}$。

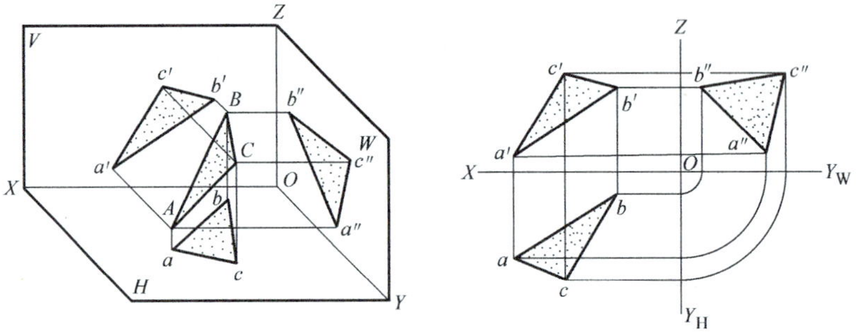

a)　　b)

图 2-19　一般位置平面的三面投影

（2）投影面垂直面　垂直于一个投影面并且倾斜于另外两个投影面的平面称为投影面垂直面。

垂直于 H 面的平面称为铅垂面。

垂直于 V 面的平面称为正垂面。

垂直于 W 面的平面称为侧垂面。

投影面垂直面的投影特点是：投影面垂直面在所垂直的投影面上的投影积聚为一直线，并且与相应的投影轴倾斜；另外两面投影都具有相似性，见表 2-3。

表 2-3　投影面垂直面的投影特点

名　称	直　观　图	投　影　图
铅垂面	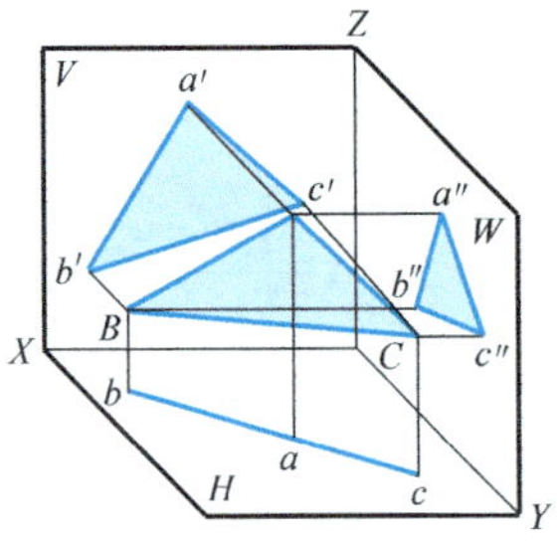	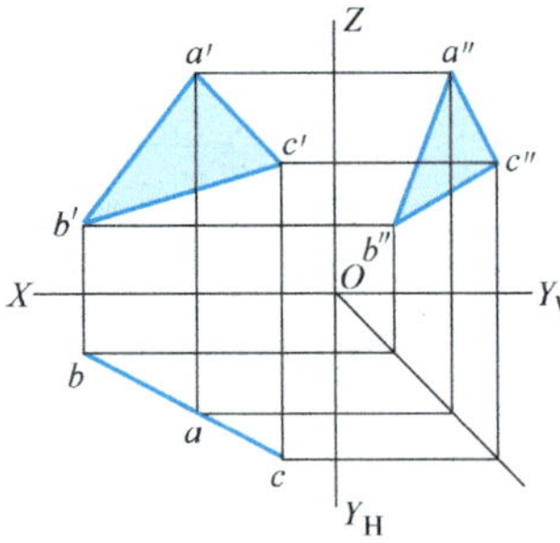
正垂面	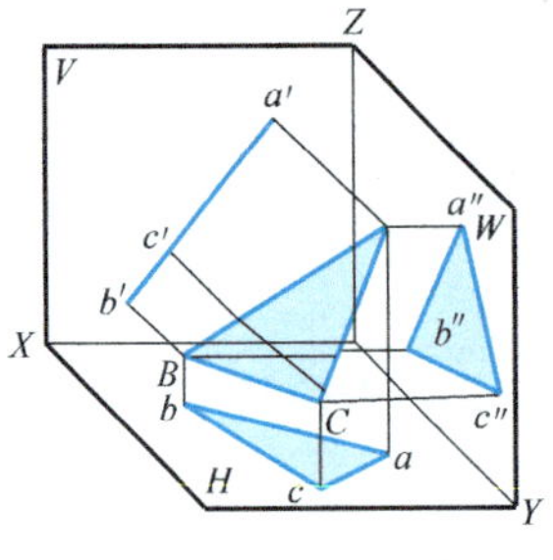	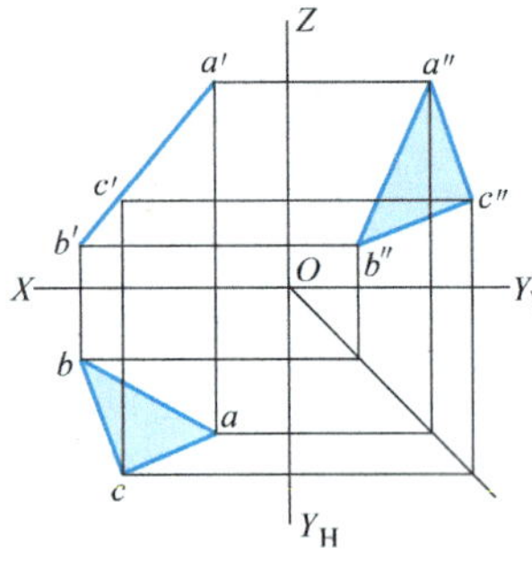

（续）

<table>
<tr><th>名　称</th><th>直　观　图</th><th>投　影　图</th></tr>
<tr><td>侧垂面</td><td>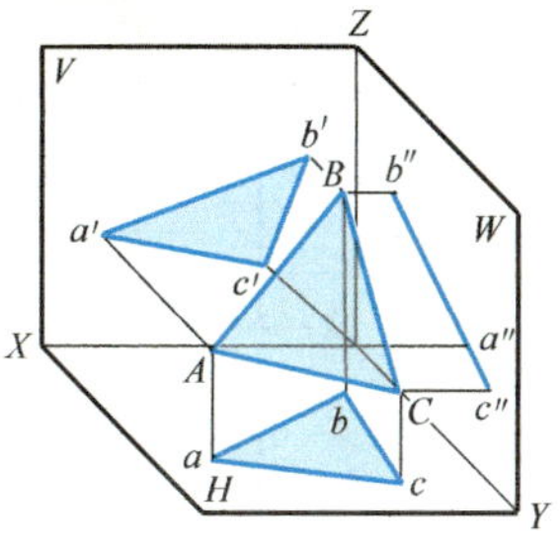
</td><td>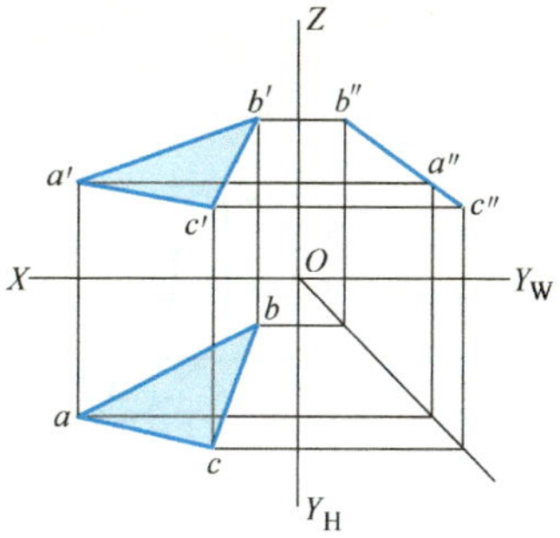
</td></tr>
</table>

（3）投影面平行面　平行于一个投影面的平面称为投影面平行面。投影面平行面与一个投影面平行，同时与另外两个投影面垂直。

平行于 *H* 面的平面称为水平面。

平行于 *V* 面的平面称为正平面。

平行于 *W* 面的平面称为侧平面。

投影面平行面的投影特点是：投影面平行面在所平行的投影面上的投影反映实形；另外两面投影都积聚为一直线，并且分别平行于相应的投影轴，见表 2-4。

表 2-4　投影面平行面的投影特点

<table>
<tr><th>名　称</th><th>直　观　图</th><th>投　影　图</th></tr>
<tr><td>水平面</td><td>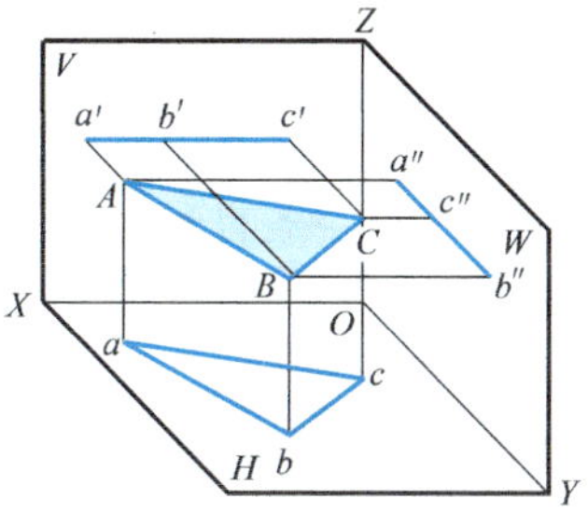
</td><td>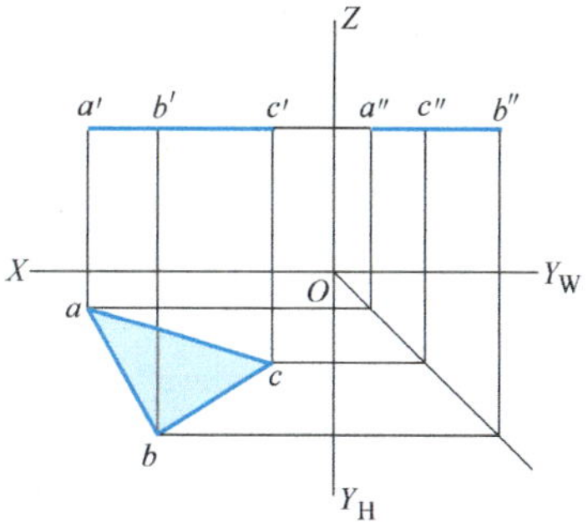
</td></tr>
<tr><td>正平面</td><td>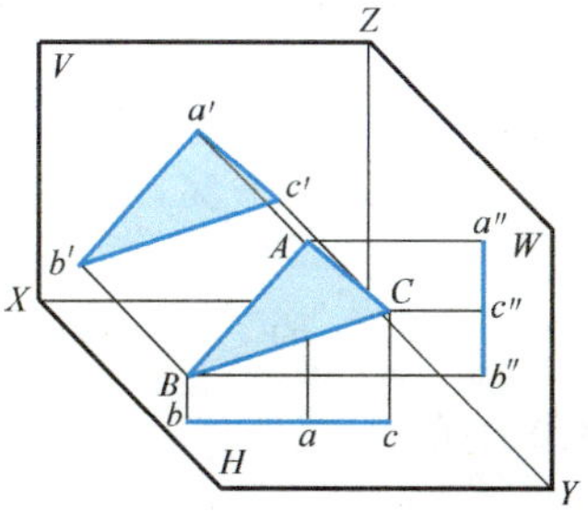
</td><td>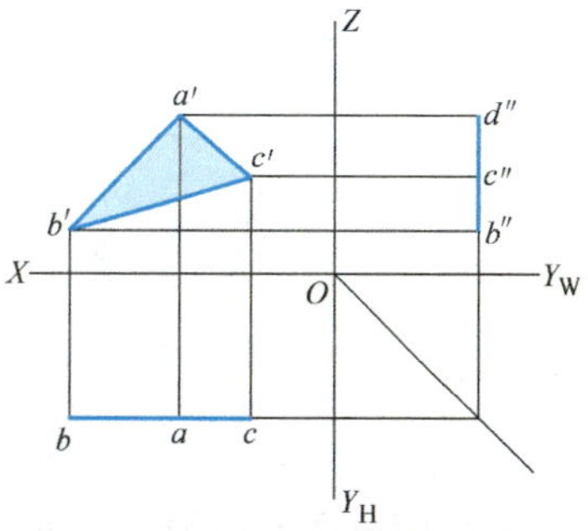
</td></tr>
</table>

（续）

名称	直观图	投影图
侧平面	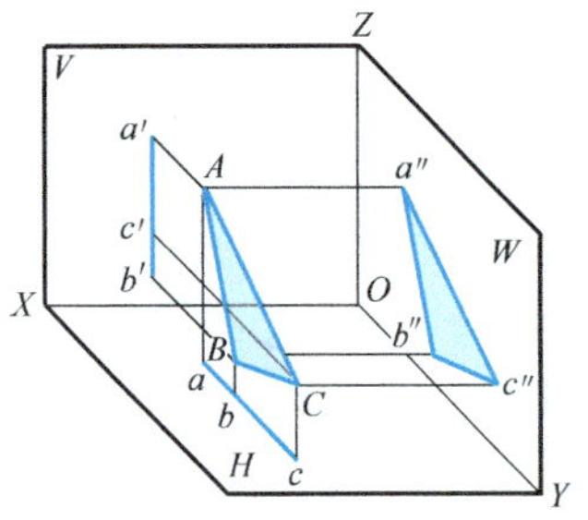	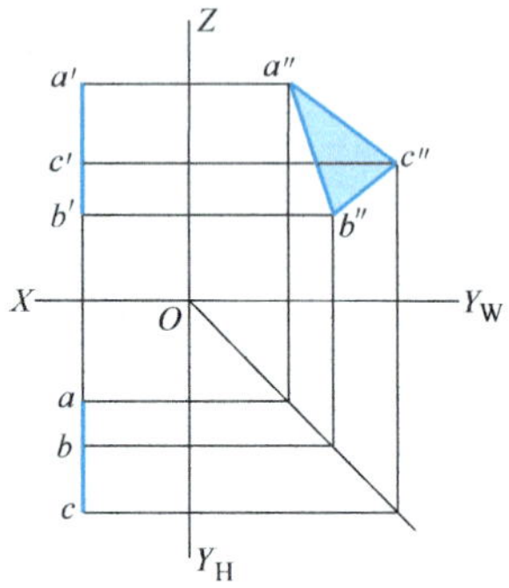

2. 平面上的直线和点

（1）平面上的直线　如果一条直线上的两点在平面上，或者直线经过平面上的一点并且平行于平面上的另一直线，那么这条直线就是平面上的直线。

如图 2-20a 所示，直线 *AB* 上的两点 *A*、*B* 在平面 *EFG* 上，所以直线 *AB* 就是平面 *EFG* 上的直线；如图 2-20b 所示，直线 *AB* 经过平面 *EFG* 上的一点 *C* 并且平行于平面 *EFG* 上的另一直线 *GF*，所以直线 *AB* 就是平面 *EFG* 上的直线。

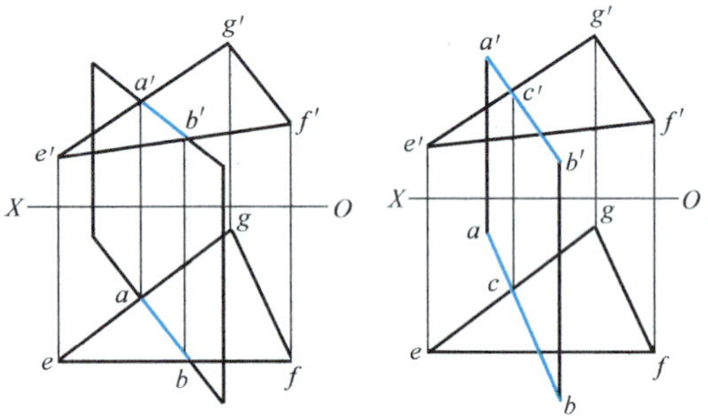

a）　　b）

图 2-20　平面上的直线

【例 2-5】　如图 2-21a 所示，已知平面 *ABC* 和点 *M* 的两面投影，直线 *MN* 是平面 *ABC* 上的任意一条直线，求作直线 *MN* 的两面投影。

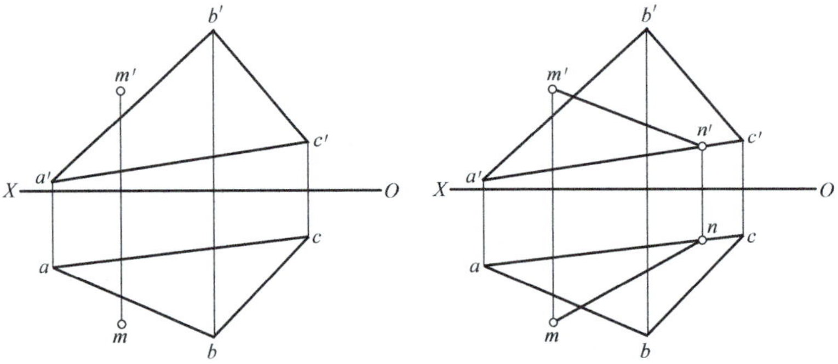

a）　　b）

图 2-21　平面上取直线

本题的作图方法有两种：一种方法是过点 *M* 作直线 *MN* 平行于平面 *ABC* 上的一直线；

另一种方法是在平面 ABC 上求作点 N。在此采用第二种方法作图。

作图方法：如图 2-21b 所示，过点 m'作任意一条直线交 $a'c'$于点 n'，过点 n'作 OX 轴的垂线交直线 ac 于点 n，连接 mn。

另外，在一般位置平面上还可以取水平线、正平线、侧平线。

（2）平面上的点　如果点在直线上，直线在平面上，那么点就是平面上的点。如图 2-22a 所示，点 M 在直线 AB 上，直线 AB 在平面 ABC 上，那么点 M 就是平面 ABC 上的点。

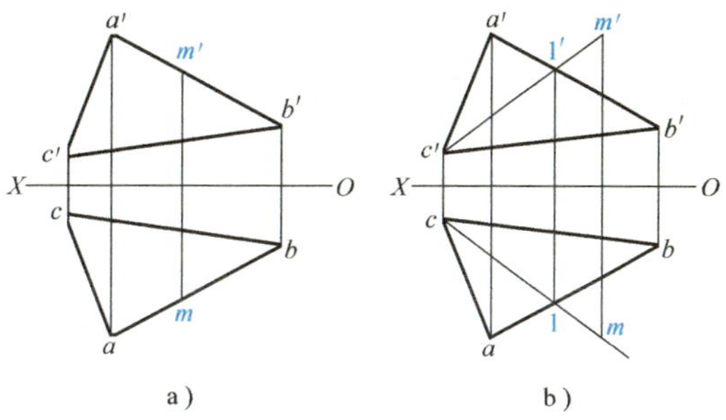

图 2-22　平面上的点

【例 2-6】　已知平面 ABC 的两面投影和点 M 的一面投影 m'，点 M 在平面 ABC 上，求作点 M 的另一面投影 m。

作图方法：如图 2-22b 所示，连接 $c'm'$交直线 $a'b'$于点 $1'$，过点 $1'$作 OX 轴的垂线交直线 ab 于点 1，连接 $c1$ 并延长，过点 m'作 OX 轴的垂线与直线 $c1$ 相交，其交点即为点 m。

第四节　常见形体绘图及识读

表面都是由平面构成的形体称为平面体，如棱柱、棱锥等；表面是由曲面或曲面与平面构成的形体称为回转体，如圆柱、圆锥等。

一、平面体

1. 棱柱

棱柱的上下两个底面是两个全等且平行的多边形，各侧面都是矩形或平行四边形。棱柱可分为直棱柱和斜棱柱。

直棱柱就是棱柱的侧棱与底面垂直的棱柱。上下两个底面是正多边形的直棱柱，称为正棱柱。

斜棱柱就是棱柱的侧棱与底面倾斜的棱柱。

（1）棱柱的三视图　如图 2-23a 所示，把正六棱柱放置在三投影面体系中，然后分别向 H 面、V 面、W 面投射，就可以得到正六棱柱的三面视图。具体作图过程如图 2-23b、c 所示。

（2）棱柱表面取点　棱柱表面取点就是已知棱柱表面上点的一面投影，求作另外两面投影。

下面举例介绍形体表面取点的第一种方法，即：利用积聚性法。

如图 2-23d 所示，已知正六棱柱的三面视图，点 A、点 B 和点 C 的一面投影 a'、b 和 c'，而点 A、点 B、点 C 是正六棱柱表面上的点，求作点 A、点 B、点 C 的另外两面投影。

作图方法：首先分析点在棱柱表面上的位置（交点、棱边、底面或侧面等），然后分析位置要素的投影特点，如果它的一面或两面投影具有积聚性，那么过已知的一面投影作长对正、宽相等或高平齐线就可以求出另外两面投影，最后分析点的可见性。

点 A 在正六棱柱侧棱上，它是一条铅垂线。过点 a'作高平齐线与侧棱在 W 面上投影的

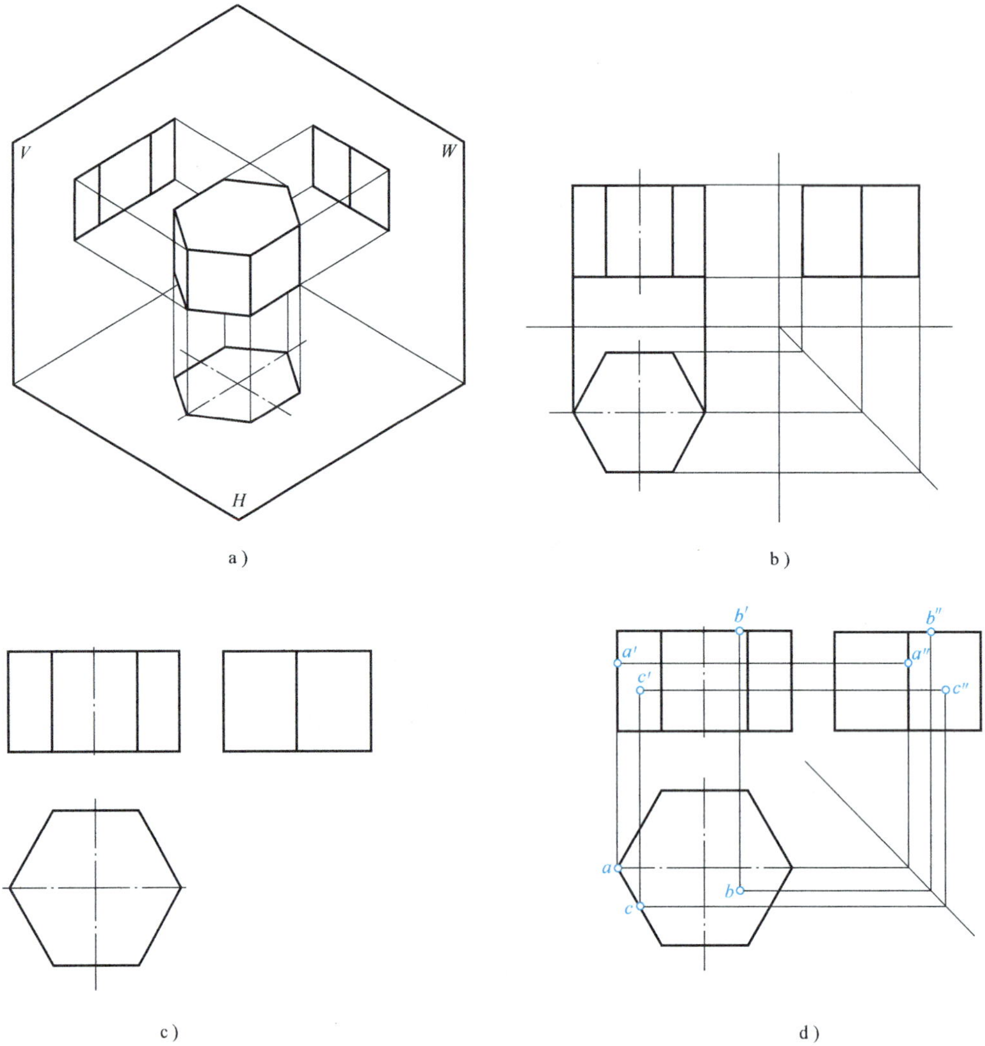

图 2-23 正六棱柱的三视图及表面取点

交点就是点 a''，侧棱在 H 面上的投影积聚为一点即为点 a。

点 B 在正六棱柱的上底面上，它是一个水平面。过点 b 作长对正线与上底面在 V 面上投影的交点就是点 b'，再过点 b 作宽相等线与上底面在 W 面上投影的交点就是点 b''。

点 C 在正六棱柱的侧面上，它是一个铅垂面。过点 c' 作长对正线与侧面在 V 面上投影的交点就是点 c，再过点 c 作宽相等线，过点 c' 作高平齐线，两条线在 W 面上的交点就是点 c''。

2. 棱锥

棱锥的底面是多边形，各侧面是具有公共顶点的三角形。棱锥可分为直棱锥和斜棱锥。

直棱锥就是棱锥的各侧面都是等腰三角形的棱锥。底面是正多边形的直棱锥，称为正棱锥。

斜棱锥就是棱锥的各侧面不是等腰三角形或不全是等腰三角形的棱锥。

(1) 棱锥的三视图　如图 2-24a 所示，把正三棱锥放置在三投影面体系中，然后分别

向 H 面、V 面、W 面投射，就可以得到正三棱锥的三面视图。具体作图过程如图 2-24b、c 所示。

（2）棱锥表面取点　棱锥表面取点就是已知棱锥表面上点的一面投影，求作另外两面投影。

棱锥表面取点的方法一般有两种，即：利用积聚性法和辅助直线法。

下面举例介绍形体表面取点的第二种方法，即：辅助直线法。

如图 2-24d 所示，已知正三棱锥的三面视图，点 A、B、C 的一面投影 a、b、c，点 A、B、C 是正三棱锥表面上的点，求作点 A、B、C 的另外两面投影。

作图方法：首先分析点在棱锥表面上的位置（交点、棱边、底面或侧面等），然后分析位置要素的投影特点，如果它的一面或两面投影具有积聚性，那么就可以利用积聚性求作另外两面投影；如果它的投影不具有积聚性，那么过已知的一面投影在它所在的平面上做一条辅助直线，求出辅助直线的另一面投影，作长对正、宽相等或高平齐线就可以求出另外两面投影，最后分析点的可见性。

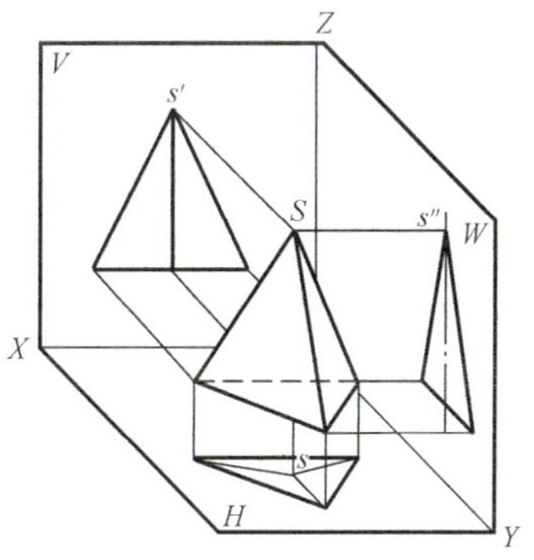

a)

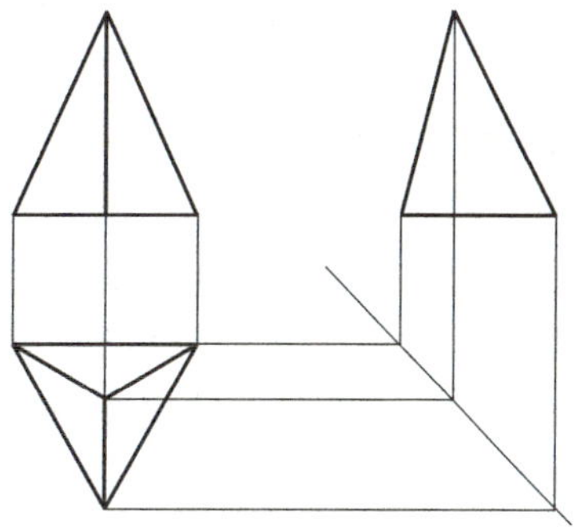

b)

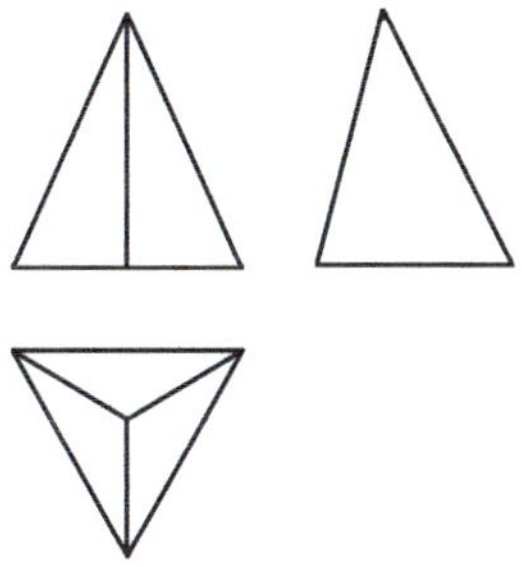

c)

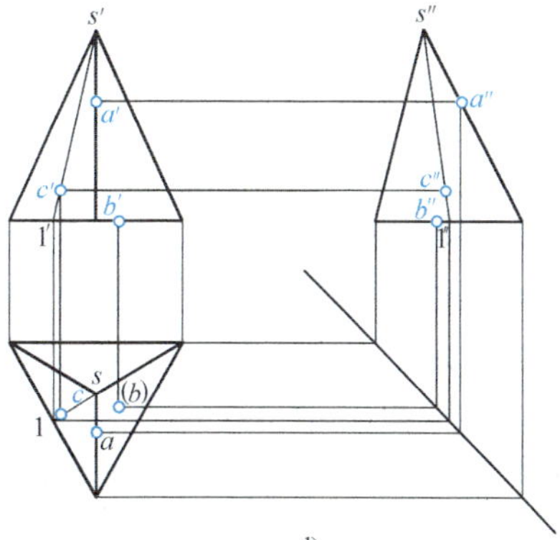

d)

图 2-24　正三棱锥的三视图及表面取点

点 A 在正三棱锥侧棱上，它是一条侧平线。过点 a 作宽相等线与侧棱在 W 面上投影的交点就是点 a''，过点 a'' 作高平齐线与侧棱在 V 面上投影的交点就是点 a'。

点 B 在正三棱锥的底面上，它是一个水平面。过点 b 作长对正线与底面在 V 面上投影的交点就是点 b'，再过点 b 作宽相等线与底面在 W 面上投影的交点就是点 b''。

点 C 在正三棱锥的侧面上，它是一个一般位置面。连接直线 sc 并延长交左棱边在 H 面上的投影于点1，过点1作长对正线交左棱边在 V 面上的投影于点 $1'$，连接直线 $s'1'$，过点 c 作长对正线与直线 $s'1'$ 的交点就是点 c'，再过点 c 作宽相等线，过点 c' 作高平齐线，两条线在 W 面上的交点就是点 c''。

二、回转体

1. 圆柱

圆柱表面由圆柱面和两底面圆组成。

如图2-25所示，圆柱面可以看作是一直线 AA_1 围绕与它平行的轴线 OO_1（OO_1 称为回转轴）旋转360°形成的曲面，也可以看作是一圆，它的圆心沿着回转轴 OO_1 做直线移动一定距离形成的曲面。回转轴 OO_1 称为圆柱的轴线，直线 AA_1 称为圆柱的母线，圆柱面上任意一直线称为圆柱的素线，圆 O 称为圆柱的母线圆，圆柱面上的任意一个圆称为圆柱的素线圆。由此可见，在圆柱面上可以取无数条素线，这些素线相互平行且相等；也可以取无数个素线圆，这些圆形平面相互平行且直径相等。

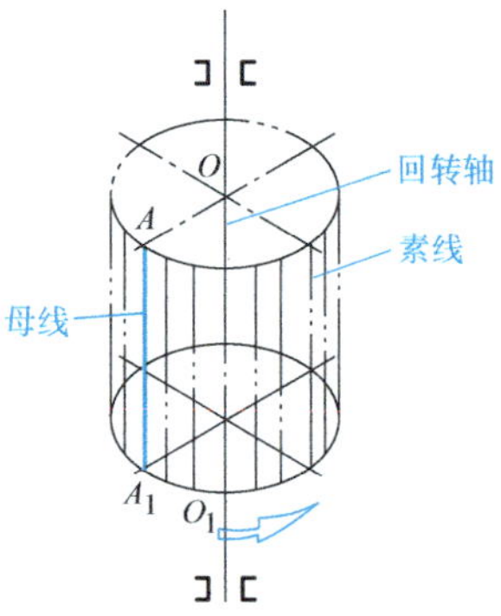

图2-25 圆柱的形成

（1）圆柱的三视图 如图2-26a所示，把圆柱放置在三投影面体系中，然后分别向 H 面、V 面、W 面投射，就可以得到圆柱的三面视图。圆柱的上下两底面是水平面，在 H 面上的投影反映实形，在 V 面、W 面上的投影都积聚为一直线。圆柱面在 H 面上积聚为同一圆，在 V 面上的投影画出最左和最右两条素线，与上下两底面的投影构成了一个矩形方框，在 W 面上的投影分别画出最前和最后两条素线，与上下两底面的投影也构成了一个矩形方框。

从图2-26a中可以看出，圆柱的投影特点是：当圆柱的轴线垂直于某一投影面时，它的一面投影为圆，另外两面投影为全等的矩形。具体作图过程如图2-26b、c所示。

（2）圆柱表面取点 利用积聚性法可以完成圆柱表面的取点。如图2-26d所示，已知圆柱表面上点 M、N、P 的一面投影 m''、n'、(p)，求作另两面投影。

作图方法：首先分析点在圆柱表面上的位置（特殊位置的素线、上下底面或圆柱面等），然后利用积聚性求作另外两面投影，最后分析点的可见性。

从图2-26d中可以看出，点 p 在圆柱的下底面上，因此，过点 p 作长对正线求出点 p'，再过点 p 作宽相等线求出点 p''；点 n 在圆柱面最前边的素线上，因此，点 n 可以直接标出，再过点 n' 作高平齐线求出点 n''；点 m 在圆柱面的左前方，因此，过点 m' 作长对正线求出点 m，再过点 m 作宽相等线，过点 m' 作高平齐线求出点 m''。

2. 圆锥

圆锥表面由圆锥面和底面圆组成。

如图2-27所示，圆锥面可以看作是一直线 SA 围绕与之斜交的轴线 OO_1 旋转360°形成的曲面。回转轴 OO_1 称为圆锥的轴线，直线 SA 称为圆锥的母线，圆锥面上任意一直线称为圆锥的素线。由此可见，在圆锥面上可以取无数条素线，这些素线都相交于锥顶；也可以取无数个圆，这些圆形平面相互平行但直径不相等，最大直径的圆就是圆锥的底面圆。

（1）圆锥的三视图 如图2-28a所示，把圆锥放置在三投影面体系中，然后分别向 H

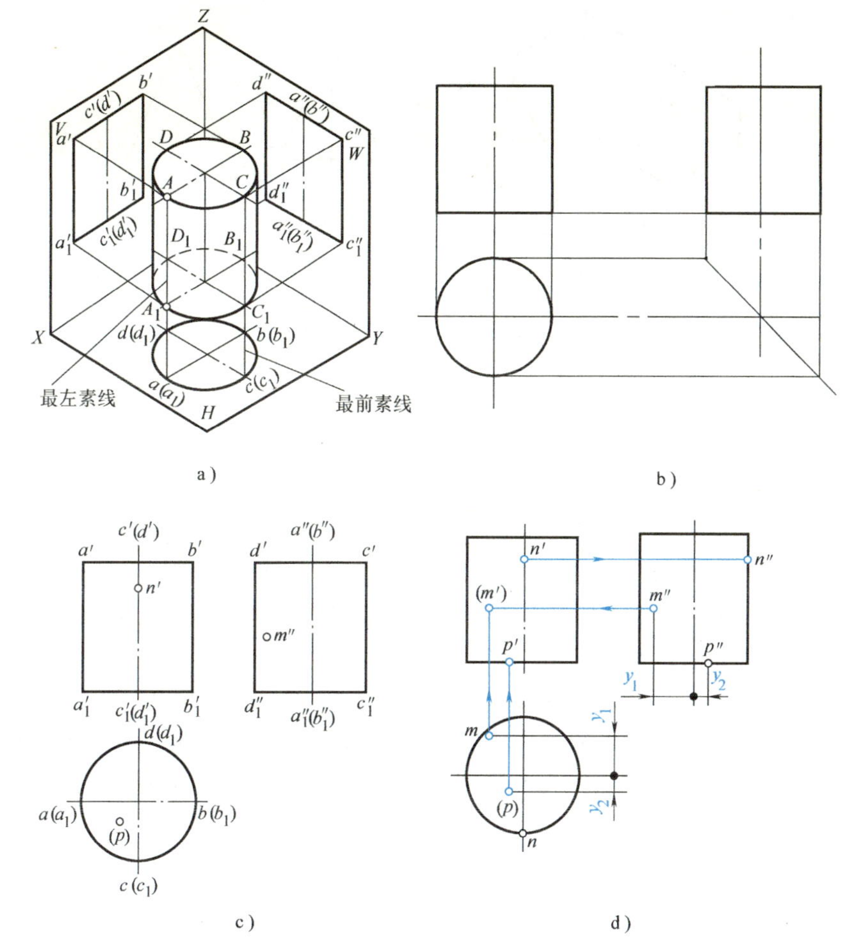

图 2-26　圆柱的三视图及表面取点

面、V 面、W 面投射，就可以得到圆锥的三面视图。圆锥的底面圆是水平面，在 H 面上的投影反映实形，在 V 面、W 面上的投影都积聚为一直线。在 V 面上的投影画出最左和最右两条素线，与底面圆的投影构成了一个等腰三角形，在 W 面上的投影分别画出最前和最后两条素线，与底面圆的投影也构成了一个等腰三角形。

从图 2-28 中可以看出，圆锥的投影特点是：当圆锥的轴线垂直于某一投影面时，它的一面投影为圆，另外两面投影为全等的等腰三角形。具体作图过程如图 2-28 所示。

（2）圆锥表面取点　圆锥表面的点在底面圆上利用积聚性法可以完成圆锥表面的取点；圆锥表面的点在圆锥面特殊位置的素线上可以直接完成圆锥表面的取点；圆锥表面的点在圆锥面其他位置上利用辅助直线法或辅助平面法（辅助圆法）可以完成圆锥表面的取点。

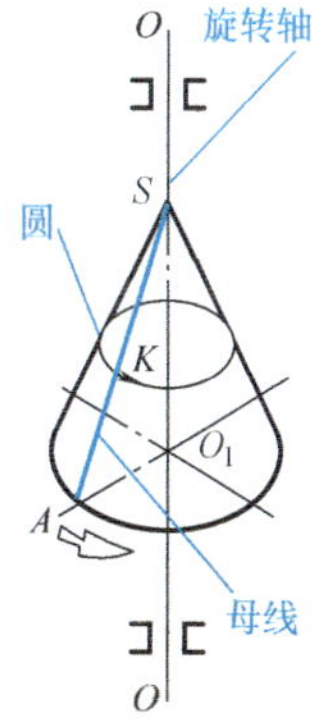

图 2-27　圆锥的形成

如图 2-29 所示，已知点 B 在圆锥面上和点 B 的一面投影 b，求作点 B 的另两面投影。

求作点 B 的另两面投影的方法有两种：辅助直线法或辅助平面法（辅助圆法）。

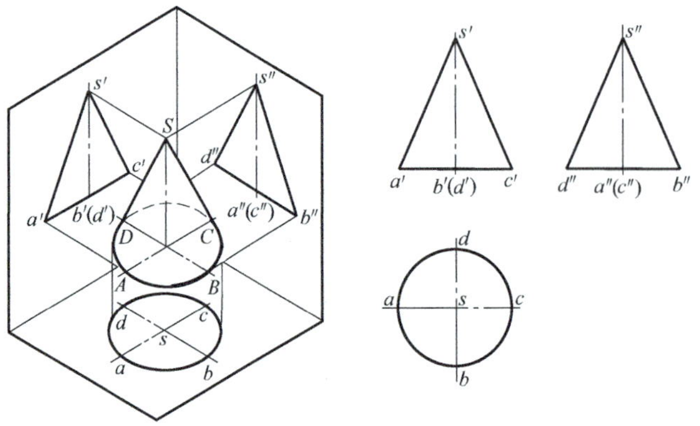

a)　　　　b)

图 2-28　圆锥的三视图

利用辅助直线法求作点 *B* 的另两面投影。如图 2-29b 所示，点 *B* 在圆锥面的左前方，连接 *sb* 并延长与底面圆在 *H* 面投影相交于点 *a*，过点 *a* 作长对正线，与底面圆在 *V* 面投影相交于点 *a*′，连接 *s*′*a*′，过点 *b* 作长对正线，与直线 *s*′*a*′的交点即为点 *b*′，然后过点 *b* 作宽相等线，过点 *b*′作高平齐线即可求出点 *b*″。

利用辅助平面法（辅助圆法）求作点 *B* 的另两面投影。如图 2-29c 所示，过点 *b* 作底面圆在 *H* 面投影的同心圆，与最左素线在 *H* 面的投影相交于点 1，过点 1 作长对正线，与最左素线在 *V* 面的投影相交于点 1′，过点 1′作高平齐线，过点 *b* 作长对正线可求出点 *b*′，过点 *b* 作宽相等线可求出点 *b*″。

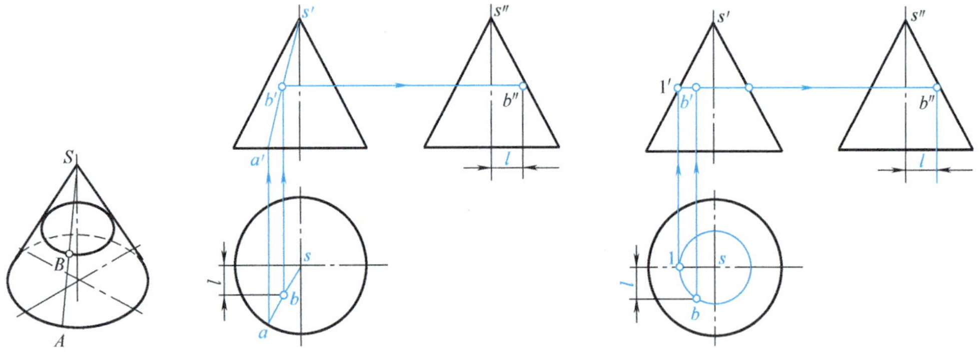

a)　　　　b)　　　　c)

图 2-29　圆锥的表面取点

3. 圆球

如图 2-30a 所示，圆球面可以看作是一圆围绕它的直径 OO_1 旋转 180°形成的曲面。这个圆称为圆球的母线圆，圆球面上任意一个过球心的圆称为圆球的素线圆。在圆球的表面上可以取无数个圆，其中过球心的圆是素线圆，它们的直径相等并且等于圆球的直径，不过球心的圆的直径不相等。

（1）圆球的三视图　圆球的三面投影都是圆，它们的直径与圆球的直径相等，它们分别是圆球面上平行于三个投影面的素线圆的投影。如图 2-30b、c 所示，平面 *C* 是平行于 *W*

面的素线圆，平面 A 是平行于 V 面的素线圆，平面 B 是平行于 H 面的素线圆。

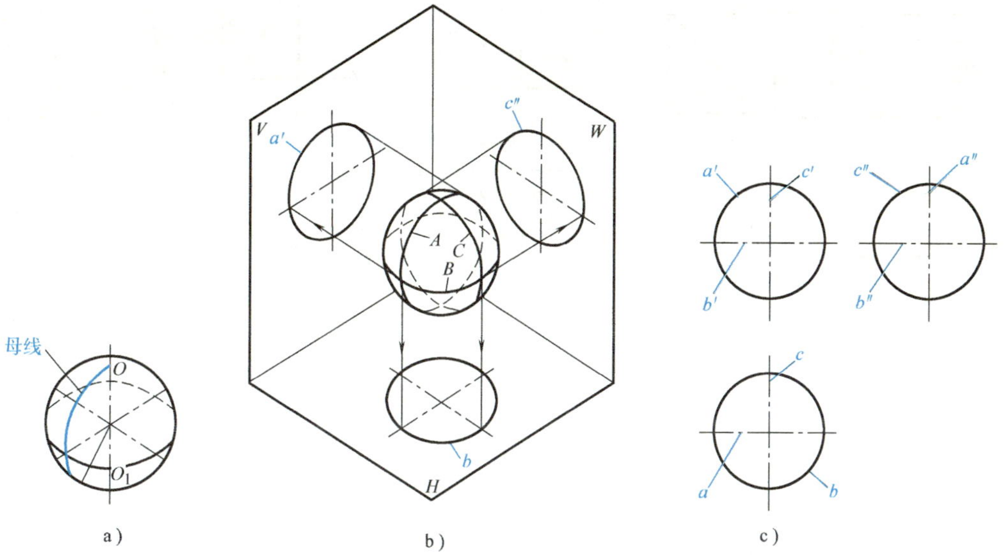

图 2-30　圆球的三视图

（2）圆球表面取点　利用辅助平面法（辅助圆法）可以完成圆球表面的取点。

如图 2-31 所示，已知点 M 在圆球的表面上，点 M 的一面投影 m'，求作点 M 的另两面投影。从图中可以看出，点 M 在圆球面的右、前、上方。过点 m' 作一平行于 H 面（也可以作平行于 V 面或 W 面）的辅助平面 P，辅助平面 P 与圆球的交线为圆，它的 V 面投影积聚为一直线段 $1'2'$，H 面投影是一圆，该圆的直径等于直线段 $1'2'$，画出此圆，过点 m' 作长对正线，与这个圆右前方的交点即为点 m，然后过点 m' 作高平齐线，过点 m 作宽相等线即可求出点 m''。

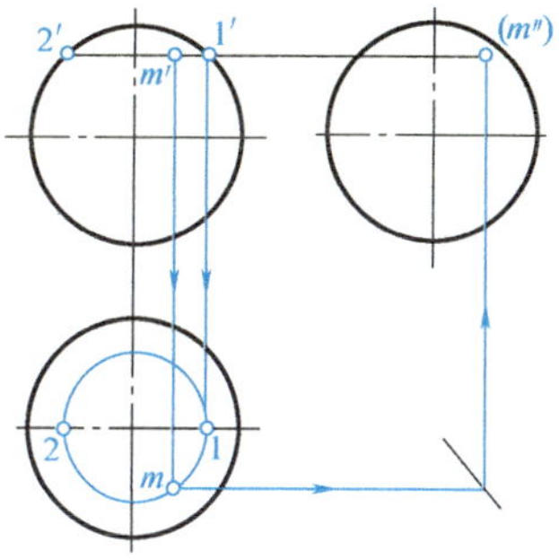

图 2-31　圆球的三视图及表面取点

三、常见形体的尺寸注法

形体的视图表达了形体的形状，而形体的真实大小是由图样上的尺寸确定的。因此，必须正确、完整地标注形体的尺寸。正确是指尺寸数值标注要正确，尺寸注法要符合有关国家标准。完整是指标注尺寸既不能遗漏，也不能重复。

1. 平面体的尺寸注法

平面体一般应标注长、宽、高三个方向的尺寸。

如图 2-32 所示，四棱柱标注长、宽、高三个尺寸；三棱柱标注高度尺寸和上下底面的定形尺寸，它的底面是直角三角形，图中标注了两直角边的长度，也可以标注其他的尺寸；正三棱锥给出了两种尺寸注法。

2. 回转体的尺寸注法

圆柱和圆锥一般应标注直径和高度尺寸，圆台一般应标注上底和下底的直径，圆球应标注直径，如图 2-33 所示。在标注圆柱、圆锥、圆台的直径时，应在尺寸数字前面加 ϕ；在标注圆球的直径时，应在尺寸数字前面加 $S\phi$。

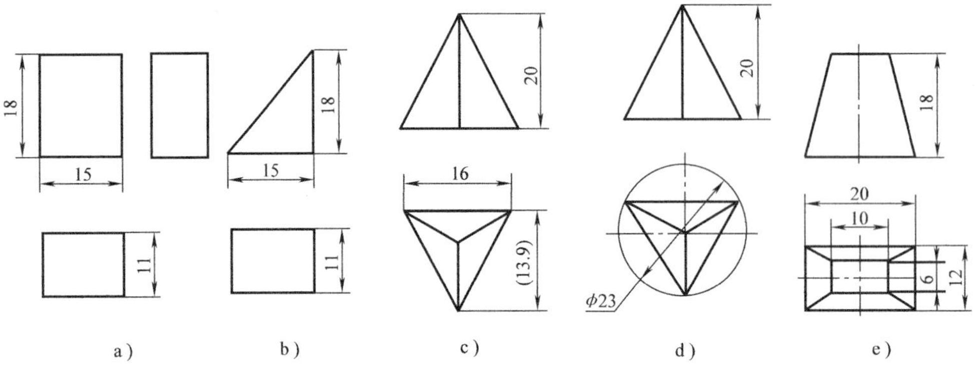

图 2-32　平面体的尺寸注法

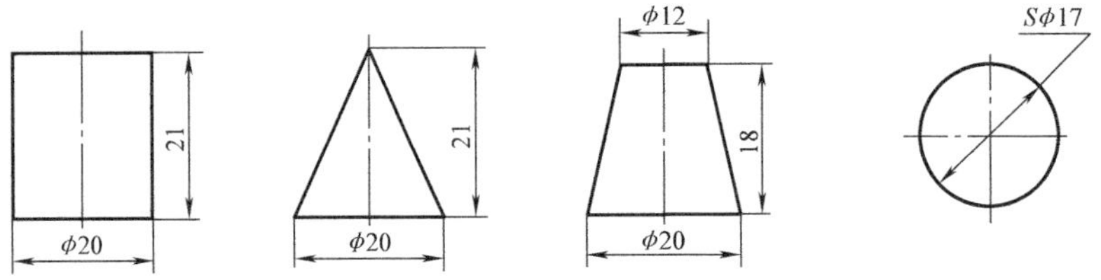

图 2-33　回转体的尺寸注法

【综合应用训练】

根据物体的左视图（图 2-34）补画主视图和俯视图。已知该物体由四个常见形体组成，形状不重复，左视图中最大的圆表示一球体。

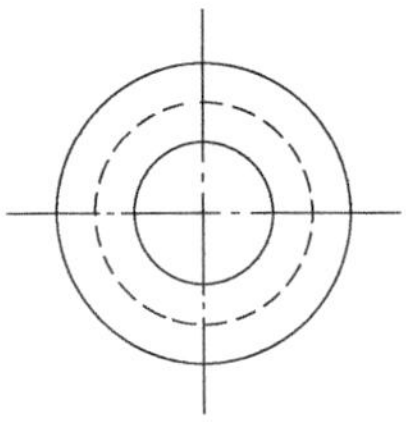

图 2-34　物体的左视图

【解题思路】 左视图是三个同心圆，其中一个为虚线圆。一面投影为圆的基本体有圆柱、圆锥（台）、圆球。在解题时，首先想象出形体的空间形状，然后再补画主视图和俯视图。

【归 纳 总 结】

1. 本章主要介绍了投影法、三视图的形成、三视图投影规律及其方位对应关系等内容。在学习过程中，对于这部分内容，不需要死记硬背，应注重理解，积极思考。在看图和绘图时建立"物""图"互换思想，经过一定的实践后便可以掌握三视图的投影方法。

2. 机械制图主要采用"正投影法"，它的优点是能准确反映物体的真实形状，便于度量，能满足生产上的要求。

3. 点、直线、平面是构成形体的基本几何元素，学习和掌握它们的投影特性和规律，能够透彻理解机械图样所表达的内容。

4. 三视图的投影规律可归纳为：长对正、高平齐、宽相等（简称“三等”关系），是三视图的投影基础，应时刻牢记。

5. 基本几何体：

1）机器零件可以看作是由基本几何体组合而成的。

2）组成立体的表面都是平面的立体称为平面立体。平面立体的投影就是表示出组成立体的面和棱线的投影。

3）组成立体的表面都是曲面或曲面与平面的立体称为曲面立体。回转曲面的投影应画出转向轮廓线（它是曲面立体可见与不可见部分的分界线）和回转轴线的投影。

4）基本体的尺寸标注，对平面立体一定要标出长、宽、高三个方向的尺寸；对曲面立体只需标出径向、轴向两个尺寸（直径尺寸加注 ϕ 后，即表示了两个方向的尺寸）即可。

第三章
组合体的视图及识读

【学习目标】

【知识目标】

1. 理解组合体的组合形式和画法，熟悉形体分析法。
2. 掌握组合体三视图的画法。
3. 掌握读组合体视图的方法和步骤。

【技能目标】

1. 能正确绘制简单组合体的三视图。
2. 能识读和标注简单组合体的尺寸。
3. 掌握用特殊位置平面截切平面体和圆柱体的截交线和立体投影的画法。

【素质目标】

1. 形成良好的学习习惯，养成认真负责的工作态度和严谨细致的工作作风。
2. 培养空间想象能力和思维能力，形成由图形想象物体、以图形表现物体的意识和初步能力。
3. 养成规范的制图习惯。

第一节　组合体三视图的画法

由两个或两个以上的形体组合而成的物体称为组合体。

组合体是零件的模型，学好组合体三视图的画法、尺寸注法以及识图方法是学习零件图的基础。

一、形体分析法

在绘制、识读组合体三视图和标注组合体尺寸时，假想将物体分解成若干个基本体，并且分析基本体的形状、各基本体间的组合形式和相邻表面的位置关系，这种分析物体的方法，称为形体分析法。

如图 3-1b 所示，根据形体分析法，可以将图 3-1a 所示滑动轴承座的模型分解成底座、肋板、支承板、圆柱四个部分。底座是四棱柱切去了两个小圆柱和一个小四棱柱，并且在两处进行了倒圆处理；肋板是四棱柱切去了一个四棱台和一个圆弧槽，也可以分析为一个四棱台和一个四棱柱叠加，并且在四棱柱的上方切去了一个圆弧槽；支承板是四棱台切去了一个圆弧槽；圆柱是一个带孔的圆柱。

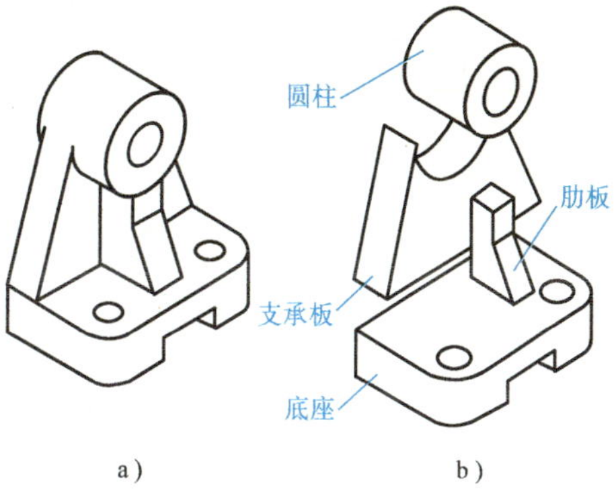

图 3-1　组合体的形体分析法

1. 组合体的组合形式

组合体的组合形式一般有叠加和切割两种基本形式。

叠加是实形体和实形体以面相接触组合在一起。如图 3-1 所示，滑动轴承座的底座和支承板是以平面相接触组合在一起的，支承板在底座的上方，支承板和圆柱是以圆柱面相接触组合在一起的，圆柱在支承板的上方。

切割是从实形体上切去一个实形体。在图 3-1 中，滑动轴承座的底座切去了两个小圆柱和一个小四棱柱，并且在两处进行了倒圆处理。

2. 组合体相邻表面的位置关系

组合体经过叠加和切割后，组合体相邻表面之间一般有相交、共面和相切三种位置关系。

（1）两基本体的相邻表面共面　两基本体的相邻表面共面时，相邻表面之间没有产生交线。如图 3-2a、b、e 所示，组合体上方基本体的前表面与下方基本体的前表面共面，主视图上不应画出交线。

（2）两基本体的相邻表面相交　两基本体的相邻表面相交时，相邻表面之间一定产生交线。两相交的基本体称为相贯体，它们相邻表面的交线称为相贯线。基本体相贯有三种情况：两平面体相贯、平面体与回转体相贯和两回转体相贯。两平面体相贯如图 3-2c、f 所示，组合体上方四棱柱的前表面与下方四棱柱的上表面相交，主视图上应画出交线。

下面介绍求作两回转体相贯线的方法。

任何相贯线都具有两个基本性质：相贯线是两个基本体表面的共有线的一系列共有点的集合；相贯线一般是封闭的。因此求作相贯线的实质，就是求作两个基本体表面的共有点，将这些点光滑地连接起来，就得到了相贯线。求作两回转体相贯线的方法有利用积聚性法和辅助平面法两种。

1）利用积聚性法求作相贯线：如图 3-3a 所示，两圆柱轴线垂直相交，并且分别垂直于 H 面和 W 面，因此，相贯线左右、前后对称，相贯线在 V 面的投影前后两部分重合为一段曲线，在 W 面的投影左右两部分重合为一段曲线。相贯线 H 面的投影与小圆柱 H 面的投影

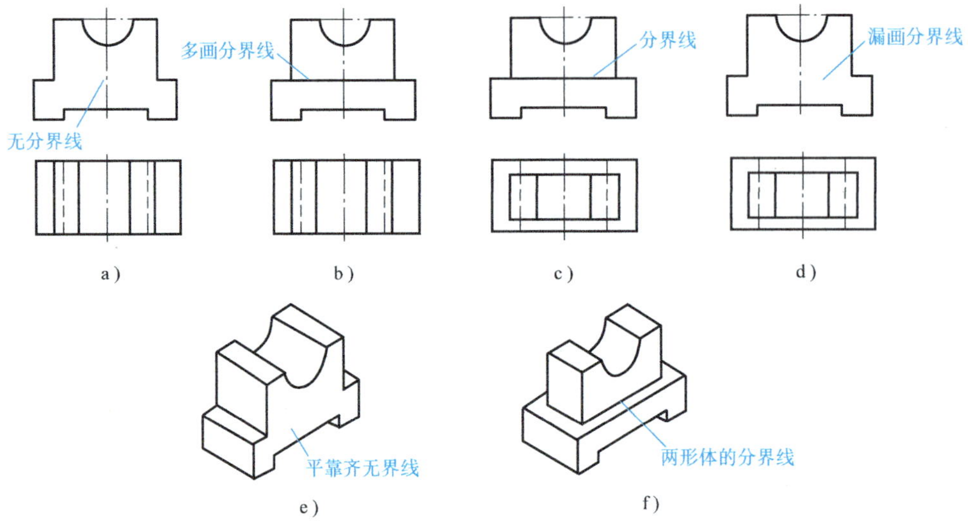

图 3-2　组合体相邻表面相交和共面

重合，*W* 面的投影与大圆柱 *W* 面的投影重合，所以只需求出相贯线 *V* 面的投影。

如图 3-3b 所示，作图方法和步骤为：

首先求作范围点。点Ⅰ、Ⅱ是最左、最右点，也是最高点，点Ⅲ是最低点，也是最前点，与点Ⅲ对称的点是最后点。它们的 *V* 面投影可以利用长对正线和高平齐线直接作出。

再取一般位置点。在 *H* 面投影的适当位置取点 5、7，作宽相等线求出点 5″、7″，过点 5、7 作长对正线，过点 5″、7″作高平齐线即可求出点 5′、7′。也可以在 *W* 面投影适当的位置取点 5″、7″。一般位置点取得越多，作图精度越高。

最后用一条光滑的曲线，将各点依次连接起来，就得到相贯线的 *V* 面投影。

利用积聚性法还可以求作两圆柱轴线垂直不相交和带孔圆柱的相贯线。

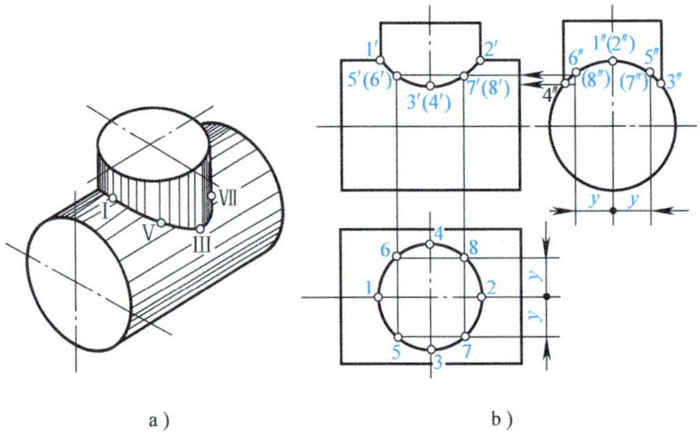

图 3-3　利用积聚性法求作相贯线

2）用辅助平面法求作相贯线：如图 3-4a 所示，圆柱和圆锥的轴线垂直相交，并且分别垂于 *W* 面和 *H* 面，因此，相贯线左右、前后对称，相贯线在 *V* 面的投影前后两部分重合为一段曲线，在 *W* 面的投影左右两部分重合为一段曲线。相贯线 *W* 面的投影与圆柱 *W* 面的投影重合，所以要求出相贯线 *H* 面和 *V* 面的投影。

如图 3-4b 所示，作图方法和步骤为：

首先求作范围点。点Ⅰ、Ⅱ是最左、最右点，也是最高点，点Ⅲ、Ⅳ是最前、最后点，也是最低点。它们的 *H* 面和 *V* 面投影可以利用长对正线、宽相等线和高平齐线直接作出。

再取一般位置点。在 *V* 面和 *W* 面投影的适当位置作水平面，水平面同时截切圆柱和圆锥，圆柱的截交线是矩形，圆锥的截交线是圆，它们的交点记为Ⅴ、Ⅵ、Ⅶ、Ⅷ。在 *W* 面上，它们的投影都具有积聚性，所以可以直接标出点 5″（6″）、7″（8″）。在 *H* 面上，它们的投影都具有显实性，在 *W* 面的投影量取半径画圆，过点 5″、7″（或点 6″、8″）作宽相等线与圆交点为点 5、6、7、8，过点 5、6、7、8 长对正线即可求出点 5′、6′、7′、8′。

最后用一条光滑的曲线，将各点依次连接起来，就得到相贯线的 *V* 面投影。

用辅助平面法还可以求作其他两回转体相贯线。不对称的相贯线，必须判断可见性。

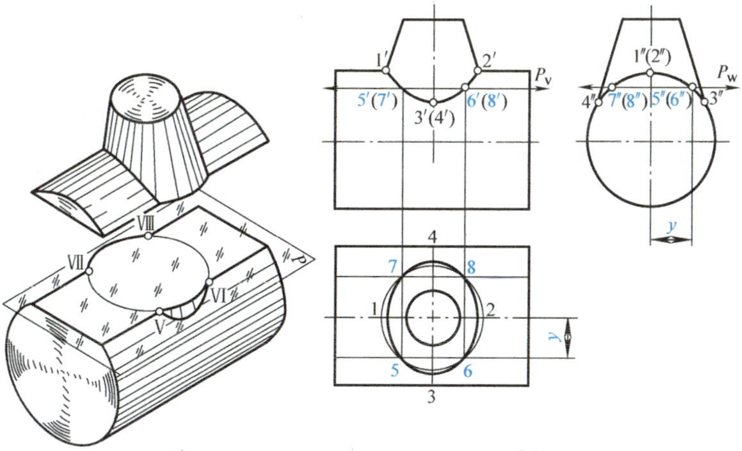

a)　　　　b)

图 3-4　用辅助平面法求作相贯线

3）特殊的相贯线：两回转体的相贯线一般为空间曲线，有对称和不对称之分。但是，在特殊情况下，也可能是平面曲线或直线段。

图 3-5a ~ d 所示为同轴回转体相贯线的形式。

图 3-5e 所示为两圆柱轴线相互平行时的相贯线形式。

图 3-5f 所示为正交等径两圆柱的相贯线形式。

图 3-5g 所示为圆柱与圆锥正交时的相贯线形式。

例如，图 3-6a、b 所示的组合体由耳板和圆柱组成，耳板的侧面与圆柱面相切，在它们相邻表面之间没有产生交线。在作图时，首先在俯视图上求作出切点 *a*、*c*，再通过点 *a*、*c* 求作出点 *a*′、*c*′和点 *a*″、*c*″。耳板上表面在主、左视图上的投影都积聚为一条直线段，点 *a*′、*c*′就是耳板上表面在主视图上投影最右边的位置，点 *a*″、*c*″就是耳板上表面在左视图上投影最前、最后边的位置。再如，图 3-6c、d 所示的组合体，耳板的侧面与圆柱面相交，在它们相邻表面之间产生了交线。

二、组合体三视图的画法

以滑动轴承座为例，介绍画组合体三视图的方法和步骤。

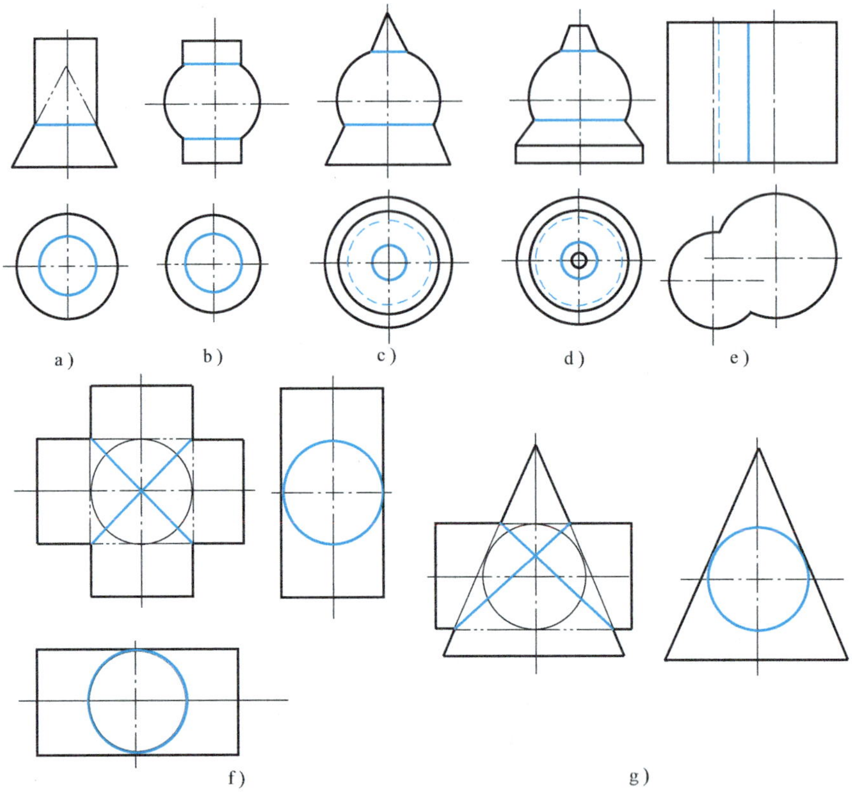

图 3-5　特殊的相贯线

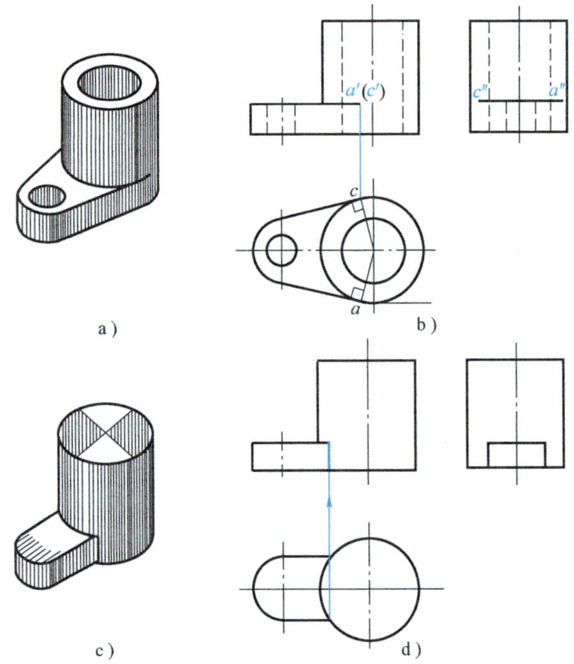

图 3-6　组合体相邻表面相切

1. 形体分析

在画组合体三视图时，经常采用形体分析法，即假想把组合体分解为几个简单的基本体，并且分析它们的组合形式和相邻表面的连接方式。

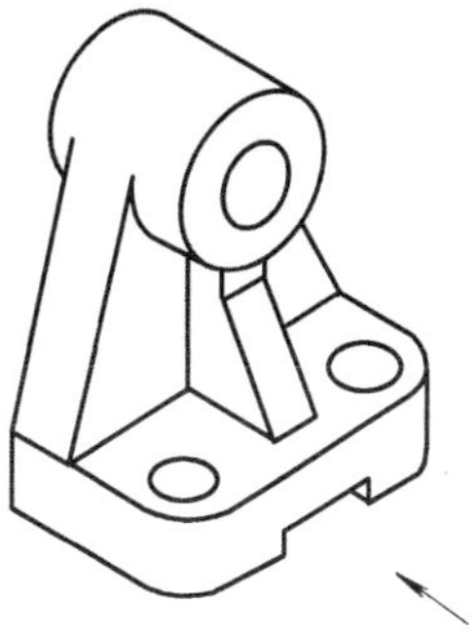

图 3-7　选择主视图

如图 3-1、图 3-7 所示，把滑动轴承座分为底座、肋板、支承板和圆柱四个部分。它们都是叠加关系，同时每个部分都进行了切割，底座是四棱柱切去了两个小圆柱和一个小四棱柱，并且在两处进行了倒圆处理；肋板是四棱柱切去了一个四棱台和一个圆弧槽，也可以分析为一个四棱台和一个四棱柱叠加，并且在四棱柱的上方切去了一个圆弧槽；支承板是四棱台切去了一个圆弧槽；圆柱是一个带孔的圆柱。底座和支承板的后侧面、圆柱和肋板的前侧面共面，支承板的左右侧面和圆柱面相切，其他的相邻表面都相交。

2. 选择主视图

选择主视图包括主视图的投射方向和组合体的放置位置两个问题。一般情况下，把组合体形状特征比较突出的那个方向作为主视图的投射方向，通常把这一原则称为“形状特征原则”，同时把组合体自然安放平稳的位置作为组合体的放置位置，通常把这一原则称为“自然安放平稳原则”。滑动轴承座主视图的投射方向和放置位置，如图 3-7 所示。

3. 画三视图

（1）选比例，定图幅　根据国家标准的规定，尽量选用 1∶1 的比例，如果组合体的尺寸较大或者较小时，允许选用缩小或者放大的比例。根据所选比例，选择适当的标准图幅，并且画出图框线和标题栏。

（2）布图　布图要求图样美观大方。不能出现图样过于集中、偏向某一方向等现象。画图时先将图纸固定，再画出基准线。基准线是指画图时测量尺寸的基准，每一个视图需要画出两个方向的基准线，一般用对称中心线、轴线和比较大的平面等作为基准线。

（3）打底图　打底图是指用较细线画出组合体的三视图。

画组合体的三视图时一般应从主视图入手，三个视图联系起来画。画图的顺序是：先画主要部分，后画次要部分；先画可见部分，后画不可见部分；先画较大的部分，后画较小的部分；先画圆，后画直线。

打底图工作完成后，检查、修正错误，擦掉在描深过程中不用的辅助线。

（4）描深　描深就是用标准图线，在底图的基础上画出组合体的三视图。

可见部分用粗实线画出，不可见部分用虚线画出，对称中心线、轴线用细点画线画出，当几种图线重合时，一般按“粗实线、虚线、细点画线和细实线”的顺序画出。当细点画线与其他图线重合时，细点画线在图形外的那段不能省略。

描深时几个视图联系起来画。画图的顺序是：先水平方向，后铅垂方向；先粗后细；先画圆和圆弧，后画直线。

描深工作完成后，检查、修正错误，擦掉辅助线，填写标题栏。

滑动轴承座三视图的画图方法和步骤如图 3-8 所示。

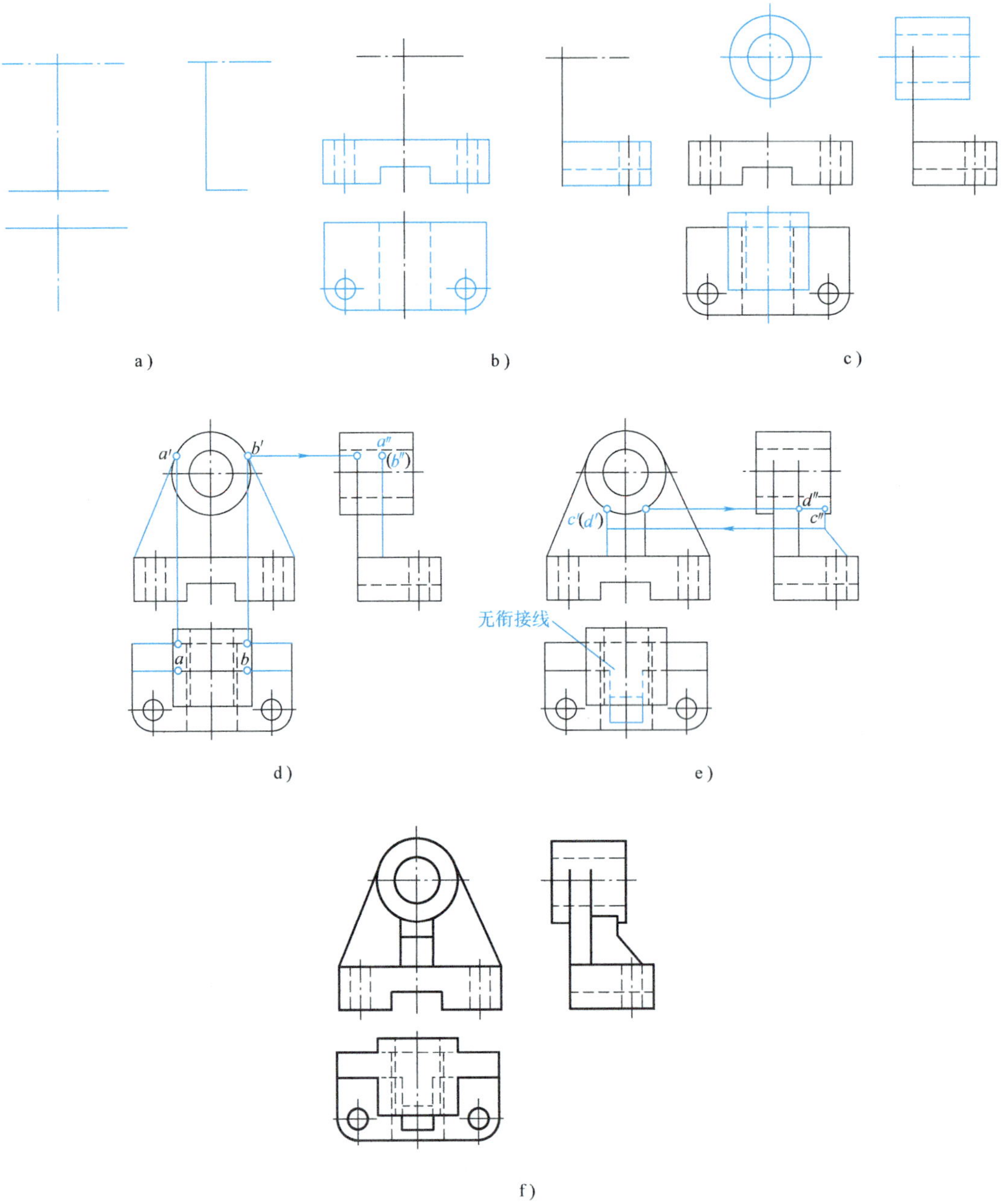

图 3-8　滑动轴承座三视图的画图方法和步骤
a）布图　b）、c）、d）、e）打底图　f）描图

第二节　组合体的尺寸注法

组合体的视图表达了组合体的形状，而组合体各个组成部分和整体的真实大小是由图样上的尺寸确定的。因此，必须正确、完整、清晰地标注组合体的尺寸。

正确是指标注的尺寸数值要正确，尺寸注法要符合有关国家标准；完整是指标注尺寸既不能遗漏，也不能重复；清晰是指尺寸的排列要适当，便于看图。

一、尺寸分析

1. 尺寸基准

尺寸基准是指标注尺寸的起始点。

尺寸基准的分类方法较多，根据基准的几何形状可分为点基准、线基准和面基准；根据基准的作用可分为主要基准和辅助基准。

在标注尺寸时，组合体的长、宽、高三个方向上，每一个方向上至少有一个基准，允许有多个基准。当出现多个基准时，其中一个基准是主要基准，其余基准都是辅助基准。

一般选用组合体的对称中心线、轴线和较大平面作为尺寸基准。如图 3-9 所示，滑动轴承座的尺寸基准是：长度方向的基准选择左右对称面；宽度方向的基准选择底座和支承板的后侧面；高度方向的基准选择底座的底面。

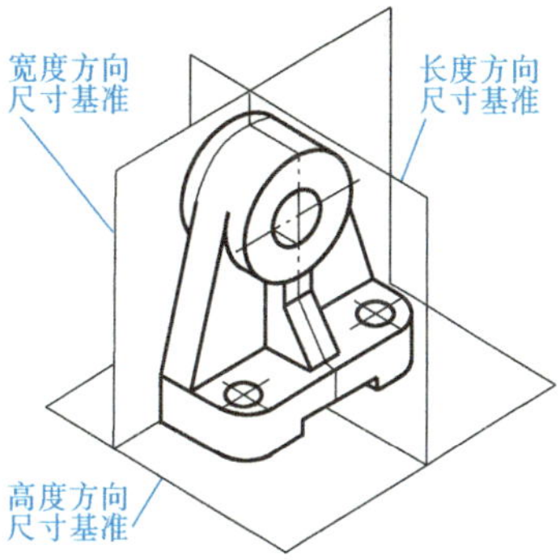

图 3-9 组合体的尺寸基准

2. 尺寸种类

在组合体的视图上，一般需要标注定形尺寸、定位尺寸和总体尺寸三种，如图 3-10 所示。

（1）定形尺寸 定形尺寸是指确定组合体各个组成部分形状大小的尺寸，如 ϕ10、18、ϕ22、38、20 等。

（2）定位尺寸 定位尺寸是指确定组合体各个组成部分之间相对位置的尺寸。如 30、31、14、3 等。

（3）总体尺寸 总体尺寸是指确定组合体外形大小的总长、总宽和总高的尺寸。如 38、31 等。

二、标注组合体尺寸的方法和步骤

如图 3-10 所示，以滑动轴承座为例，说明标注组合体尺寸的方法和步骤。

1. 形体分析

在标注滑动轴承座尺寸时，首先对滑动轴承座进行形体分析。滑动轴承座的形体分析过程，在前面已经作了详细介绍，如图 3-1、图 3-7 所示。在形体分析的过程中，考虑各个基本体的定形尺寸和各个基本体之间的定位尺寸。

2. 选择尺寸基准

选择尺寸基准时，首先分析组合体的形状特点，然后选择组合体的尺寸基准。如图 3-9 所示，滑动轴承座的尺寸基准是：长度方向的基准选择左右对称面；宽度方向的基准选择底座和支承板的后侧面；高度方向的基准选择底座的底面。

3. 标注尺寸

标注尺寸一般按照定形尺寸、定位尺寸、总体尺寸的顺序进行标注，然后作适当的调整。滑动轴承座尺寸标注的方法和步骤，如图 3-10 所示。

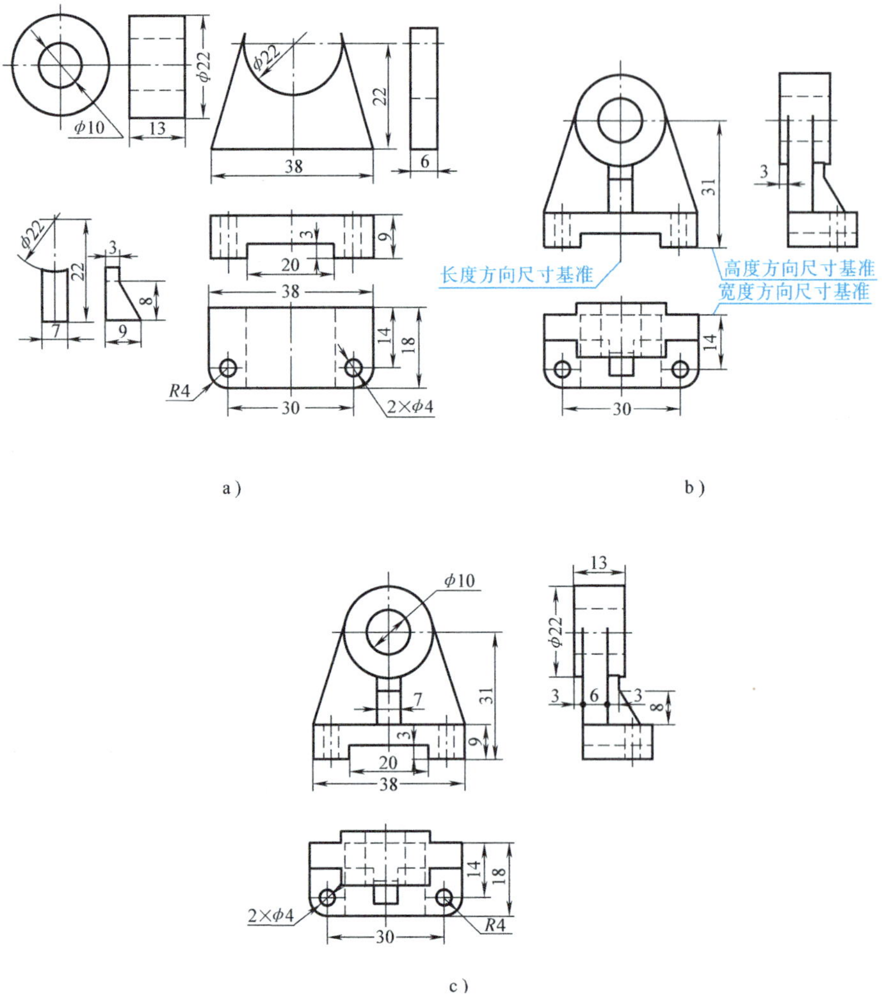

图 3-10　滑动轴承座尺寸标注的方法和步骤

在标注尺寸的过程中，除遵守国家标准有关规定外，还应注意以下几点：

1）定形尺寸、定位尺寸尽量标注在组合体各个基本体形状特征比较突出，以及各个基本体之间位置关系比较明显的一个或者两个视图上，如图 3-10c 所示带孔圆柱的定形尺寸 ϕ10、ϕ22、18 和定位尺寸 30、14。

2）尺寸尽量避免标注在虚线上。

3）尺寸尽量标注在视图的外面，当视图内能清楚地注写尺寸数字时，也允许注在视图内部，如图 3-10c 所示肋板的厚度 6。

4）同一方向上的并联尺寸，从内到外，由小到大，依次排列，如图 3-11a 所示的尺寸 ϕ16、ϕ22、ϕ36。同一方向上的串联尺寸，不能形成封闭的尺寸链，如图 3-11b 所示尺寸 18、11、7 和 36。同一方向上的尺寸线间隔相等，有的尺寸线应在一条直线上，如图 3-11a 所示尺寸 18、7 的尺寸线在一条直线上。

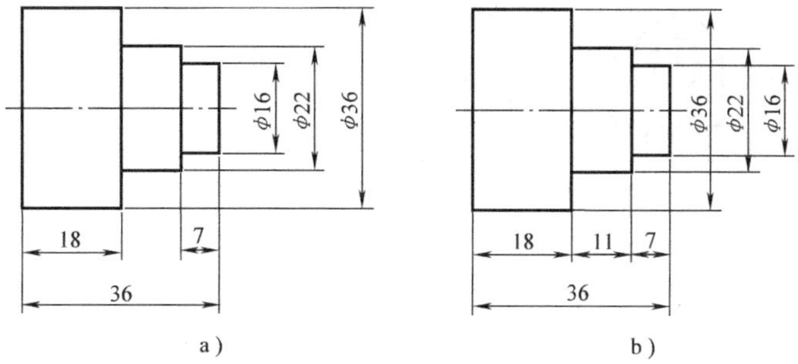

图 3-11　串联和并联尺寸的标注

第三节　识读组合体三视图

一、读图的基本方法

1. 形体分析法

读图的基本方法是形体分析法。根据组合体的视图，抓住形状特征，把组合体按线框分解成若干个相对独立的组成部分。运用三视图的投影规律，首先分别想象出各组成部分的形状，再分析各组成部分之间的组合形式，最后初步想象出组合体的空间形状，再与组合体视图进行相互对照，当两者不一致时，必须按照组合体的视图进行修正，直到正确地想象出组合体的空间形状为止。在读图过程中，要遵循先易后难，先主后次的原则，灵活运用切割的方法。

如图 3-12a 所示的组合体，通过分析组合体的三视图，把它分成上下两个部分 A 和 B。如图 3-12c、d 所示，再根据三视图的投影规律，找出 A、B 两部分的三面投影，联系起来分别想出它们的形状。如图 3-12b 所示，形体由两部分组成，下方是四棱柱，且前方斜切一直角三角形柱，上方是“拱门”结构，并切去了一个小圆柱。形体 A 和 B 的后面共面，共同组成了一个左右对称的组合体。

通过上面的举例，可以看出运用形体分析法读图的关键是善于抓住形状特征，合理地把组合体按线框分解成若干个相对独立的组成部分。在学习过程中，要注意积累常见结构的三面投影特点，例如前面介绍的耳板、肋板、拱门结构等，这样可以提高读图速度和正确率。

2. 线面分析法

读图应以形体分析法为主，以线面分析法为辅。线面分析法就是运用点、线、面的投影规律，分析视图中点、线段、封闭线框的含义、空间位置及其组合形式，综合起来想象出组合体的形状。线面分析法主要用于识读以切割为主的组合体三视图。

（1）视图上一个点有两种含义

1）表示组合体表面上线段和线段交点的投影。线段包括直线段和曲线段。如图 3-13 所示的点 A（a，a'）和 B（b，b'）是正六棱柱的棱线与顶面及侧面交线的交点（水平面和正面的投影）。

2）表示组合体表面上具有积聚性直线段的投影。如图 3-13 所示的点 a（a_1）是直线段 AA_1 在 H 面上的投影，因直线段 AA_1 是一条铅垂线，在 H 面上的投影具有积聚性。而 AB 为侧垂线，故侧面投影积聚为一点 a''（b''）。

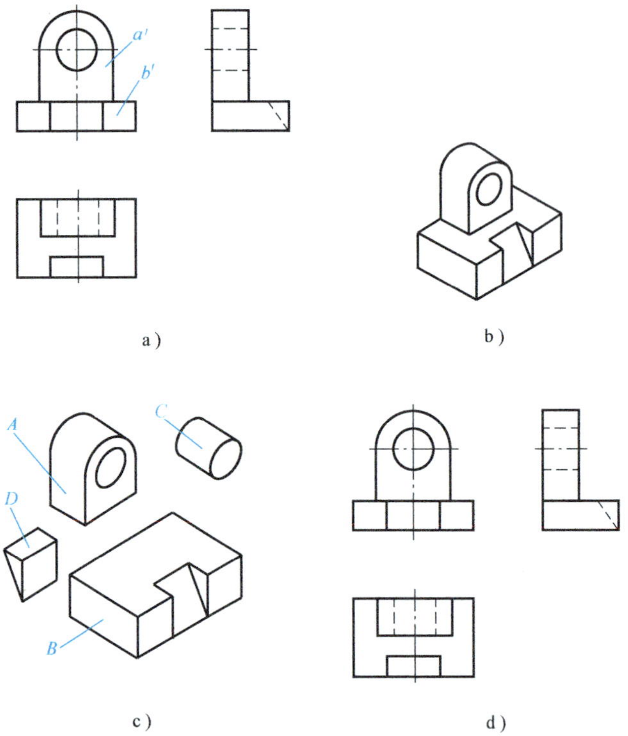

图 3-12　读图的基本方法——形体分析法

（2）视图上一条线段有三种含义

1）表示组合体表面上各面之间交线的投影。面包括平面和曲面，交线包括直线段和曲线段。如图 3-13 所示的直线段 AA_1 的正面投影$a'a'_1$ 和图 3-14a 所示的Ⅱ线。

2）表示组合体表面上具有积聚性面的投影。例如图 3-13 所示的平面 1、2、3、4、5。又如图 3-14a 所示的曲线段 3 是圆柱面在 H 面上的投影，圆柱面上的所有的素线都是铅垂线，在 H 面上的投影具有积聚性。再如图 3-14b所示的平面 A、B、C 在水平面积聚为 a、b、c 三条线。

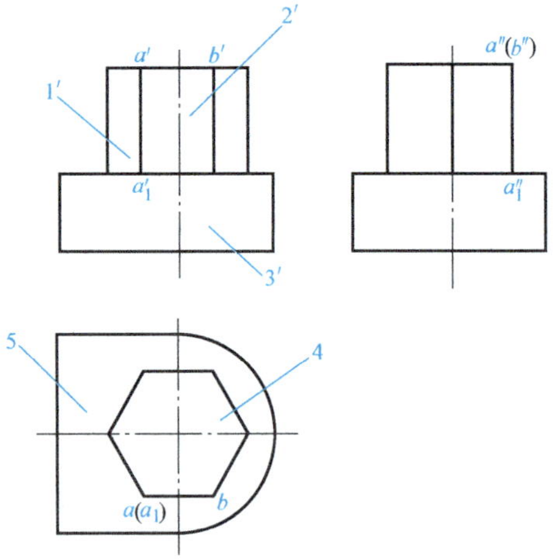

图 3-13　点、线、面、线框的空间含义（一）

3）表示回转体表面上极限位置素线或素线圆的投影。如图 3-14a 所示的直线段 3′是圆柱面最左素线Ⅲ在 V 面上的投影。

（3）视图上一个封闭线框有三种含义　封闭线框由直线段、曲线或直线段和曲线段组成。

1）表示组合体表面上平面或曲面的投影。例如图 3-13 所示的封闭线框 4 是平面Ⅳ在 H 面上的投影。封闭线框 5 是由直线段和曲线段组成的平面的投影。又如图 3-14 所示的 a'、b'、c'线框为平面 A、B、C 的投影。

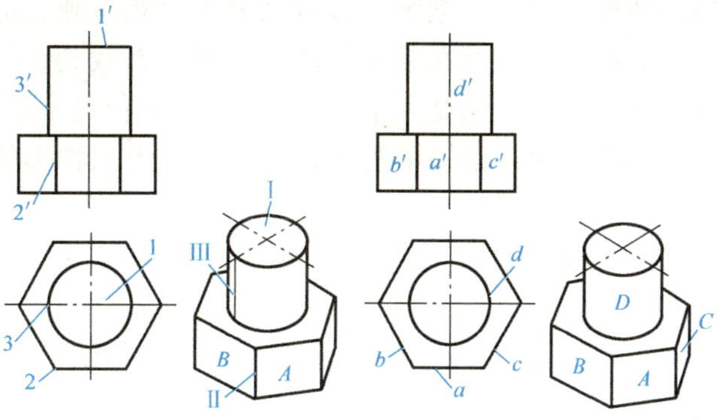

a）　　b）

图3-14 点、线、面、线框的空间含义（二）

2）表示组合体上通孔的投影。

3）表示组合体表面上曲面和其相切平面的投影。如图3-13所示的封闭线框3′是圆柱面与其相切平面在V面上的投影。

视图上相邻的封闭线框表示组合体表面上相交或错开的两个面的投影。如图3-14所示的相邻封闭线框d'和b'，表示圆柱面D和平面B是错开关系。

3. 读图的基本要领

在读图的过程中，应考虑以下几点：

1）要从形状特征比较突出的视图入手，把几个视图联系起来进行识读。一个组合体一般需要两个或两个以上的视图才能表达清楚，其中主视图（有时也可能是其他视图）能够反映大部分形体的形状特征和各个形体之间的相互位置关系，其他视图起着补充表达的作用。因此，在读图时，一般先从反映特征的视图入手，把几个视图联系起来进行识读，才能正确地想象出组合体的空间形状。一个视图不能唯一确定组合体的空间形状，如图3-15所示的主、俯视图，根据主视图可以想象出很多形状的组合体，这里列举了三种组合体，其他的形状由大家思考。读图时只有把其他两个视图联系起来进行识读，抓住特征，大胆想象，将想象的形状与视图反复对照，才能正确地想象出组合体的空间形状。

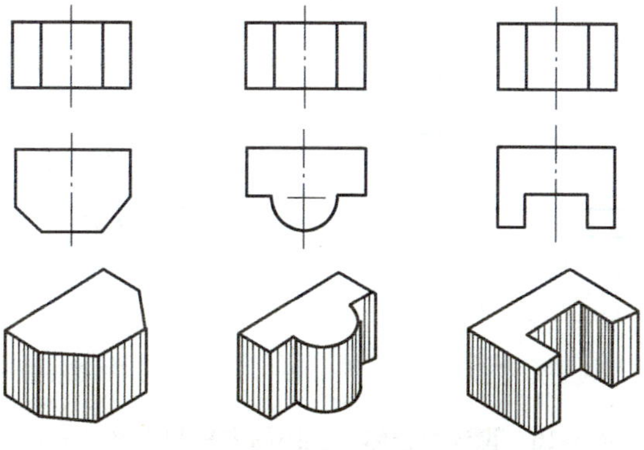

a）　　b）　　c）

图3-15 抓住特征想形状

2）要善于抓住形体的形状特征。把组合体视图若干个相对独立的线框，依据“长对正、宽相等、高平齐”，把每一个线框在各个视图上的投影都找到，再把几个视图联系起来，想象出各个部分的空间形状，搞清楚各个部分之间的相互位置关系，综合起来想象出组合体的空间形状。如图 3-15 所示，已知主视图，可以想象出三种形体，从而画出三种左视图。

3）对于形状复杂或特殊的组合体，运用画轴测图的方法，有助于读图。

二、读图的步骤

例如，图 3-16 所示的读图方法是以形体分析法为主，以线面分析法为辅。读图的一般步骤如下：

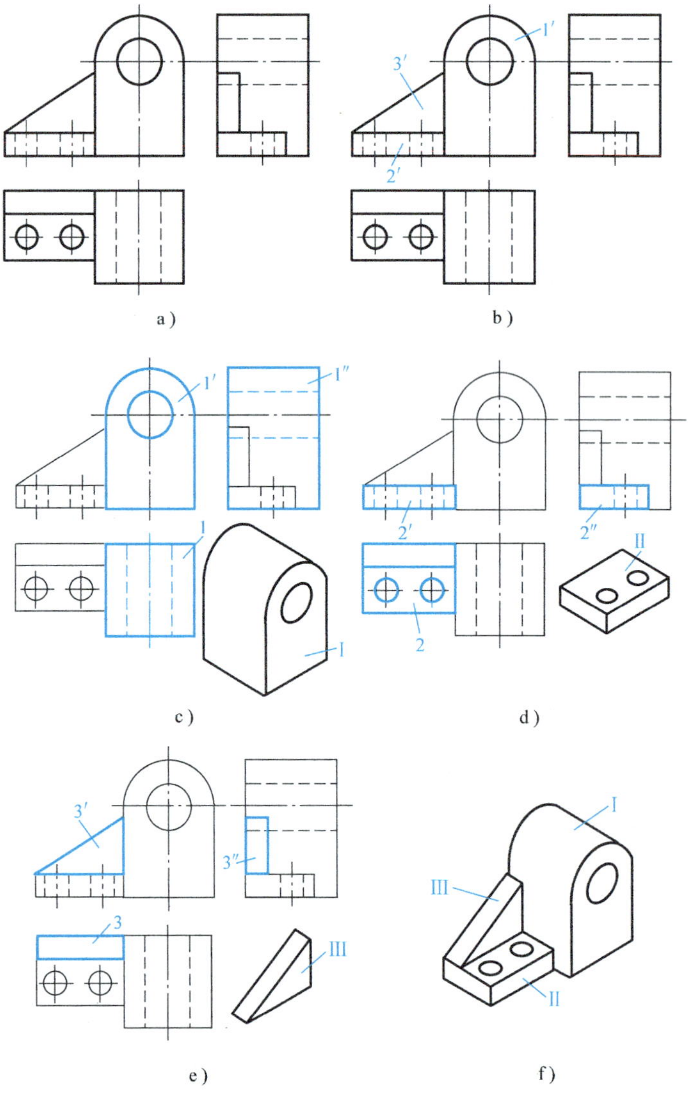

图 3-16 识读组合体三视图的方法和步骤（一）

1. 抓特征，分线框

从主视图入手，把组合体视图分成若干个封闭的线框。依据“长对正、宽相等、高平齐”，把每一个线框在各个视图上的投影都找出。

2. 想形状，找位置

把几个视图联系起来，想象出每一个线框的空间形状，搞清楚各个形体之间的相互位置关系。

3. 综合起来想整体

综合起来初步想象出组合体的空间形状，再与组合体视图进行相互对照，当两者不一致时，必须按照组合体的视图进行修正，直到正确地想象出组合体的空间形状为止。

【例 3-1】　在图 3-16a 所示的组合体三视图中，通过分析视图，可以把视图分成三个线框，即：主视图中的线框 1′、2′、3′。首先识读线框Ⅰ，如图 3-16c 所示，线框Ⅰ表示的形体是带半圆柱头柱，并且在中间切去一个小圆柱。第二识读线框Ⅱ，如图 3-16d 所示，线框Ⅱ表示的形体是四棱柱。四棱柱在形体Ⅰ的正左方，再切去两个圆柱，形成了两个通孔。第三识读线框Ⅲ，如图 3-16e 所示，线框Ⅲ表示的形体是三棱柱（肋板）。第四分析三个形体之间的位置关系，形体Ⅱ在Ⅰ的正左方；形体Ⅲ在Ⅰ的左后方，在Ⅱ的后上方。最后综合起来就得到组合体的空间形状，如图 3-16f 所示。

又如，图 3-17 所示的读图方法是以线面分析法为主，以形体分析法为辅。读图的一般步骤如下：

1. 抓特征，找原形

分析组合体的三视图，找出组合体被切割前的原始形状。

2. 分线框，想形状

从主视图入手，把视图分成若干个线框。依据“长对正、宽相等、高平齐”，把每一个线框在各个视图上的投影都找出。根据投影规律，想象出每一个线框所表示切割面的几何形状和空间位置。切割面的几何形状有平面和曲面，空间位置有一般位置和特殊位置。有时一个面就可以把形体切割成两部分，有时则需要两个或两个以上的面才可以把形体切割成两部分。然后想象出被切割成两部分的空间形状，舍弃不要的一部分。

3. 综合起来想整体

综合起来初步想象出组合体的空间形状，再与组合体视图进行相互对照，当两者不一致时，必须按照组合体的视图进行修正，直到正确地想象出组合体的空间形状为止。

【例 3-2】　以图 3-17a 所示的组合体三视图为例来说明组合体读图步骤。

（1）分析形体，找原形　通过分析视图，可以想象它是四棱柱经过切割而形成的。一般情况下，这一类组合体三视图很难把它分成若干个封闭的线框。

（2）确定各被切面的空间位置和几何形状　由图 3-17b 可知，在主视图中有一斜线 p'，而俯视图、左视图中各有一 U 形线框 p、p''与它对应，由此可见，P 面是垂直于 V 面的 U 形平面。平面 P 对 W 面和 H 面都处于倾斜位置，所以 P 面的侧面投影 p''与水平投影 p 是类似图形，不反映 P 面的真实形状。

由图 3-17c 可知，在俯视图中有一矩形线框 k，而主视图和左视图中各有一水平直线 k' 和 k''与它对应，由此可见，K 面是平行于 H 面的矩形平面，左视图中间的缺口就是由平面 K 和另外两个正平面（图中未标注）组合切割长方体后，三个被切面的投影。

由图 3-17e 可知，平面 R 也是一个平行于 H 面的矩形平面。

由图 3-17d 可知，主视图中有一水平线 s'（m'），而在俯视图中与它对应的是两个矩形线框，左视图中与它对应的是两段水平线 s''、m''。由此可见，是 S 、M 平行于 H 面的两个矩形平面。

（3）综合想象出整体形状　搞清楚各个被切平面的空间位置和形状后，根据物体的基本形状，各被切面与基本形体的相对位置，进一步分析视图中其他图线、线框的含义，可以综合想象出物体的整体形状，如图 3-17f 所示。

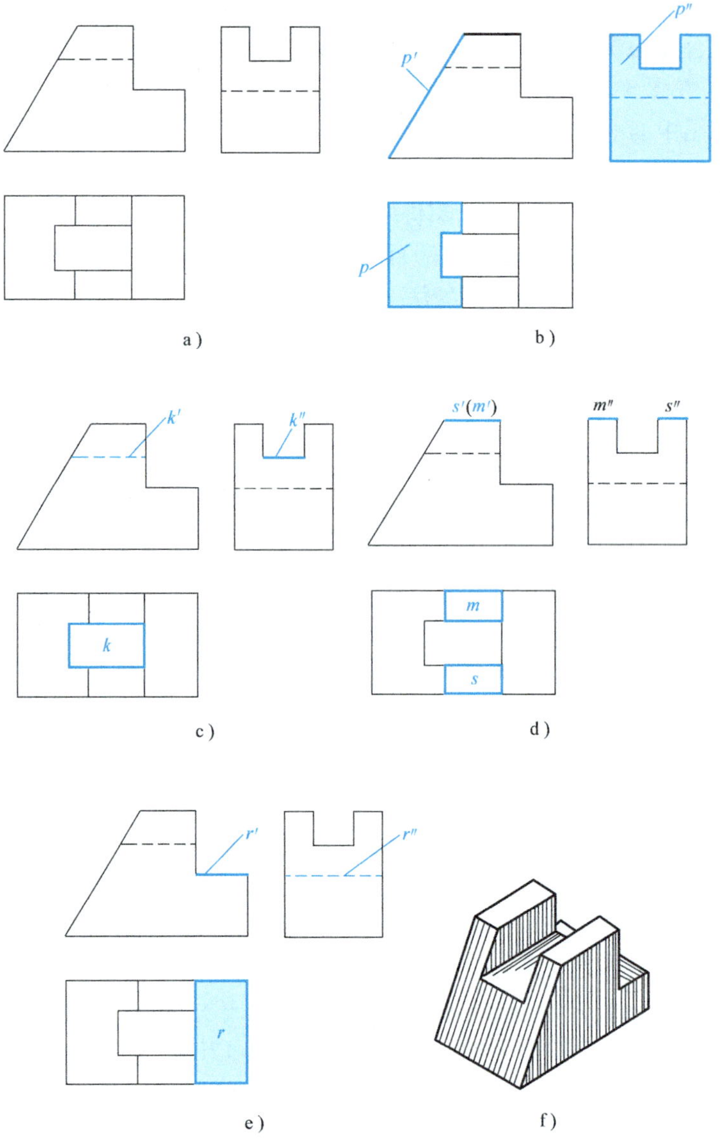

图 3-17　识读组合体三视图的方法和步骤（二）

【综合应用训练】

看懂视图，补画出左视图；再把组合体分成若干个相对独立的部分，分别徒手画出它们的三视图并标注尺寸；最后标注组合体的尺寸（尺寸从图 3-18 上按 1:1 量取，取整数）。

【解题思路】 运用形体分析法想象出组合体的空间形状，在分析过程中，依次徒手画出它们的三视图，再用绘图工具补画左视图，最后从图 3-18 上按 1:1 量取尺寸并取整数，标注各个相对独立的部分和组合体的尺寸。

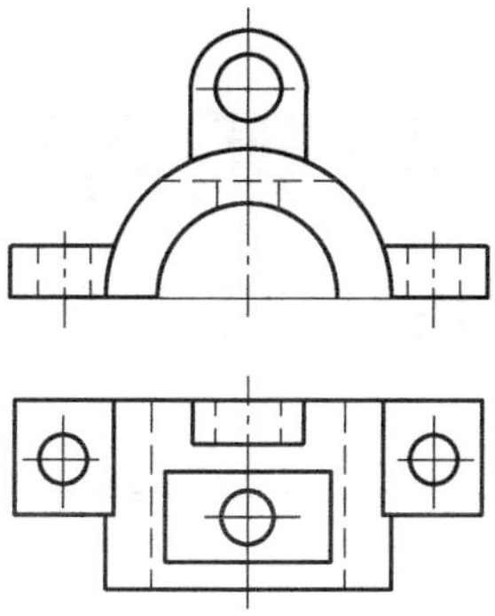

图 3-18　综合训练三视图

【归 纳 总 结】

1. 本章着重学习了组合体的各种组合方式及表面交线的画法，用形体分析法来说明组合体的画图方法、看图方法和尺寸注法，为后续章节识读和绘制零件图、装配图奠定基础。

2. 几何体被平面截切，表面会产生交线；两几何体相交，表面会产生相贯线。求截交线和相贯线的作图步骤如下：

1）分析形体的表面性质，根据基本形体的投影，求出表面交线的特殊点，以确定表面交线的范围。

2）选择合适的辅助平面，在特殊点之间的适当位置求一定数目的一般点。

3）根据表面交线在基本形体上的位置判断其可见性。

4）根据可见性的判断结果，依次光滑连接各点的同面投影，即得表面交线的投影。用粗实线表示表面交线投影的可见部分，用细虚线表示其不可见部分。

3. 用形体分析法画组合体视图，即将比较复杂的组合体分解为若干个几何体，按其相互位置画出每个几何体的视图，将这些视图组合起来，即可得到整个组合体的视图。

4. 用形体分析法读组合体视图，即通过形体分析把组合体视图分离为若干个几何体的视图，并分别想象出它们的形状，从而想象出组合体的整体形状。

5. 标注组合体的尺寸，即用形体分析法将组合体分解为若干几何体后，逐个标出其定形尺寸及定位尺寸，然后标出组合体的总体尺寸。通常容易遗漏的是定位尺寸，因此在标注和检查尺寸时应特别注意。

第四章
轴　测　图

【学习目标】

【知识目标】

1. 了解轴测投影的基本概念、轴测投影的特性和常用轴测图的种类。

2. 了解正等轴测图的画法。

3. 了解圆平面在同一方向上斜二轴测图的画法。

【技能目标】

1. 能画出简单形体的正等轴测图。

2. 能根据组合体的正等轴测图画出三视图。

【素质目标】

1. 养成规范的制图习惯。

2. 培养空间想象能力和思维能力，形成由图形想象物体、以图形表现物体的初步能力。

第一节　轴测图的基本知识

一、轴测投影的形成

将物体连同其参考直角坐标系，沿不平行于任一坐标平面的方向，用平行投影法将其投射在单一投影面上所得到的图形，称为轴测投影图，简称轴测图，如图 4-1 所示。

在轴测投影中，投影面 P 称为轴测投影面，投射方向称为轴测投射方向。

当投射方向垂直于轴测投影面时，所得图形称为正轴测图；

当投射方向倾斜于轴测投影面时，所得图形称为斜轴测图。

二、轴测轴、轴间角、轴向伸缩（或变形）系数

轴测轴——空间直角坐标轴 OX、OY、OZ 在轴测投影面上的投影 O_1X_1、O_1Y_1、O_1Z_1，

称为轴测投影轴，简称轴测轴，如图 4-1 所示。

轴间角——轴测轴之间的夹角，称为轴间角。如$\angle X_1O_1Y_1$、$\angle Y_1O_1Z_1$、$\angle Z_1O_1X_1$，如图 4-1 所示。

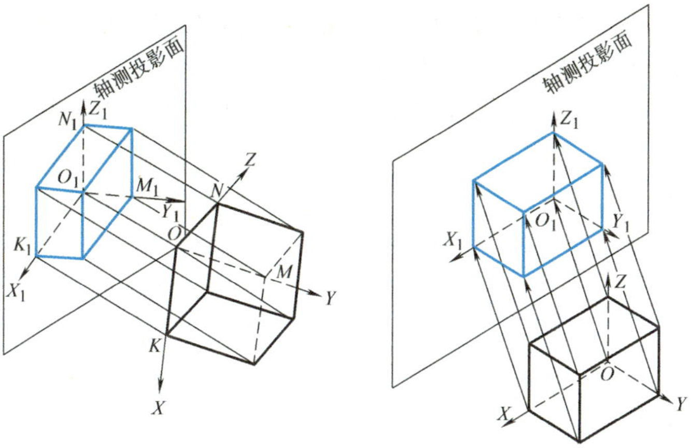

a)　　　　　　　　b)

图 4-1　轴测图的形成

a）正等轴测图的形成　b）斜二轴测图的形成

轴向伸缩（或变形）系数——物体上平行于直角坐标轴的直线段投射到轴测投影面 P 上的长度与其相应的原长之比，称为轴向伸缩系数。

用 p、q、r 分别表示 OX、OY、OZ 轴的轴向伸缩系数。

三、轴测图的种类

对于正轴测图或斜轴测图，按其轴向伸缩系数的不同可分为如下三种：

如 $p=q=r$，称为正（或斜）等轴测图，简称正（或斜）等测。

如 $p=r\neq q$，称为正（或斜）二轴测图，简称正（或斜）二测。

如 $p\neq q\neq r$，称为正（或斜）三轴测图，简称正（或斜）三测。

在国家标准《机械制图》中，推荐采用正等测、正二测、斜二测三种轴测图。本章只介绍正等测和斜二测的画法。

四、轴测图的基本性质

轴测投影属于平行投影，因此，轴测图具有平行投影的性质。

1. 平行性

空间平行的直线段，轴测投影后仍相互平行。

2. 沿轴量

平行于直角坐标轴的直线段，其轴测投影必平行于相应的轴测轴，且伸缩系数与相应轴测轴的轴向伸缩系数相等。因此，画轴测图时，必须沿轴测轴或平行于轴测轴的方向才可以度量，“轴测”也因此而得名。

3. 定比性

直线段上两线段长度之比，等于其轴测投影长度之比。

第二节　正等轴测图

一、正等轴测图的形成

将物体放置成使它的三个坐标轴与轴测投影面具有相同的夹角，然后用正投影方法向轴测投影面投射，就可得到该物体的正等轴测图，简称正等测。

例如图 4-2 所示的正方体，设取其后面三根棱线为其内在的直角坐标轴，然后从图 4-2a 的位置绕 Z 轴旋转 45°，成为图 4-2b 所示位置；再向前倾斜到正方体的对角线垂直于投影面 P，成为图 4-2c 所示位置。在此位置上正方体的三个坐标轴与轴测投影面有相同的夹角，然后向轴测投影面 P 进行正投影，所得轴测图即为此正方体的正等轴测图。

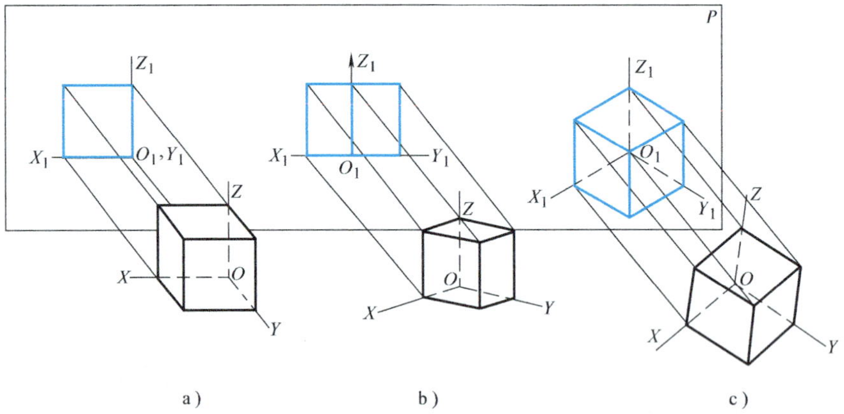

图 4-2　正等测图的形成

二、正等轴测图的轴间角、轴向伸缩系数

图 4-2 所示正立方体的三根直角坐标轴 OX、OY、OZ 投射后的三根轴 O_1X_1、O_1Y_1、O_1Z_1 称为正等测轴。

如图 4-3 所示，正等测轴的三个轴间角相等，都是 120°；三个轴向伸缩系数相等，都是 0.82，即 $p=q=r=\sqrt{\frac{2}{3}}$。简化后 $p=q=r=1$。

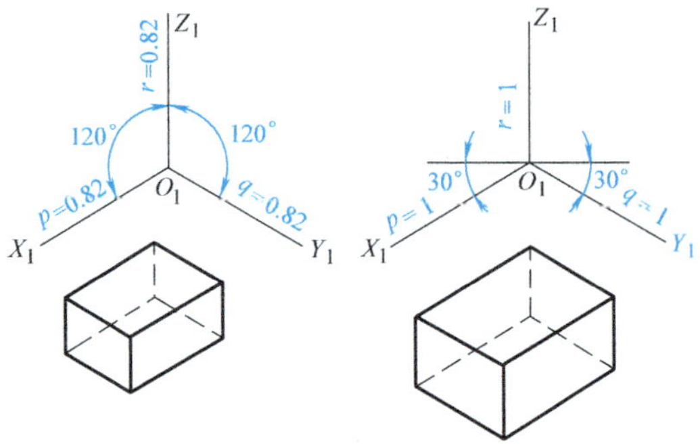

图 4-3　正等测投影的轴测轴、轴间角、轴向伸缩系数

三、正等轴测图的画法

画轴测图常用的方法有坐标法、切割法、堆积法和综合法。

（一）平面体的画法

1. 坐标法

将物体上各点的直角坐标位置移置于轴测坐标系统中去，定出各点的轴测投影，从而就能作出整个物体的轴测图，这种作轴测图的方法称为坐标法，是画轴测图的基本方法。

【例 4-1】　已知正六棱柱的正投影图，如图 4-4a 所示，求作其正等轴测图。

[解]

(1) 分析物体的形状 确定坐标原点和作图顺序。

由于正六棱柱的前后、左右对称，故把坐标原点定在顶面六边形的中心，如图 4-4a 所示。因为正六棱柱的顶面和底面均为平行于水平面的六边形，所以在轴测图中，顶面可见，底面不可见。为减少作图线，应从顶面开始画。

(2) 画轴测轴 如图 4-4b 所示。

(3) 坐标法 用坐标定点法作图。

1) 画出六棱柱顶面的轴测图：以 O_1 为中点，在 X_1 轴上取 $1_14_1=14$，在 Y_1 轴上取 $A_1B_1=ab$，如图 4-4b 所示。过点 A_1、B_1 作 O_1X_1 轴的平行线，且分别以点 A_1、B_1 为中点，在所作的平行线上取 $2_13_1=23$，$5_16_1=56$，如图 4-4c 所示。再用直线顺次连接点 1_1、2_1、3_1、4_1、5_1 和 6_1，得顶面的轴测图，如图 4-4d 所示。

2) 画棱面的轴测图：过点 6_1、1_1、2_1、3_1 等向下作 Z_1 轴的平行线，并在各平行线上按尺寸 h 取点再依次连线，如图 4-4e 所示。

3) 完成全图：检查无误后，擦去多余图线并加深，如图 4-4f 所示。

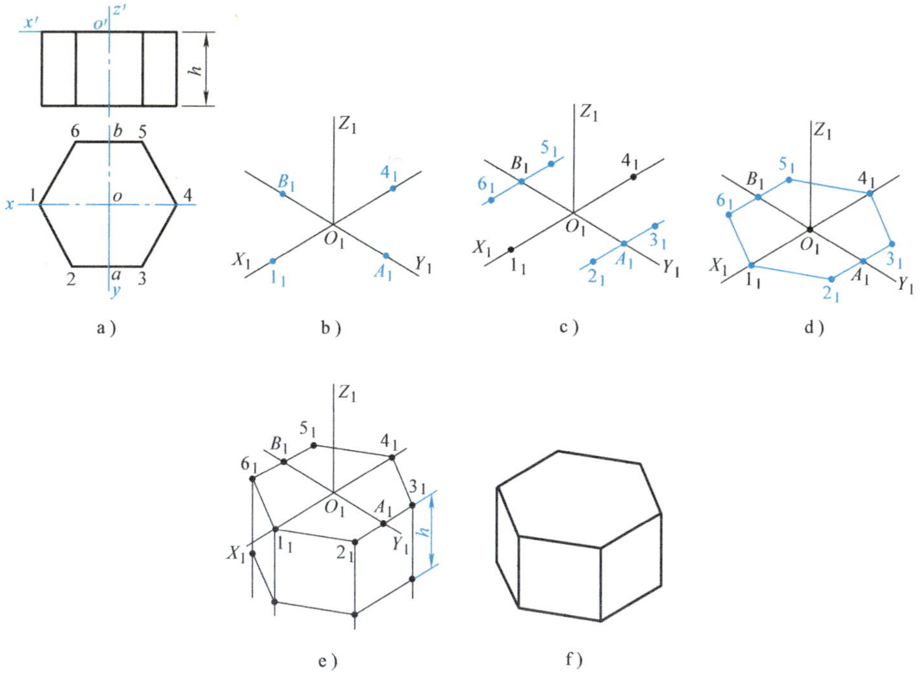

图 4-4 正六棱柱的正等轴测图画法

2. 切割法 (略)

【例 4-2】 作出如图 4-5 所示垫块的正等轴测图。

[分析]

对于图 4-5a 所示的形体，可采用切割法作图。把垫块看成是一个由长方体被正垂面切去一块，再由铅垂面切去一角而形成的。对于截切后的斜面上与三根坐标轴都不平行的线段，在轴测图上不能直接从正投影图中量取，必须按坐标作出其端点，然后再连线。

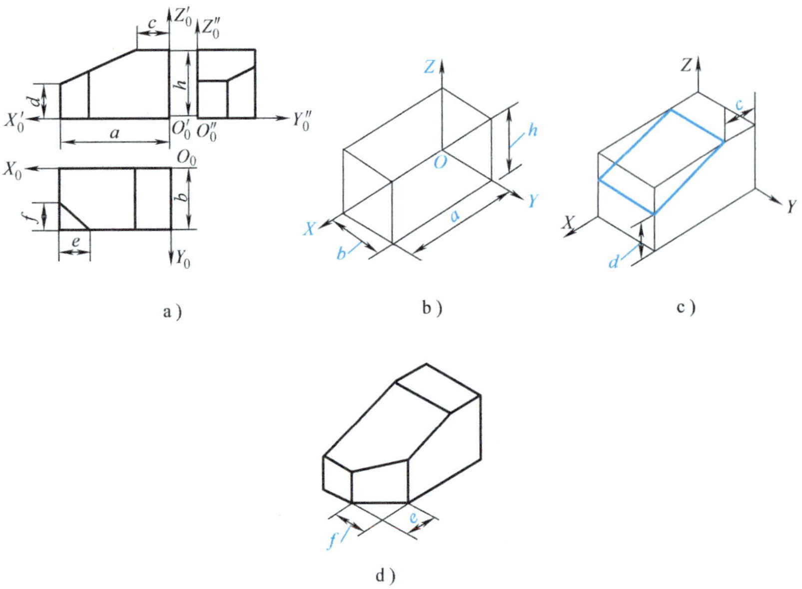

图4-5 垫块的正等轴测图

[解]

1）定坐标原点 O_0（右后下角）和坐标轴（图4-5a）。

2）根据给出的尺寸 a、b、h 作出长方体的轴测图（图4-5b）。

3）倾斜线上不能直接量取尺寸，只能沿与轴测轴相平行的对应棱线量取 c、d，定出斜面上线段端点的位置，并连成平行四边形（图4-5c）。

4）根据给出的尺寸 e、f 定出左下角斜面上线段端点的位置，并连成四边形。检查无误后，擦去作图线并描深，完成作图（图4-5d）。

（二）回转体的正等轴测图的画法

1. 平行于投影面的圆的正等轴测图

图4-6所示为采用四心圆法画平行于 H 面的圆的正等轴测图。

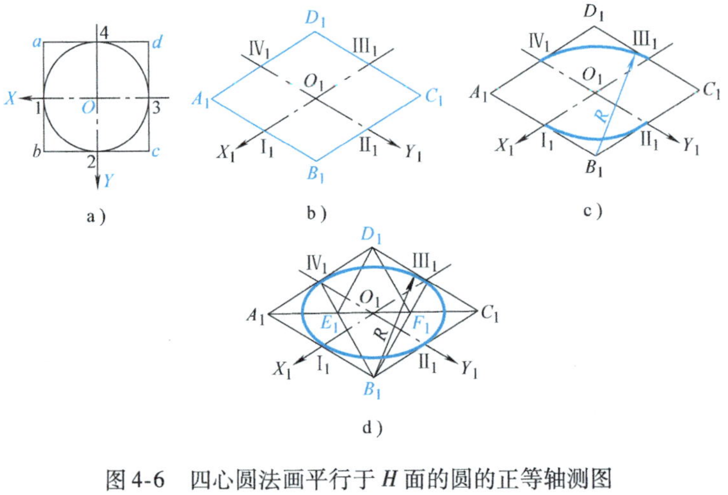

图4-6 四心圆法画平行于 H 面的圆的正等轴测图

［解］

1）确定坐标轴并作圆外切正方形 $abcd$。

2）作轴测轴 X_1、Y_1，并在 X_1、Y_1 上截取 $O_1\text{I}_1=O_1\text{II}_1=O_1\text{III}_1=O_1\text{IV}_1=D/2$，得切点 I_1、II_1、III_1、IV_1，过这些点分别作 X_1，Y_1 平行线，得辅助菱形 $A_1B_1C_1D_1$。

3）分别以 B_1、D_1 为圆心，$B_1\text{III}_1$ 为半径作弧 III_1IV_1 和 I_1II_1。

4）连接 $B_1\text{III}_1$ 和 $B_1\text{IV}_1$ 交 A_1C_1 于点 E_1、F_1，分别以点 E_1、F_1 为圆心、$E_1\text{IV}_1$ 为半径作弧 I_1IV_1 和 II_1III_1，即得由四段圆弧组成的近似椭圆。

2. 圆柱的正等轴测图

［分析］

如图 4-7 所示，直立圆柱的轴线垂直于水平面，上底、下底为两个与水平面平行且大小相同的圆，在轴测图中均为椭圆。根据圆的直径 ϕ 和柱高 h 作出两个形状、大小相同，中心距为 h 的椭圆，然后作两椭圆的公切线即成。

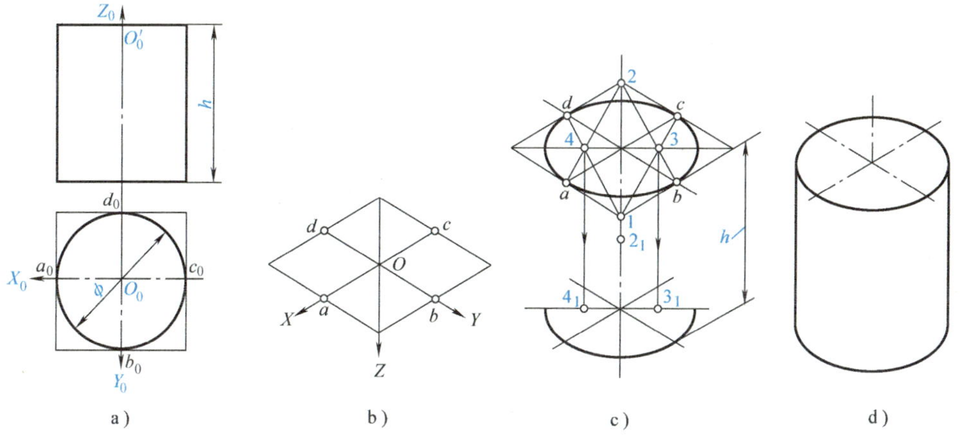

图 4-7　圆柱的正等轴测图画法

［解］

1）以上底圆的圆心为原点 O_0，上底圆的中心线 O_0X_0、O_0Y_0、O_0Z_0 为坐标轴，作上底圆的外切正方形，得切点 a_0、b_0、c_0、d_0（图 4-7a）。

2）作轴测轴和四个切点的轴测投影 a、b、c、d，过四点分别作 OX、OY 的平行线，得外切正方形的轴测菱形（图 4-7b）。

3）过菱形顶点 1、2 连接 $1c$ 和 $2b$，与菱形对角线相交得交点 3，连接 $2a$ 和 $1d$ 得交点 4，则点 1、2、3、4 即为作近似椭圆四段圆弧的圆心。以 1、2 为圆心，$1c$ 为半径作 $\overset{\frown}{cd}$ 和 $\overset{\frown}{ab}$，以 3、4 为圆心，$3b$ 为半径作 $\overset{\frown}{bc}$ 和 $\overset{\frown}{da}$，即为上底圆的轴测椭圆。将椭圆的三个圆心 2、3、4 沿 Z 轴平移高度 h 作出下底椭圆（下底椭圆看不见的一半圆弧不必画出），如图 4-7c 所示。

4）作两椭圆公切线，检查无误后擦去作图线，描深（图 4-7d）。

3. 平行于基本投影面的圆角的正等轴测图的画法

平行于基本投影面的圆角，实质上就是平行于基本投影面的圆的一部分。因此，可以用近似法画圆角的正等轴测图。特别是常见的 1/4 圆周的圆角，其正等测恰好就是上述近似椭圆四段圆弧中的一段，如图 4-8 所示。

【例 4-3】 画出如图 4-9a 所示带圆角的长方体底板的正等轴测图。

［解］

1）按如图 4-9b 所示画出图形，并按圆角半径 R 所在底板相应的棱线上找出切点 1、2 和 3、4。

2）过切点 1、2 和 3、4 分别作切点所在直线的垂线，其交点 O_1、O_2 就是轴测圆角的圆心，如图 4-9c 所示。

3）以 O_1 和 O_2 为圆心，以 $O_1 1$ 和 $O_2 3$ 为半径作 $\overset{\frown}{12}$ 和 $\overset{\frown}{34}$，即得底板上顶面圆角的正等轴测图，如图 4-9d 所示。

4）将顶面圆角的圆心 O_1、O_2 及其切点分别沿 Z_1 轴下移底板厚度 H，再用与顶面圆弧相同的半径分别画圆弧，并作出对应圆弧的公切线，即得底板圆角的正等轴测图，如图 4-9e所示。

5）检查无误后，擦去作图线并描深，最后得到带圆角的长方形底板的正等轴测图，如图 4-9f 所示。

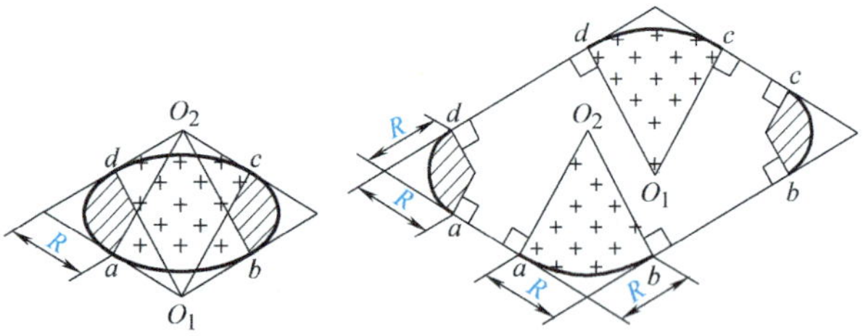

图 4-8 圆角的正等轴测图画法

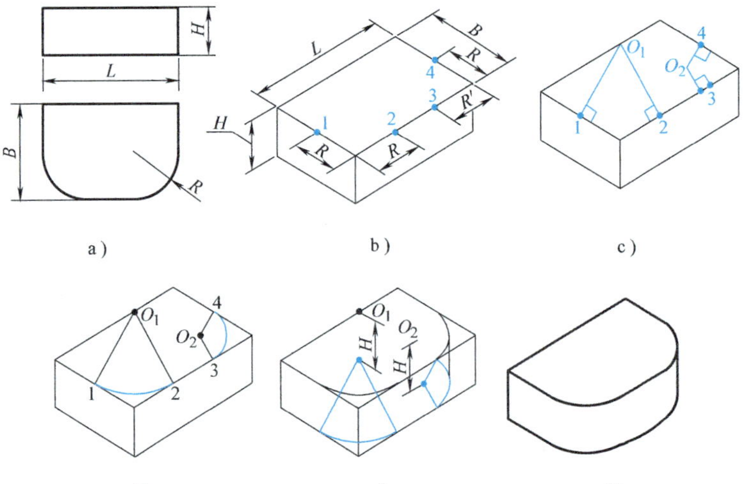

图 4-9 带圆角底板的正等轴测图画法

第三节 斜二轴测图

一、轴间角和轴向伸缩系数

轴测投影面平行于一个坐标面（XOZ 面），投射方向倾斜于轴测投影面时，即得正面斜二轴测图。由于 $X_1O_1Z_1$ 坐标面平行于 V 面，所以轴测轴 O_1X_1、O_1Z_1 分别为水平和铅垂方向，轴间角 $\angle X_1O_1Z_1=90°$，轴向伸缩系数 $p=r=1$。而 O_1Y_1 轴的方向和轴向伸缩系数将随着投射方向的改变而变化，通常取 $q=0.5$，O_1Y_1 轴与水平线夹角为45°，如图4-10所示。

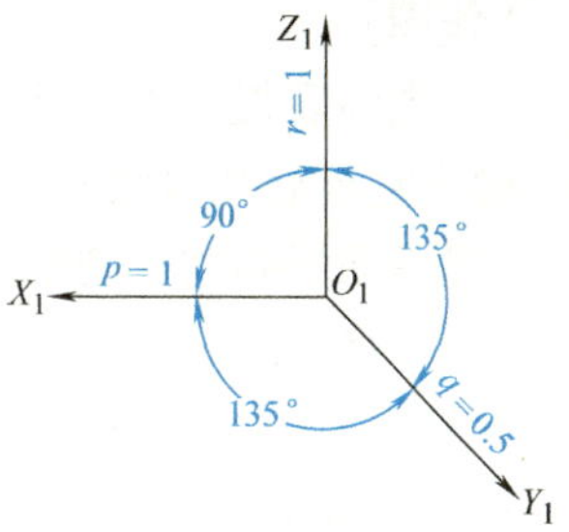

图4-10 斜二轴测图的轴、轴间角与轴向伸缩系数

二、斜二轴测图的画法

【例4-4】 作如图4-11a所示支座的斜二轴测图。

[分析]

图示支座的前、后端面平行于 V 面，采用斜二测作图最方便。

[解]

1）选择坐标轴和原点（图4-11a）。

2）画轴测轴，并画出与主视图完全相同的前端面的图形（图4-11b）。

3）由点 O_1 沿 O_1Y 轴向后移 $L/2$ 得点 O_2，以点 O_2 为圆心画出后端面的图形（图4-11c）。

4）画出其他可见轮廓线以及圆弧的公切线，检查无误后描深，完成作图（图4-11d）。

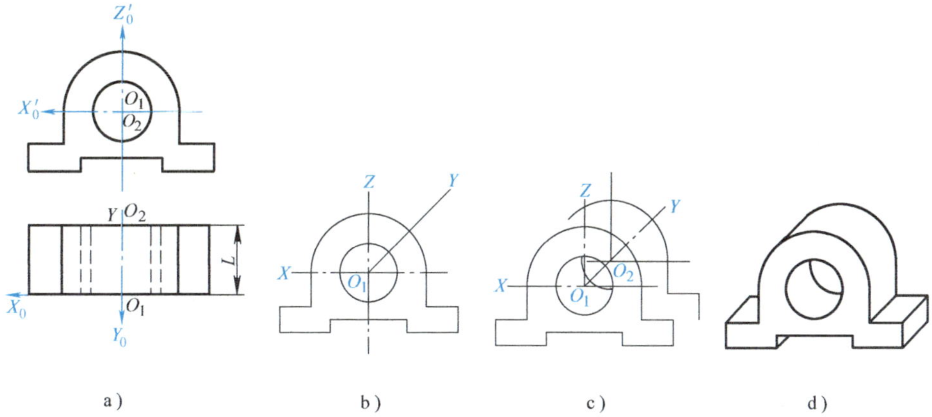

图4-11 支座的斜二测图作法

【综合应用训练】

【案例4-1】 作如图4-12所示支架的正等测图

[分析]

采用叠加法分别画出底板和竖板的轴测图。底板上的圆孔和圆角可按图4-7和图4-9的方法作出；竖板上的圆孔和顶部圆柱面的轴线垂直于正面，其轴测图画法与上述相同，但圆平面内所含的轴线应为 O_0X_0 和 O_0Z_0，支架左右对称，原点和坐标轴如图4-12所示。

［作图］

1）先画底板轮廓，并画出竖板与底板的交线 12 和 34。确定竖板后孔口圆心 B，由圆心 B 作出前孔口圆心 A，作竖板顶部圆柱面的轴测椭圆弧（图 4-13a）。

2）由点 1、2、3 作椭圆弧切线，右上方两椭圆弧的公切线（圆柱面可见轮廓线），以及竖板上的圆孔，然后作出底板上的小圆孔（图 4-13b）。

3）作底板上的两个圆角。必须注意，竖板后孔口以及底板在底面上的一段可见圆弧不要漏画（图4-13c）。

4）检查无误后擦去作图线，描深，完成作图（图 4-13d）。

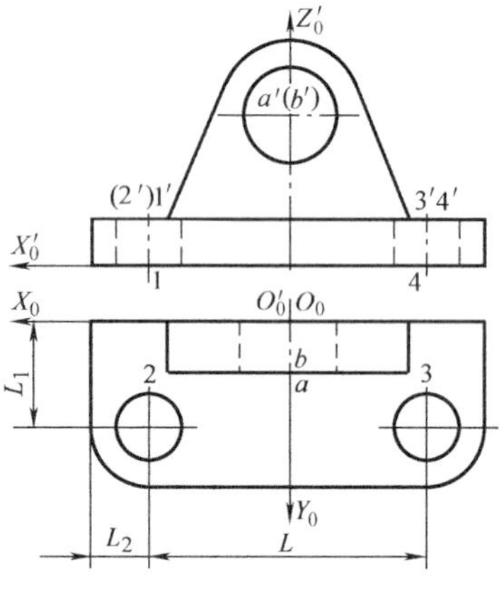

图 4-12　支架的两视图

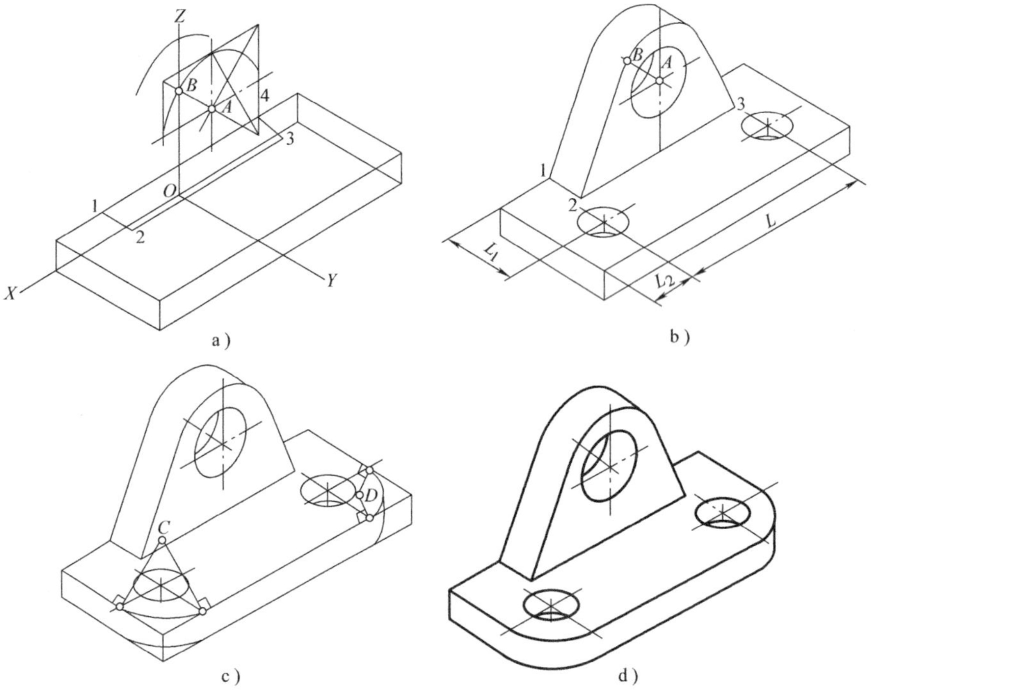

图 4-13　作支架的正等测图

【案例 4-2】 学生课外练习，根据如图 4-14 所示两面视图画正等测图。

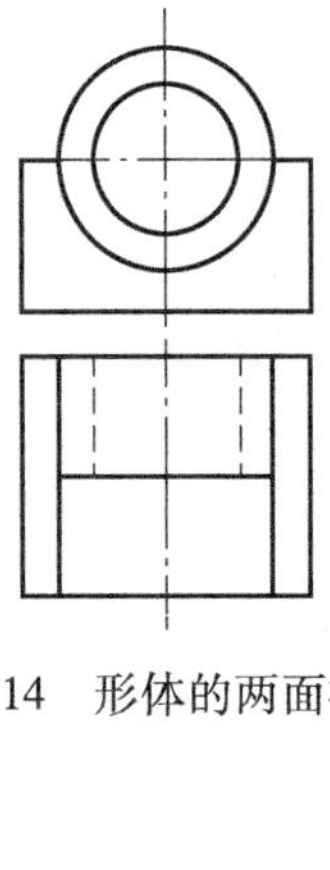

图 4-14　形体的两面视图

【归 纳 总 结】

在工程上常采用富有立体感的轴测图作为辅助图样来帮助说明零、部件的形状。常用的轴测图有正等轴测图和斜二轴测图两种。在选用轴测图时，应既要考虑立体感，又要考虑作图方便。

1. 正等轴测图的轴间角以及各轴轴向伸缩系数均相同，用30°的三角板和丁字尺作图较方便，它适用于绘制各坐标面上都带有圆的物体。

2. 当物体上一个方向上的圆及孔较多时，采用斜二轴测图比较方便。

第五章
机械图样的画法

【学习目标】

【知识目标】

1. 熟悉基本视图的形成、名称及配置关系。

2. 熟悉向视图、局部视图和斜视图的画法与标注。

3. 理解剖视的概念，掌握画剖视图的方法和标注。

4. 了解几个相互平行的剖切平面的剖视图和几个相交剖切平面的剖视图的画法与标注。

【技能目标】

1. 掌握与基本投影面平行的单一剖切面的全剖视图、半剖视图和局部剖视图的画法与标注。

2. 掌握识读剖视图的方法和步骤。

3. 能识读移出断面图和重合断面图的画法与标注。

4. 能识读局部放大图和常用图形的简化画法。

【素质目标】

1. 养成规范的制图习惯。

2. 培养空间想象能力和思维能力，形成由图形想象物体、以图形表现物体的初步能力。

在企业生产中，当零件的形状、结构比较复杂时，如果仅采用三视图来表达，很难把零件的内外形状和结构准确、完整、清晰地表达清楚。为了满足这些实际表达要求，国家标准规定了多种零件表示方法，本章重点介绍一些常用的零件表达方法和视图、剖视、断面、局部放大、简化画法的规定画法、配置和标注、应用场合及识读。

第一节　视　　图

图样中的视图有基本视图、向视图、局部视图和斜视图。

一、基本视图

1. 基本视图的形成和投影关系

基本视图有六个，它的形成过程如图5-1和图5-2所示。首先将零件放在一个正六面的投影体系中，分别向六个基本投影面进行投射，如图5-1所示。然后按图5-2所示的方法展开，得到的视图称为基本视图，它们的配置关系如图5-3所示。

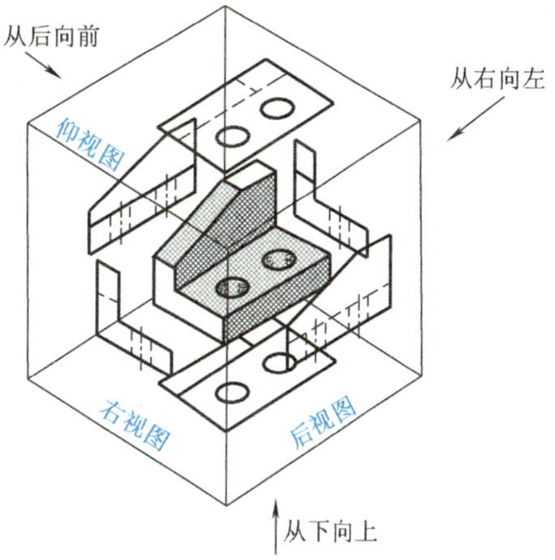

图5-1　基本视图的形成

六个基本视图中，除了原来学过的主视图、俯视图、左视图三个视图外，又增加了右视图、仰视图和后视图。

右视图——零件由右向左投射所得到的视图。

仰视图——零件由下向上投射所得到的视图。

后视图——零件由后向前投射所得到的视图。

六个基本视图的投影关系仍然保持“长对正、高平齐、宽相等”的投射规律。

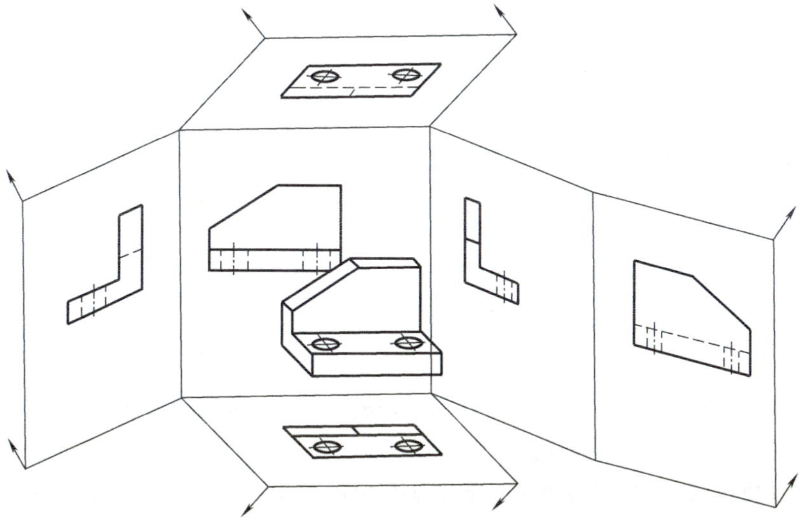
图5-2　基本投影面的展开

2. 基本视图的标注

基本视图按图 5-3 所示配置时，一律不标注视图的名称。

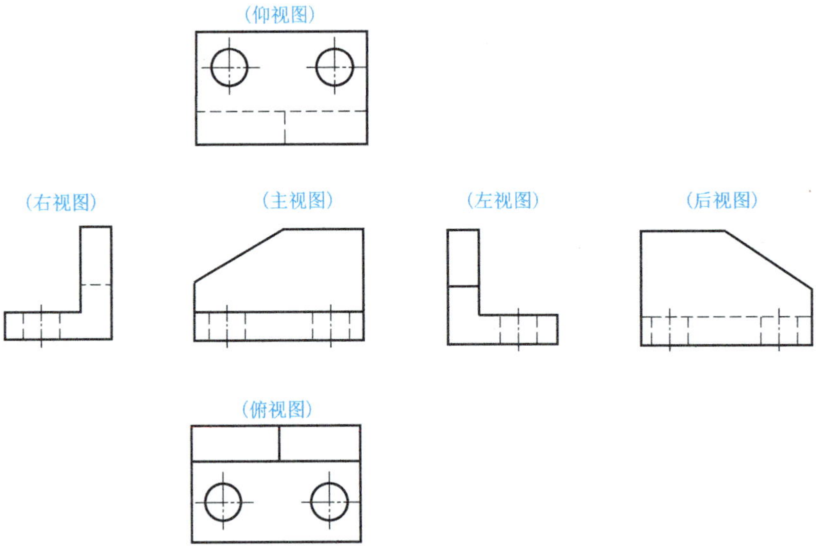

图 5-3　基本视图的配置

二、向视图

由于六个基本视图的配置是固定的，并且有的零件的表达不需要绘制全部六个基本视图，这样就会给布图带来不便，因此国家标准规定了一种可以自由配置的视图，称为向视图。

向视图的标注：一般应在向视图的上方标出视图名称“某某”（“某某”为大写拉丁字母），并且在相应的视图附近用箭头指明投射方向，并注上同样的字母，如图 5-4 所示。为了读图方便，表示投射方向的箭头应尽可能配置在主视图上。

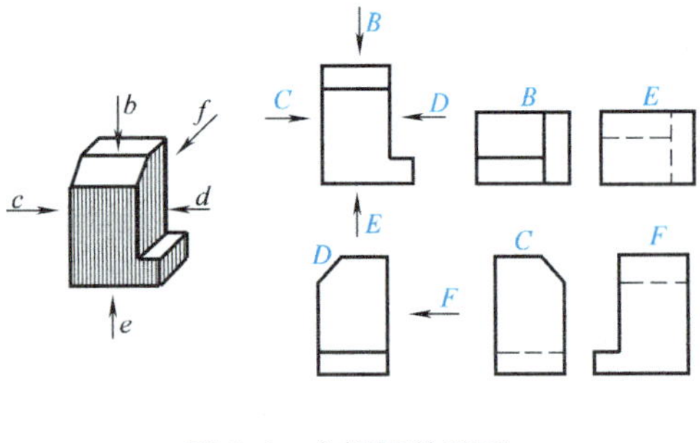

图 5-4　向视图的配置

三、局部视图

只将零件中的某一部分向基本投影面投射所得到的视图，称为局部视图。如图 5-5 所示，零件右边的小孔采用局部视图来表示，不但节省了一个右视图，而且表达清楚，重点突出，简单明了，十分方便。显然局部视图是基本视图的一部分，可以画在基本视图的位置上，如图 5-5 中的向视图 B；也可以画在其他地方，如图 5-5 中的向视图 C。

局部视图的断裂线用波浪线表示，如图 5-5 中向视图 B 所示。当所表达部分的外形轮廓线是完整而又封闭时，波浪线可以省略不画，如图 5-5 中的向视图 C。

局部视图的标注：画局部视图时可按向视图的配置形式配置并标注，一般在局部视图的上方标出视图的名称（以字母表示），在相应的视图附近用箭头指明投射方向并注上同样的字母，如图 5-6 所示的视图 *C*。但当局部视图按基本视图位置配置，中间又没有其他视图隔开时，可以省略标注，如图 5-6 所示的向视图 *B*。

四、斜视图

如图 5-6 所示，当零件有些结构与基本投影面倾斜时，在基本视图中就不能反映其真实形状。如果设置与该零件倾斜部分平行的新投影面，在新投影面上就能得到该零件倾斜部分的真实投影。

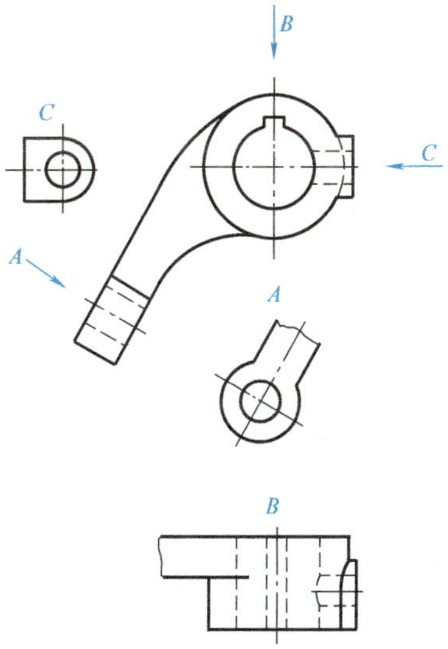

图 5-5　局部视图

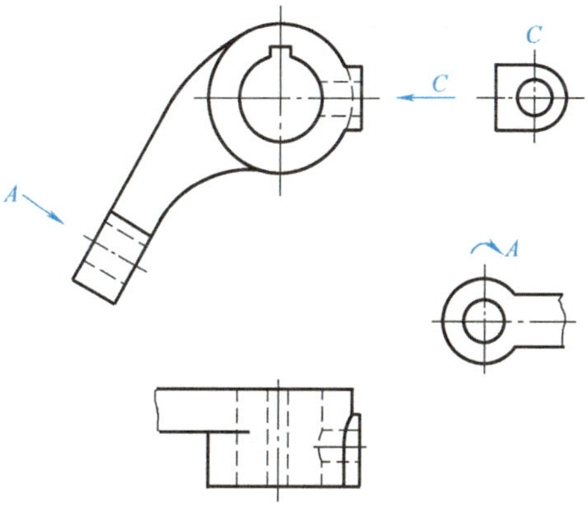

图 5-6　局部视图的标注与配置

这种零件向不平行基本投影面的平面投影所得到的视图，称为斜视图。斜视图通常用于表示零件上倾斜部分的结构。其断裂边界用波浪线表达，当表达部分的外形轮廓线既完整又封闭时，波浪线可以省略不画，如图 5-6 中的视图 *C*。

斜视图的标注：为了便于读图，必须用箭头标明斜视图的投射方向，并注上大写拉丁字母，同时在斜视图上方注写相同的字母，如图 5-6 中的“*A*”。

当斜视图按投射关系配置有困难时，也可以配置在其他位置，在不致引起误解的情况下，可以将斜视图旋转配置，标注形式如图 5-6 和图 5-7 所示。

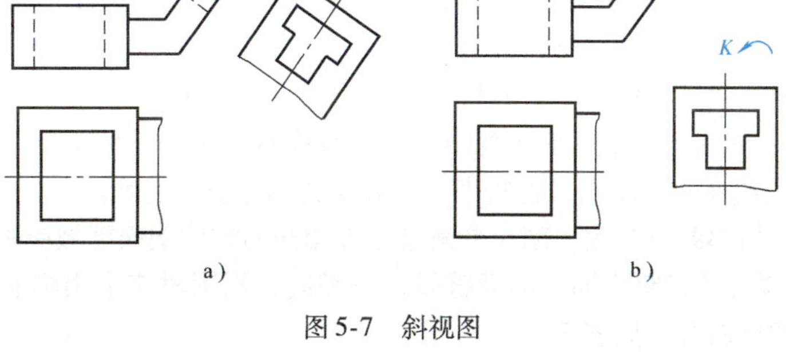

图 5-7　斜视图

第二节 剖视图

当零件的内部结构比较复杂时，视图上就会出现较多的虚线（图5-8），这样就给读图、绘图、标注尺寸等带来很多不便，为了清晰表达零件复杂的内部结构，国家标准规定了剖视的表示方法。

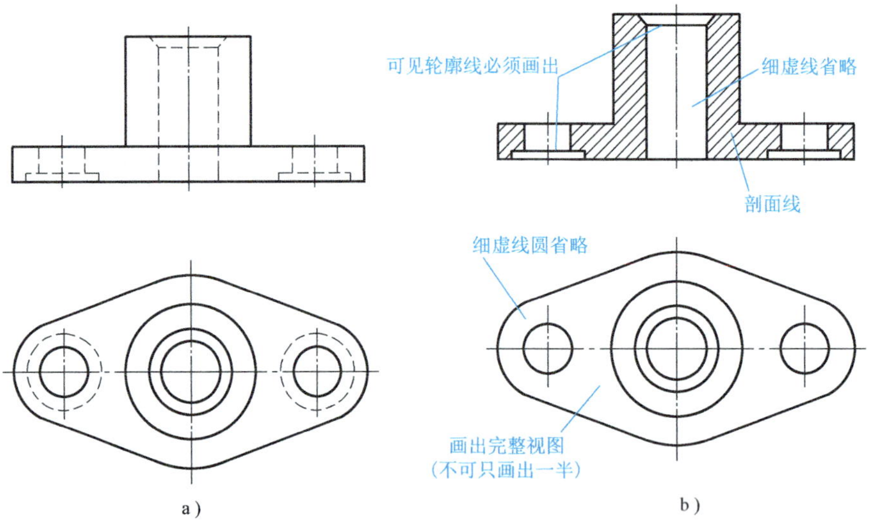

图5-8 视图与剖视图比较

a）视图 b）剖视图

一、剖视图的基本概念

1. 剖视图的形成

假想用剖切平面在零件的适当位置剖开，将观察者与剖切平面之间的部分移走，而将其余部分向投影面进行投射，并在剖切平面剖到的部分画上剖面符号，这样得到的视图称为剖视图，如图5-9所示。

2. 剖视图的画法

1）如图5-10所示，剖切平面的位置一般选择所需表达零件的内部结构的对称面，并且平行于基本投影面。

2）剖切平面后边的可见轮廓线要全部画出，不能出现漏线和多线，如图5-11所示。

3）画剖视图时将零件剖开是假想的，并不是真正将零件切掉一部分，所以除了剖视图以外，零件的其他视图仍然按完整的形状绘制，如图5-12所示。

4）剖视图中，凡是已经表达清楚的结构，虚线应省略不画。但必要时仍可画出，如图5-10俯视图中的虚线就必须画出，否则底部的方孔就不能表达清楚。

为了区别零件内部的空与实，剖切平面与零件相交的实体剖面区域应画出剖面符号，如图5-10所示。因零件的材料不同，剖面符号也不相同，画图时应采用国家标准规定的剖面符号，常见材料的剖面符号见表5-1。

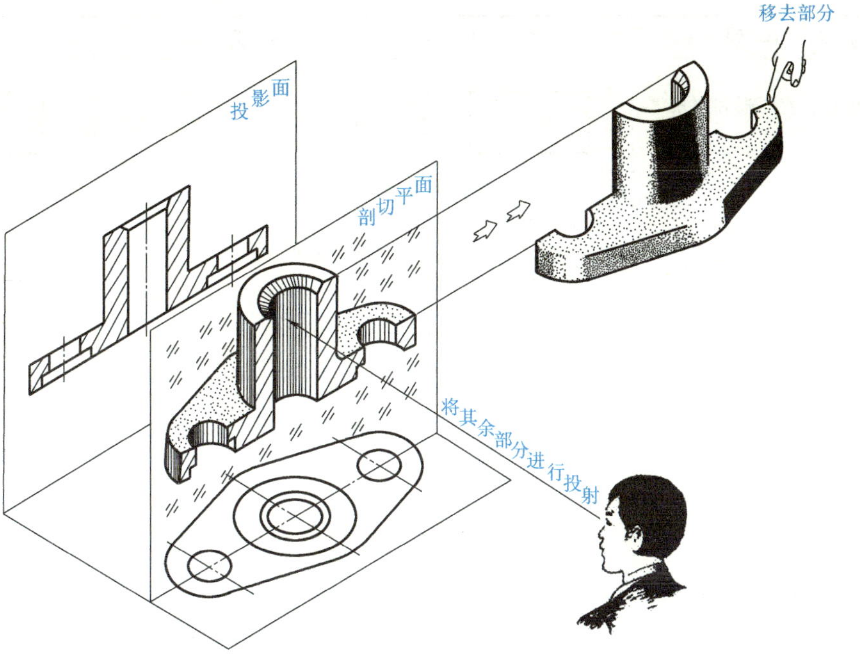

图 5-9　剖视图的形成

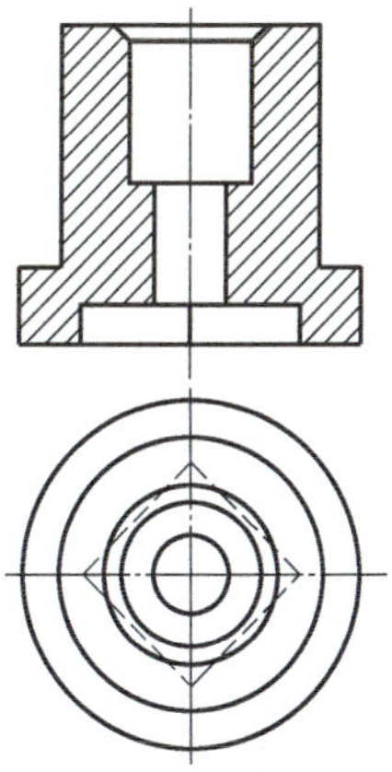

图 5-10　剖视图的画法

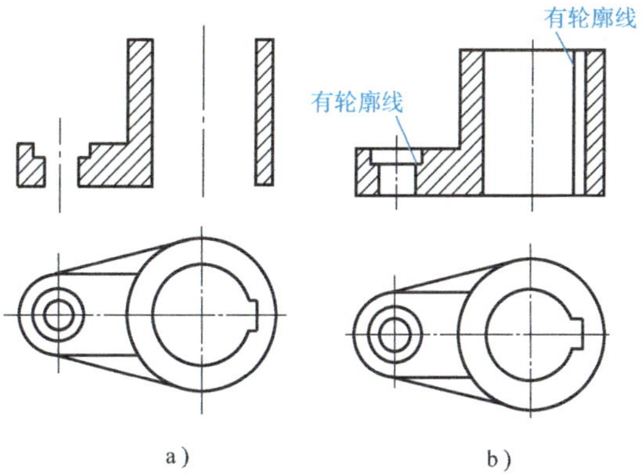

图 5-11　剖视图常见错误（一）
a）错误　b）正确

表 5-1　剖面符号（摘自 GB/T 4457.5—2013）

材料类别	图例	材料类别	图例
金属材料 （已有规定剖面符号者除外）	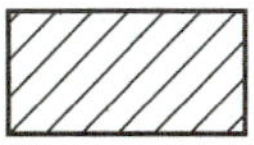	木质胶合板（不分层数）	
线圈绕组元件	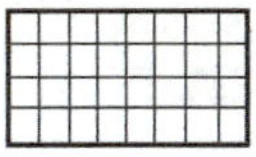	基础周围的泥土	

（续）

材料类别		图例	材料类别	图例
转子、电枢、变压器和电抗器等的叠钢片			混凝土	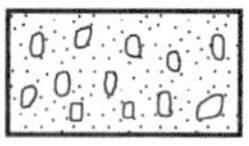
非金属材料（已有规定剖面符号者除外）		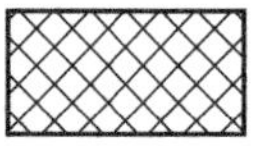	钢筋混凝土	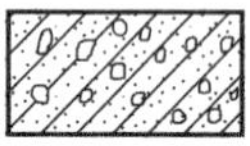
型砂、填砂、粉末冶金、砂轮、陶瓷刀片、硬质合金刀片等		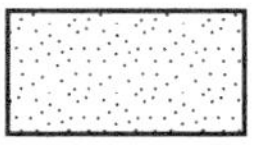	砖	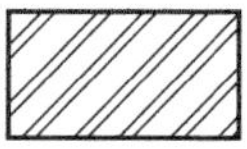
玻璃及供观察用的其他透明材料		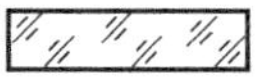	格网（筛网、过滤网等）	
木材	纵剖面		液体	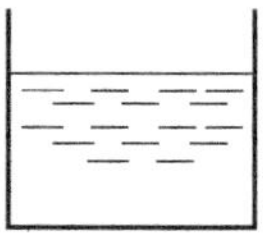
	横剖面	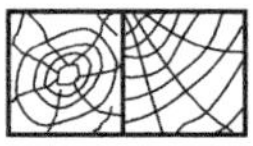		

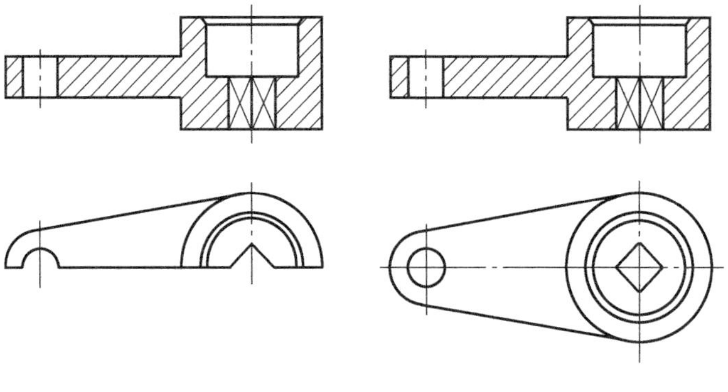

a）　　b）

图 5-12　剖视图常见错误（二）

a）错误　b）正确

不需要在剖面区域中表示材料类别时，可采用通用剖面线表示，通用剖面线应以适当角度的细实线绘制，最好与主要轮廓线或剖面区域的对称线成45°，如图5-13所示。对于同一零件，剖面线的倾斜方向应一致，间隔要相同，如图5-14所示。

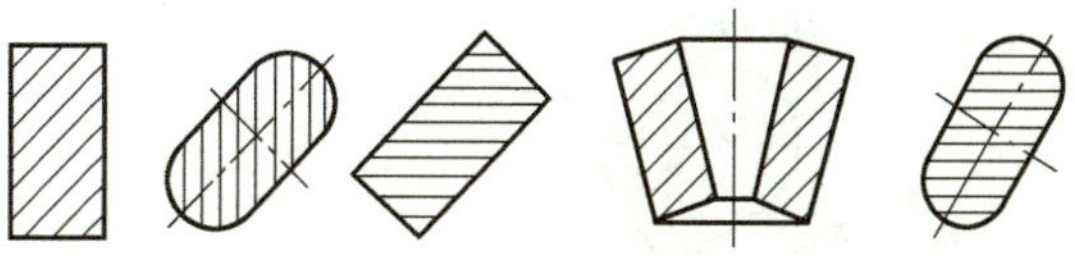

图5-13　通用剖面线的画法

当图形中的主要轮廓线与水平线成45°时，该图形的剖面线应画成与水平线成30°或60°的平行线，如图5-15所示。

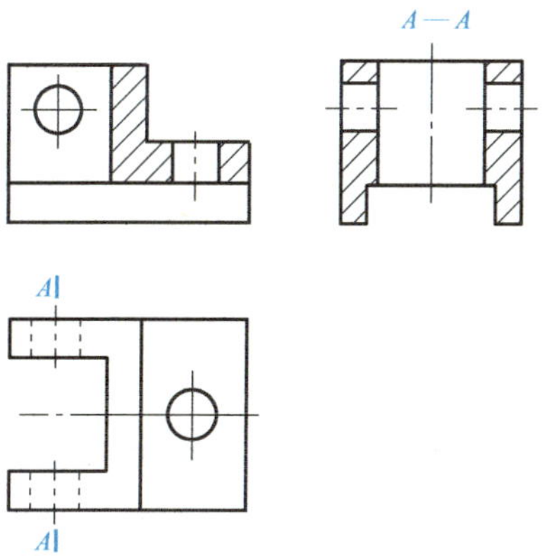

图5-14　剖面线的画法（一）

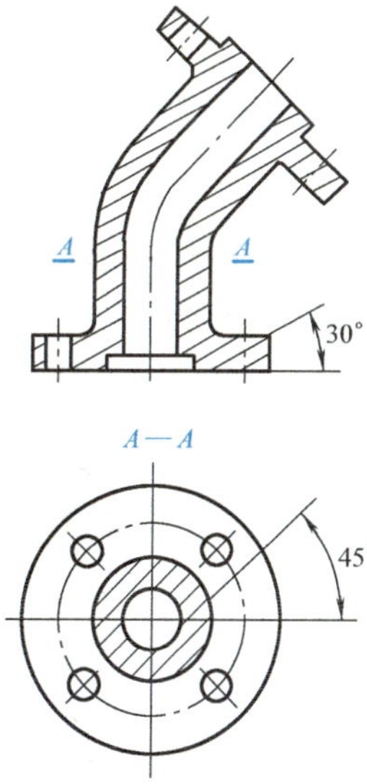

图5-15　剖面线的画法（二）

3. 剖视图的标注

为了便于识读，剖视图一般都要进行标注。在相应的视图上标注表示剖切位置的符号（两端各画一粗实线短画），并在两端注有字母和表示投射方向的箭头。在剖视图上方用字母标出剖视图的名称“*A—A*”，如图5-14、图5-15所示。当剖视图按投影关系配置，中间又没有其他图形隔开时，可以省略箭头，如图5-14、图5-15所示。

二、剖切面的种类

由于零件的结构形状千差万别，因此需要根据零件的具体结构特点，选用不同位置、数量和形状的剖切面，以便使零件的内部形状得到充分表达。根据国家标准规定，常用的剖切面主要有单一剖切面、几个平行的剖切面和几个相交的剖切面三种。

1. 单一剖切面

单一剖切面通常指仅用一个剖切面剖开零件。如图5-9～图5-16中的剖视图都是单一剖切平面剖开零件得到的剖视图。

图5-17是采用单一柱面剖切而得到的剖视图。当采用柱面剖切时，剖视图应展开画，标注方法同剖视图的标注。当剖切平面通过零件对称面时，可以省略一切标注，如图5-10所示。

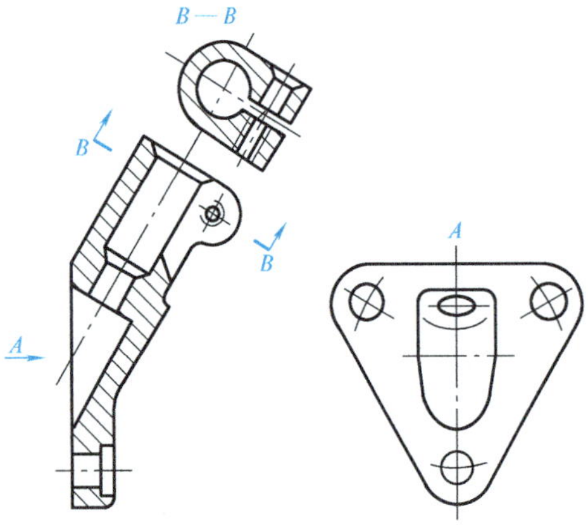

图 5-16 单一剖切面

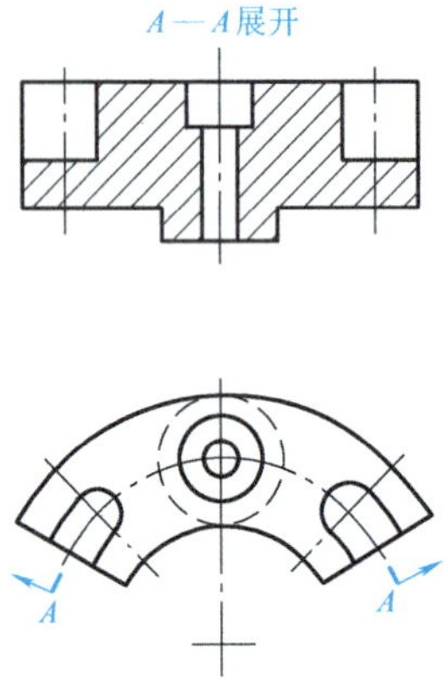

图 5-17 单一剖切柱面

2. 几个平行的剖切面

当零件上具有几种中心线排在相互平行平面上的不同结构要素时，宜采用几个互相平行的剖切面剖开零件的方法，如图5-18所示。

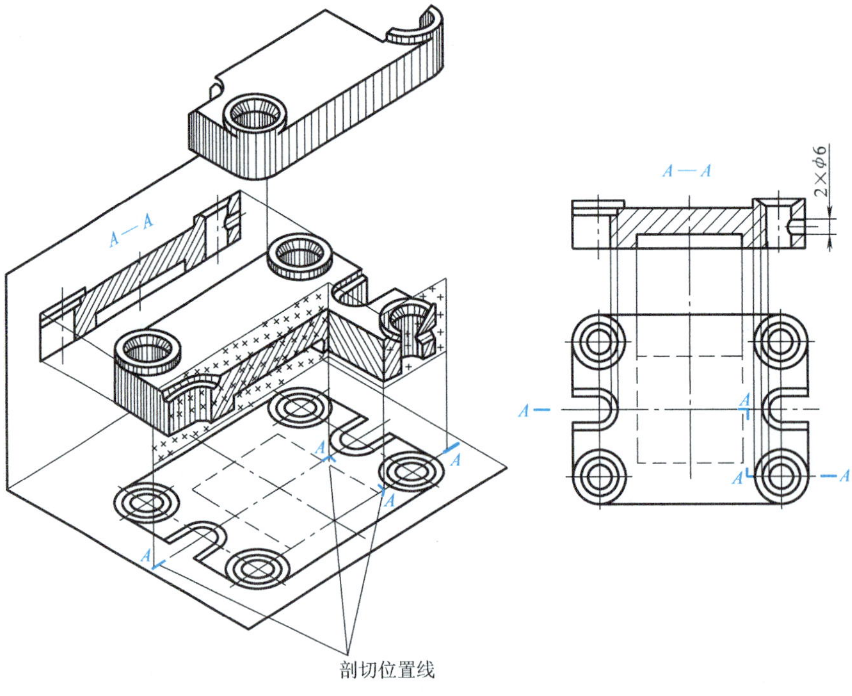

图 5-18 两平行的剖切面

采用几个平行的剖切面画剖视图时，应注意以下几点。

1）剖视图上不允许画出剖切平面各转折处的分界线，如图 5-19a 所示。

2）选择剖切位置时，应注意在图形上不要出现不完整的结构要素，如图 5-19b 所示。

3）当两个要素在图形上具有公共对称线或轴线时，剖视图可以对称中心线或轴线为界

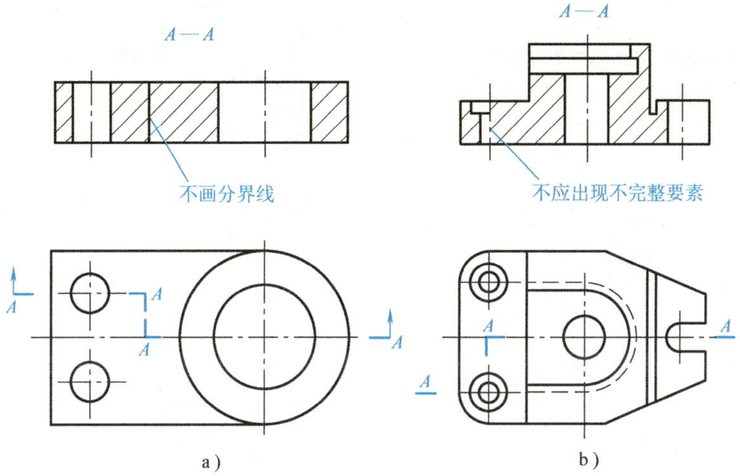

图 5-19　几个平行剖切平面作图时的常见错误

各画一半。两者以共同的中心线或轴线分界，如图5-20所示。

标注：必须在剖切面的起迄和转折处用剖切符号和相同的字母表示，要标注投射方向和剖视图的名称，当视图间有直接投影关系时可省略箭头，如图 5-19 所示。

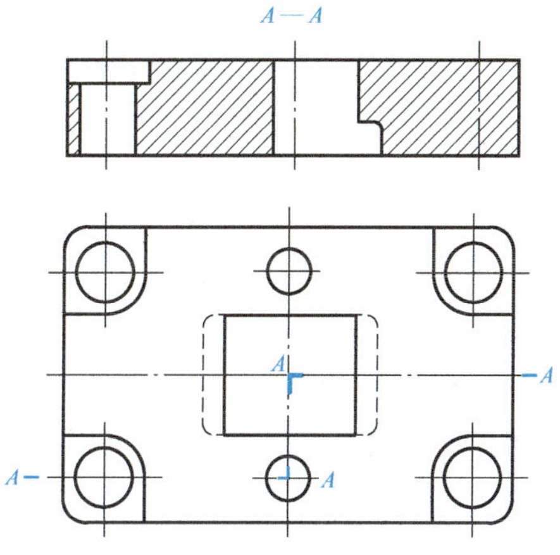

图 5-20　具有公共对称线或轴线的剖视图

3. 几个相交的剖切面

当零件具有回转轴时，可用几个相交的剖切面（交线垂直于某一基本投影面）剖开零件，如图 5-21 所示。

采用几个相交的剖切面画剖视图时，应注意以下几点。

1）绘图时，首先假想按剖切位置剖开零件，然后将被剖切面剖开的结构及有关部分旋转到与选定的投影面平行后，再进行投射。先剖切后旋转的方法如图 5-21 所示。采用这种方法绘制的剖视图，往往有些部分图形会伸长，如图 5-21 所示。其中箭头表示投射方向，并非旋转方向。

2）画剖视图时，剖切面后面的其他结构一般仍按原来的位置投影，如图 5-22 中的油孔。

三、剖视图的种类

按零件被剖切范围的大小划分，剖视图可分为全剖视图、半剖视图和局部剖视图三种。

1. 全剖视图

用剖切面（平面或柱面）完全地剖开零件后所得的剖视图，称为全剖视图，如图 5-9、图 5-10、图 5-14 等所示的主视图全部为全剖视图。

全剖视图主要用于外部形状比较简单、内部形状比较复杂的零件，如图 5-9 所示。不论

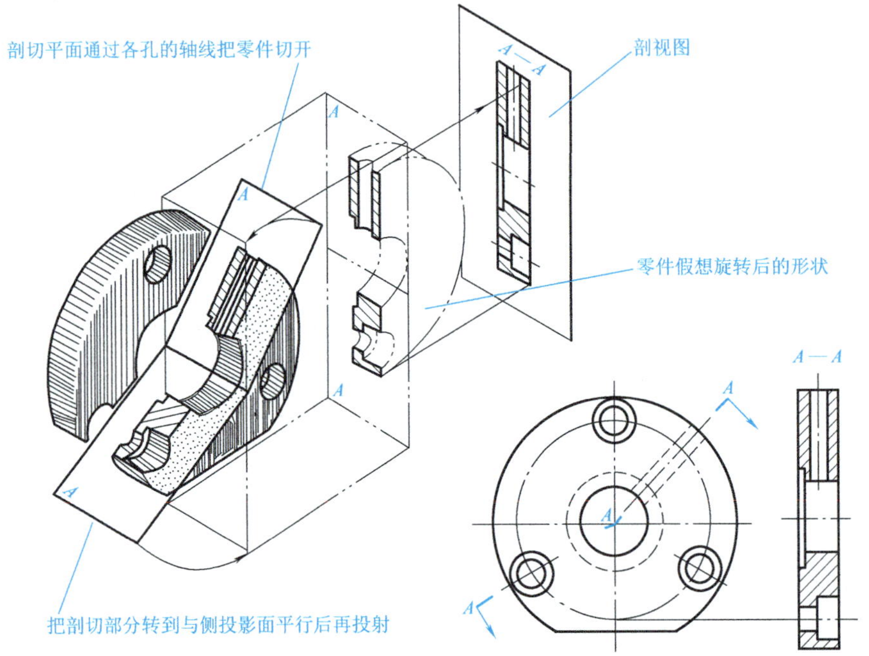

图 5-21 两相交的剖切面

采用哪种剖切方法、几个剖切面，只要将零件完全剖开，所得的剖视图都是全剖视图。图 5-18 是采用两个平行的剖切面获得的全剖视图，图 5-22 是采用两个相交的剖切平面获得的全剖视图。

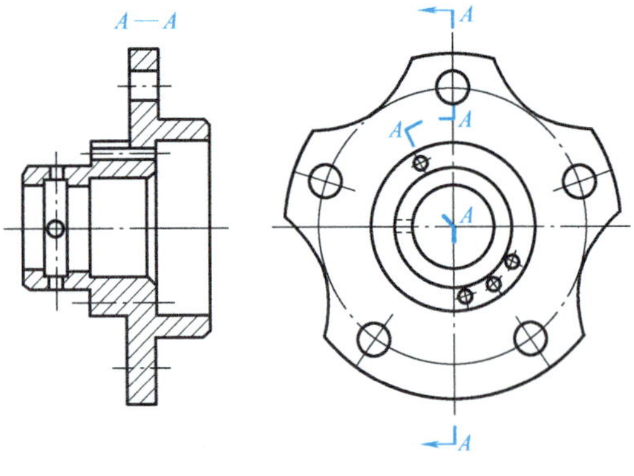

图 5-22 几个相交的剖切面

2. 半剖视图

当零件具有对称平面时，向垂直于对称平面的投影面上投射得到的视图，可以对称中心线为界，一半画成剖视图，另一半画成视图的图形，这样组合的图形称为半剖视图，如图 5-23 所示。

半剖视图主要适用于内、外形状都需要表示的对称零件，如图 5-23 所示。

画半剖视图时应注意以下几点。

1）半个视图与半个剖视图的分界线应是点画线，而不应画成粗实线或细实线，如图 5-23所示。

2）由于半个剖视图已将零件内部结构表示清楚，半个视图中就不应再画出虚线；但对于孔或槽等，应画出中心线，如图 5-23 所示。如果零件的轮廓线恰好与点画线重合，则不能采用半剖视图，如图 5-24 所示。

3）当零件形状接近于对称，而不对称部分已在其他图形中表达清楚，这时也可画成半剖视图，如图 5-25 所示。

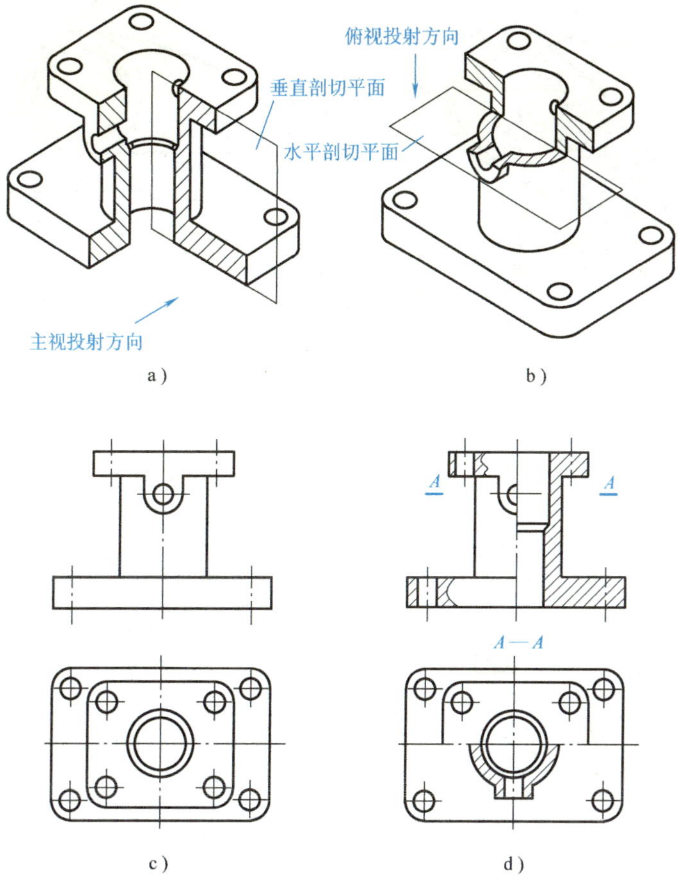

图 5-23　半剖视图（一）

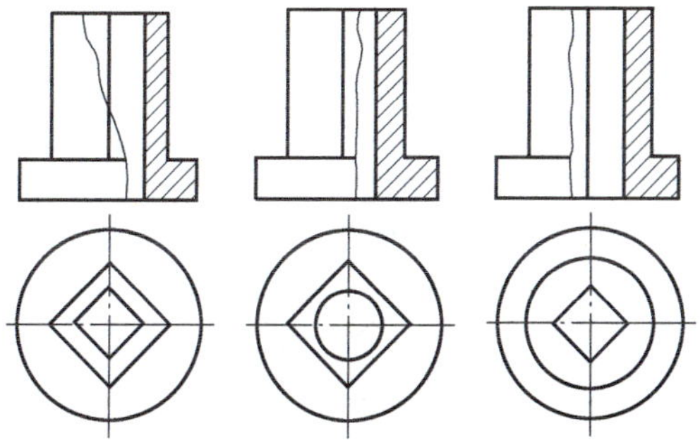

图 5-24　半剖视图（二）

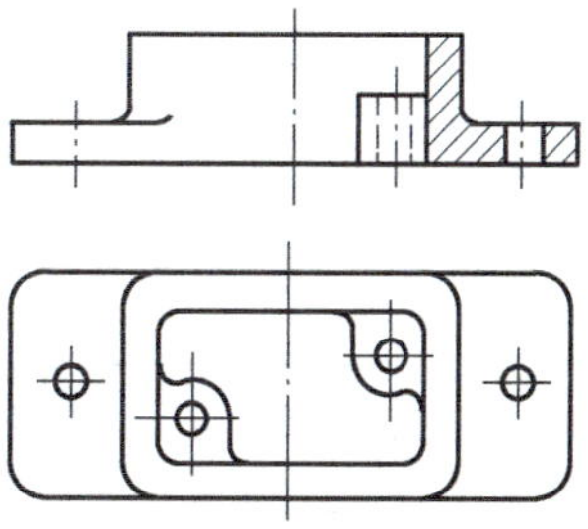

图 5-25　基本对称机件的半剖视图

半剖视图的标注方法与剖视图的相同，如图 5-23 所示。

3. 局部剖视图

用剖切面局部地剖开零件所得的剖视图，称为局部剖视图，如图 5-26 所示。

局部剖视图是一种较为灵活的表达方法，适用于既要求表达零件内部形状，又要保留零件的部分外形，或不宜采用全剖视图或半剖视图的场合。

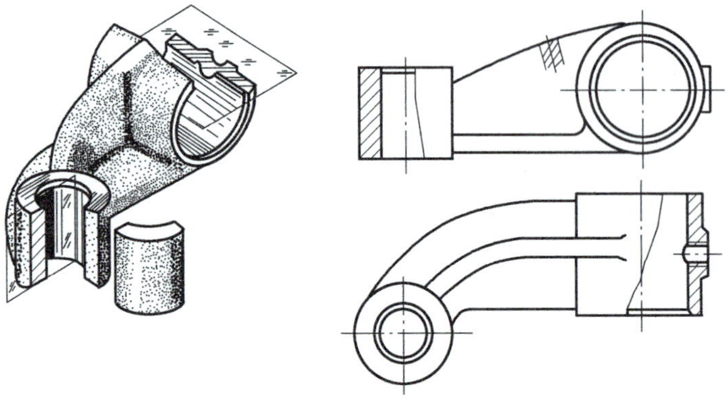

图 5-26 局部剖视图

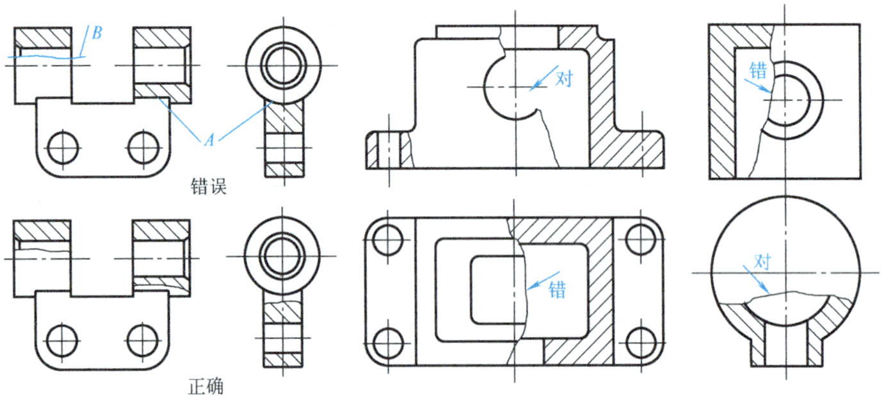

图 5-27 局部剖视图的画法

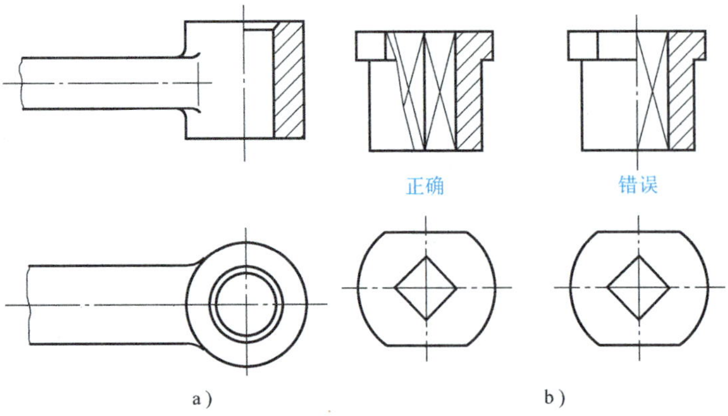

图 5-28 局部剖视图的标注

画局部剖视图时，应注意以下几点。

1）局部剖视图中剖开部分与原视图之间用波浪线作为分界线。波浪线应画在零件的实体部分，不能超出视图的轮廓线或与图样上其他图线重合，如图 5-27 所示。

2）当被剖的局部结构为回转体时，允许将该结构的中心线作为局部剖视图与视图的分界线，如图 5-28 所示。

局部剖视图的标注与剖视图的相同，当单一剖切面的剖切位置明显时，局部剖视图可省略标注，如图 5-28 所示。

第三节　断　面　图

假想用剖切面将零件的某处切断，仅画出断面的图形（该剖切面与零件的接触部分），称为断面图，简称断面，如图 5-29 所示。

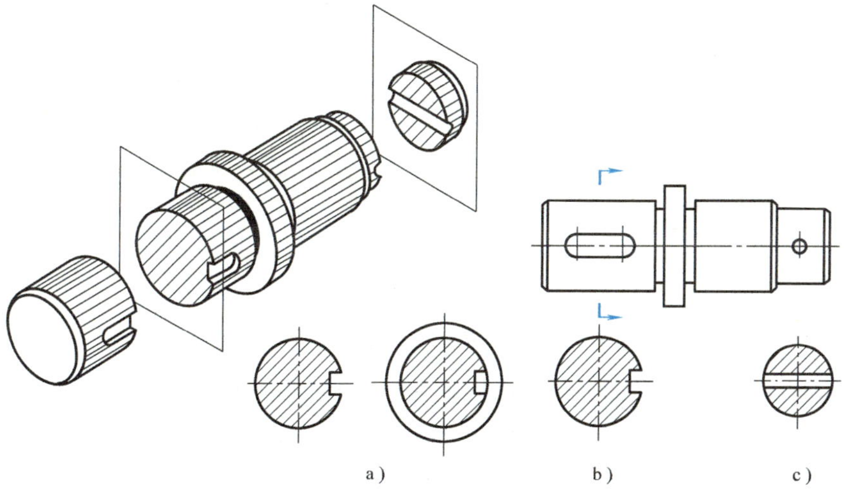

图 5-29　断面图

从断面图中能准确地了解到零件某处的断面形状，具有简单明了和灵活方便的特点，在机械图样中广泛应用。图 5-29a 所示轴上开有键槽和通孔，用断面图表示简明清晰，便于标注尺寸。

画断面图时，应特别注意断面图与剖视图之间的区别，断面图只画出断面的真实形状，而剖视图还需画出断面后面所有能看到的零件的轮廓投影。如图 5-29a、图 5-29b 就表示了它们的区别。

断面图按其所在位置不同，分为移出断面图和重合断面图。

一、移出断面图

画在视图外面的断面图，称为移出断面图。移出断面图的轮廓线用粗实线绘制，并在断面上画上剖面符号，如图 5-30 所示。

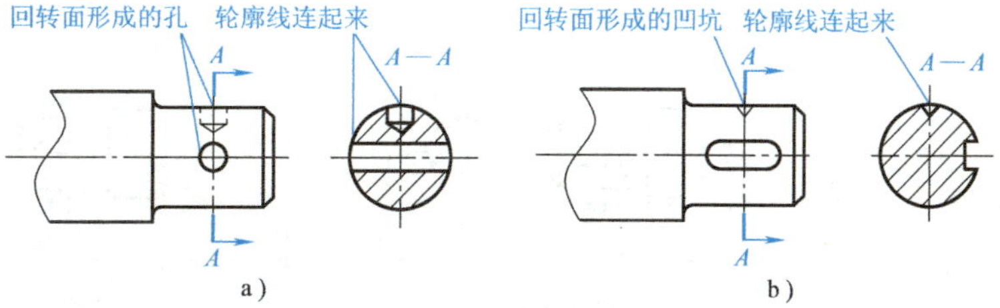

图 5-30　移出断面图

画移出断面图时，应注意以下几点。

1）移出断面图通常配置在剖切线的延长线上，如图5-29所示。必要时也可配置在其他适当位置，如图5-30所示的*A*—*A*断面图。

2）当剖切面通过回转面形成的孔或凹坑的轴线时，这些结构应按剖视图绘制，如图5-30所示。

3）当剖切面通过非圆孔，会出现完全分离的两个断面时，则这些结构应按剖视图绘制，如图5-31所示。

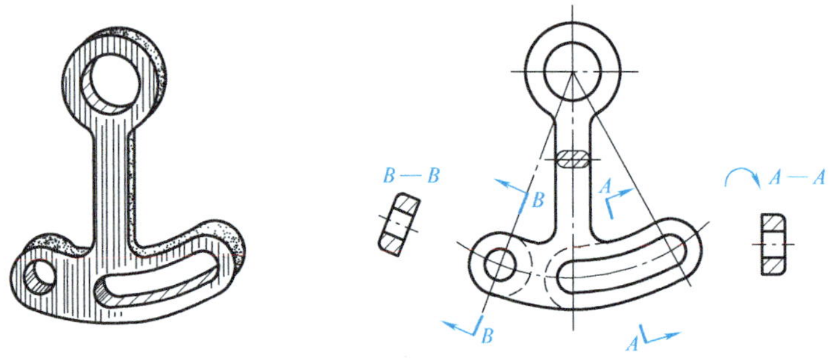

a）　　b）

图5-31　按剖视图绘制移出断面图的画法

4）移出断面图的标注：断面图标注的内容与剖视图的相同，当断面图画在剖切线的延长线上时，如果断面图是对称图形，可省略标注；若不对称，需用剖切符号表示剖切位置和投射方向。当断面图不是画在剖切线的延长线上时，不论断面图是否对称，都应按剖视图规定的标注要求进行标注，见表5-2。图5-32所示为由两个相交剖切面剖切的断面图。

表5-2　移出断面图的配置与标注

断面形状 断面图 配置	对称的移出断面	不对称的移出断面
配置在剖切线或剖切符号延长线上	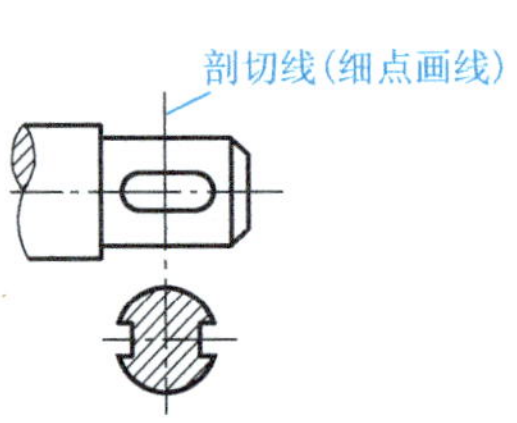	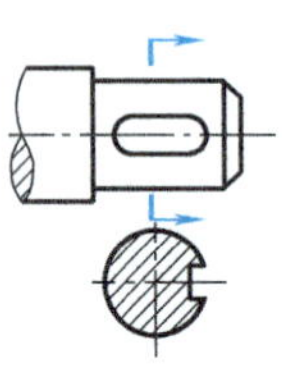
	不必标出字母和剖切符号	不必标注字母
投影关系配置	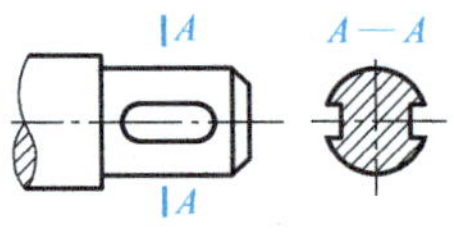	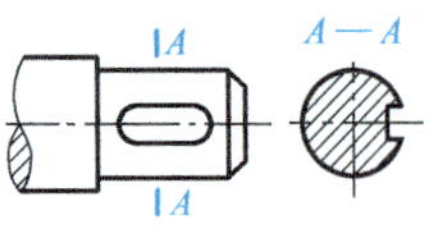
	不必标注箭头	不必标注箭头

（续）

断面形状 断面图 配置	对称的移出断面	不对称的移出断面
配置在其他位置	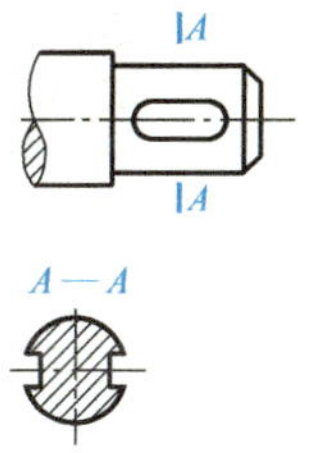 不必标注箭头	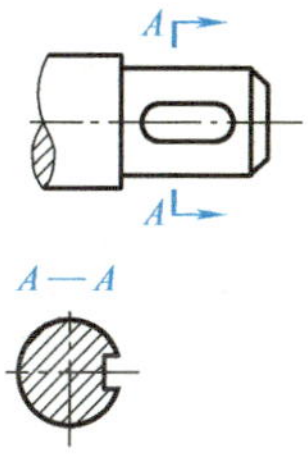 应标注剖切符号（含箭头）和字母
配置在视图中断处	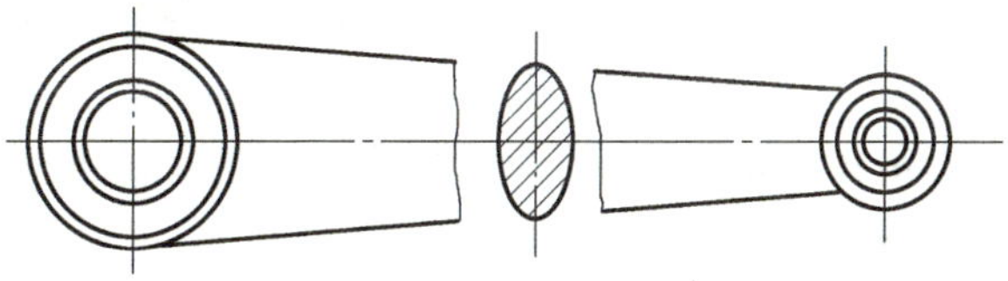 不必标注	（图形不对称时，移出断面不得画在中断处）

注：根据 GB/T 1.1—2009 的规定，表中的助动词“不必”可等效表述为“不需要”，并非是“不是必要”之意。

二、重合断面图

剖切后将断面图形重叠在视图内的断面图，称为重合断面图，如图 5-33～图 5-35 所示。在视图之内，重合断面图的轮廓线用细实线绘制，当视图中轮廓线与重合断面图的图形重叠时，视图中的轮廓线仍应连续画出，不可间断。

重合断面图的标注：对称的重合断面图不必标注，不对称的用箭头表示投射方向。

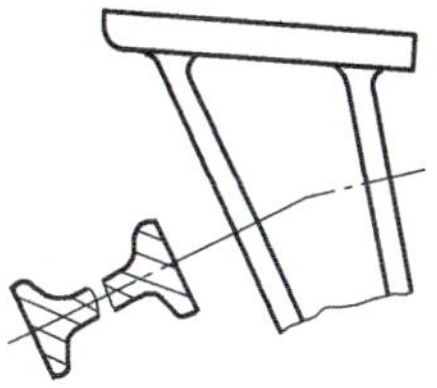

图 5-32 两个相交剖切面剖切的断面图

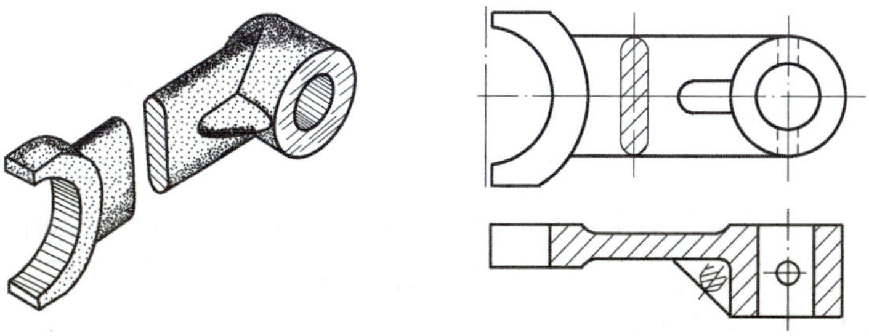

a） b）

图 5-33 重合断面图（一）

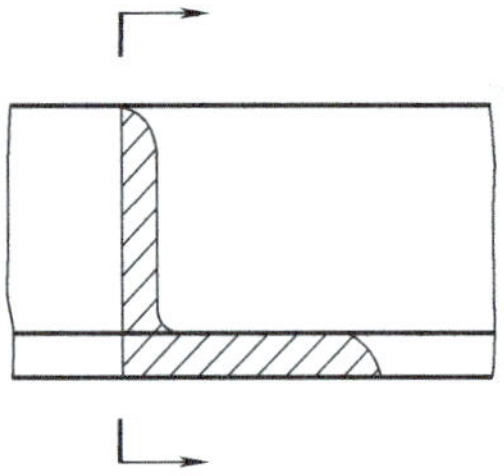

图5-34　重合断面图（二）

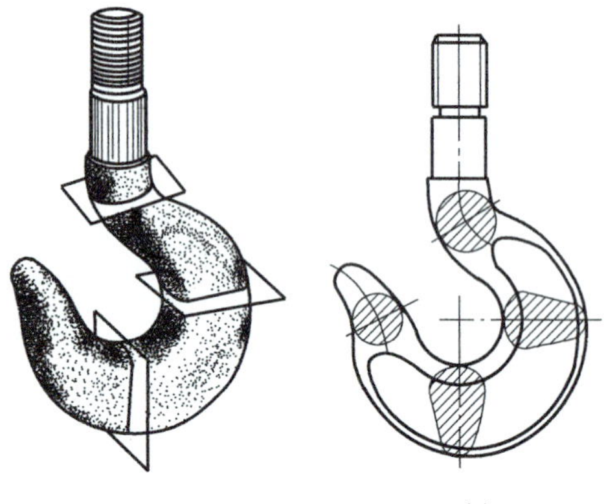

a)　b)

图5-35　吊钩的重合断面图

第四节　局部放大图和简化画法

为使图形清晰和画图简便，国家标准还规定了局部放大图和简化画法，供绘图时选用。

一、局部放大图

当零件上某些细小的局部结构在视图中表达不清楚时，可将这些结构用大于原图形的比例画出，并将它们放置在图形的适当位置，这种图形称为局部放大图，如图5-36、图5-37所示。

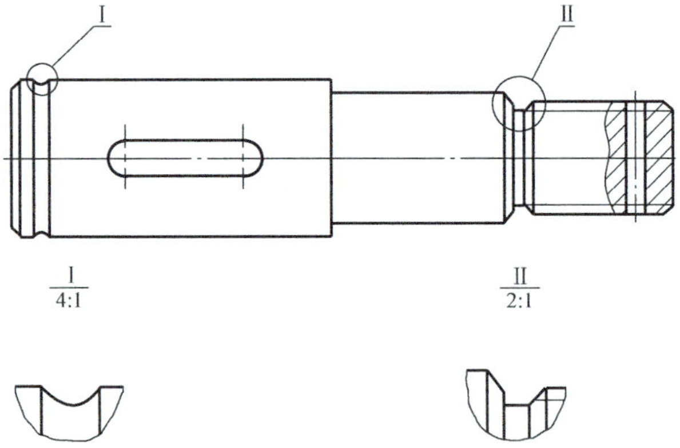

图5-36　局部放大图（一）

局部放大图可以画成视图、剖视、断面的形式，与被放大部分的表示形式无关，并应尽量配置在被放大部位的附近。

局部放大图的标注：用细实线圆圈出被放大的部位，当零件上仅有一个部位需要放大时，在局部放大图上方只需注明采用的比例。当同一零件上有几处放大部位时，需用罗马数字依次标明被放大的部位，并在局部放大图上方用分数形式标注相应的罗马数字和采用放大的比例，如图5-36、图5-37所示。

二、简化画法

1）对于零件的肋板、轮辐及薄壁等，如按纵向剖切，这些结构都不画剖面符号，而用粗实线将它与其邻接部分分开。但剖切平面横向剖切这些结构时，则应画剖面符号，如图

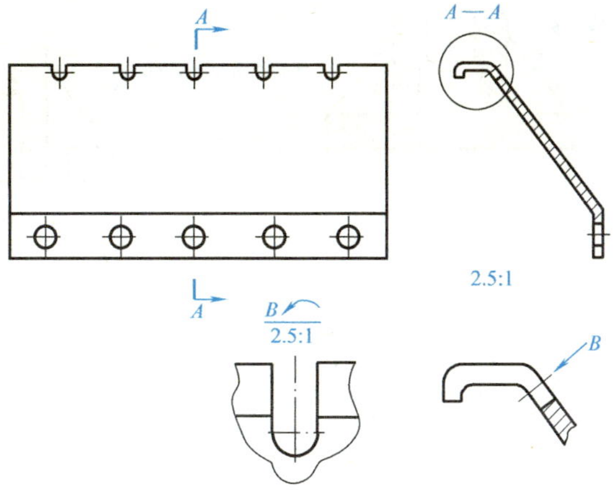

图 5-37　局部放大图（二）

5-38 所示。

2）当零件回转体上均匀分布的肋板、轮辐、孔等结构不处于剖切平面时，可将这些结构旋转到剖切平面上画出，如图 5-39 所示。

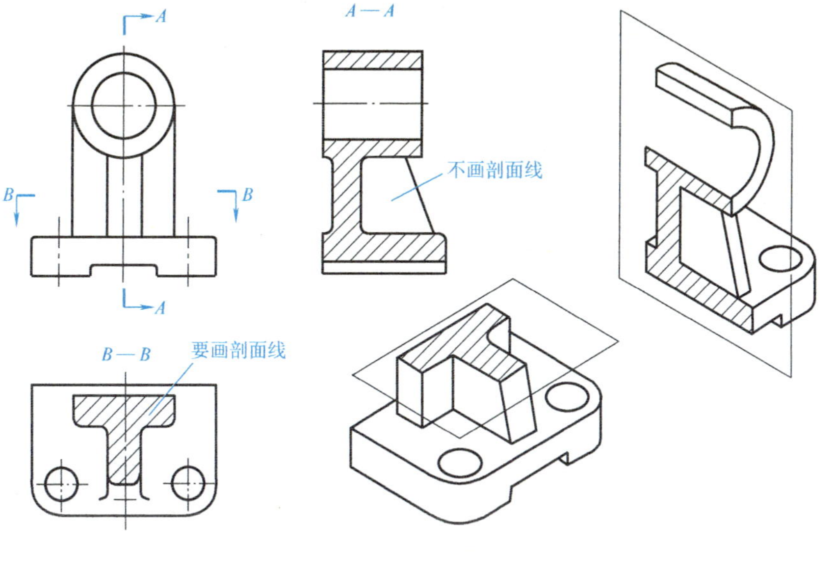

图 5-38　纵向与横向剖切肋板的画法

3）移出断面图中，在不致引起误解的情况下，断面图内剖面符号可省略不画，但必须按规定的标注方法标注，如图 5-40 所示。

4）当零件具有若干相同结构要素（如孔、齿、槽等）并按一定规律分布时，只需画出几个完整的结构，其余用细实线连接；或画出它们的中心线，然后在图上注明该结构的总数，如图 5-41、图 5-42 所示。

5）较长的零件（轴、杆、型材等）沿长度方向的形状一致或按一定规律变化时，可断开后缩短绘制，如图 5-43 所示。但注意，零件采用断开画法后，尺寸仍按零件实际长度标注。

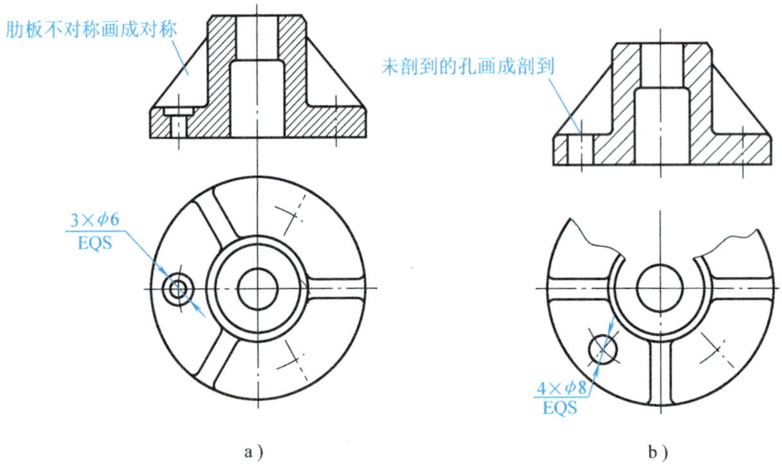

图 5-39 均匀分布孔和肋板的简化画法

6）为了节省绘图时间和图幅，在不致引起误解时，对于对称零件的视图可只画 1/2 或 1/4，并在对称中心线的两端画出两条与其垂直的平行细实线，如图 5-44 所示。

7）与投影面倾斜角度小于或等于 30°的斜面上的圆或圆弧，其投影可用圆或圆弧代替，如图 5-45 所示。

8）对零件上较小的结构，如在一个图形中已表示清楚时，其他图形可简化或省略，如图 5-46 所示。

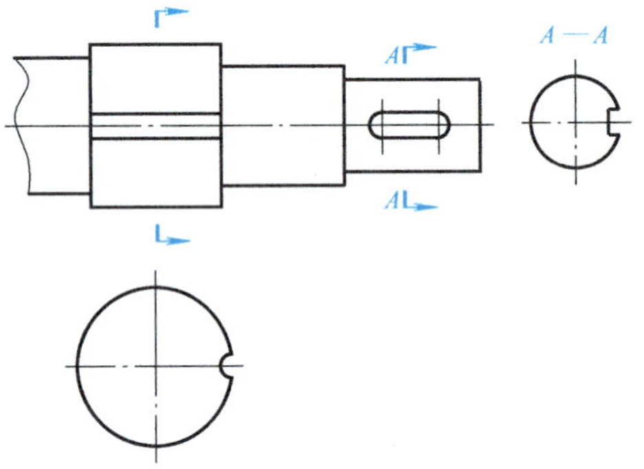

图 5-40 移出断面图的简化画法

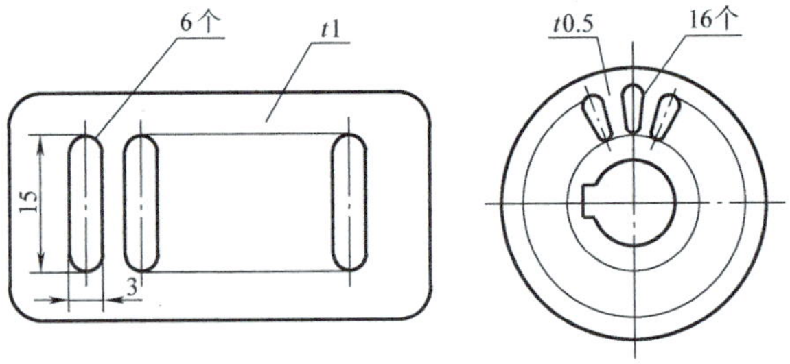

图 5-41 相同要素的简化画法（一）

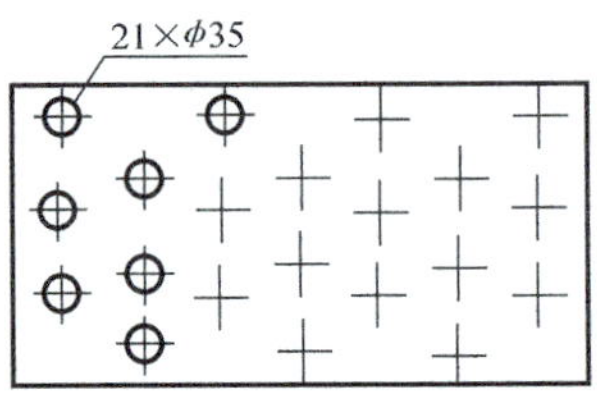

图 5-42 相同要素的简化画法（二）

9）当图形不能充分表示平面时，可用平面符号（相交的细实线）表示，如图 5-47 所示。

10）在不致引起误解时，图形中的过渡线、相贯线，可用圆弧或直线代替非圆曲线，如图 5-48 所示。

11）网状物、编织物或零件上的滚花部分，可在轮廓线附近用粗实线示意画出，并在零件图上或技术要求中注明这些结构的具体要求，如图 5-49 所示。

12）型材（角钢、工字钢、槽钢）中小斜度的结构，可按小端画出，如图 5-50 所示。

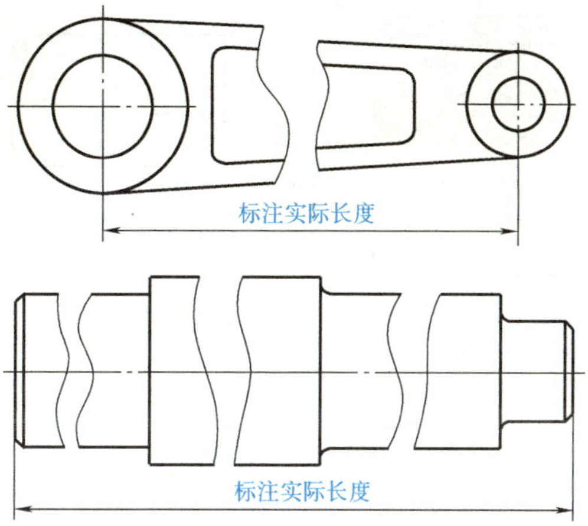

图 5-43　断开的规定画法

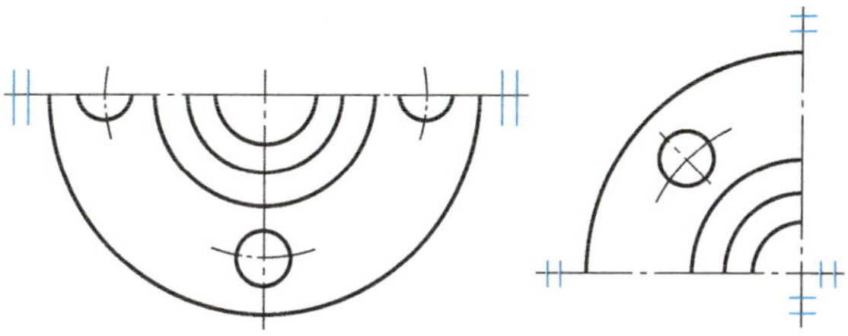

a)　b)

图 5-44　对称视图的简化画法

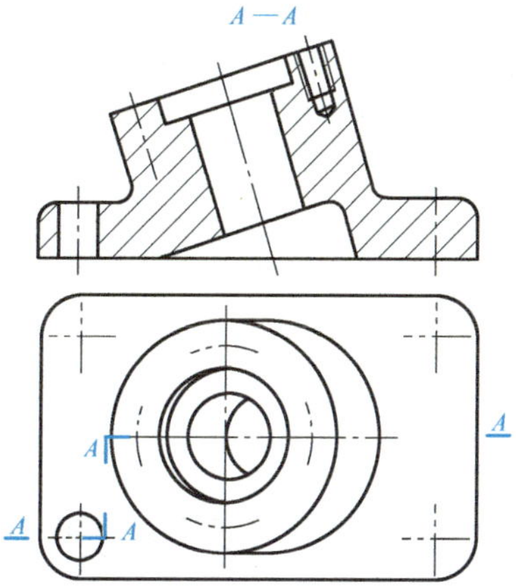

图 5-45　倾斜度≤30°的圆或圆弧的规定画法

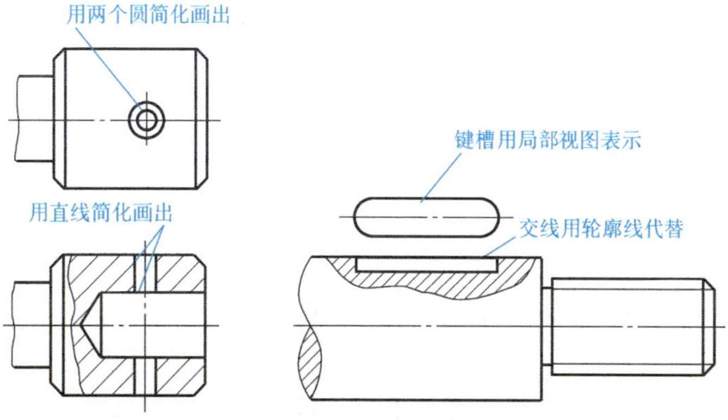

a)　b)

图 5-46　较小结构的简化画法

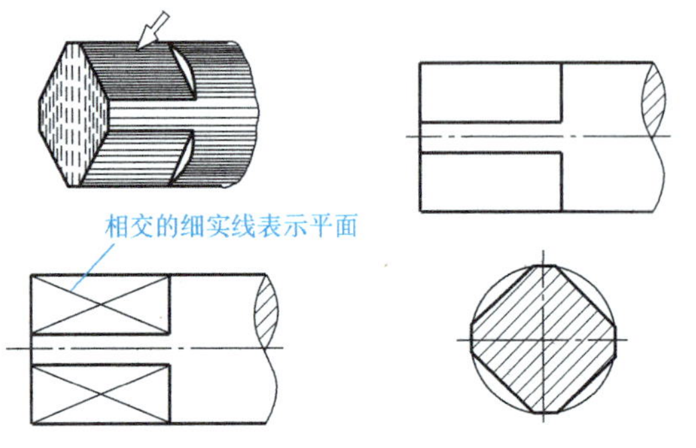

a）　　　　b）

图 5-47　用符号表示平面

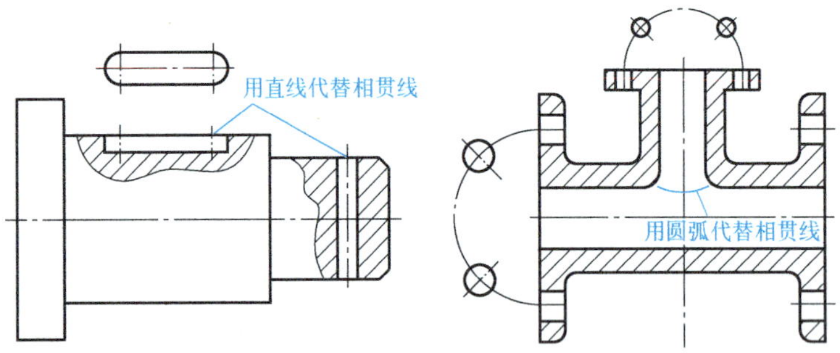

a）　　　　b）

图 5-48　过渡线、相贯线的简化画法

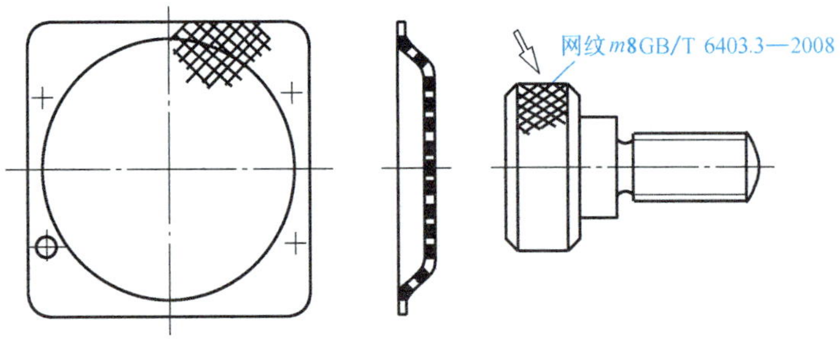

图 5-49　网状物及滚花的画法

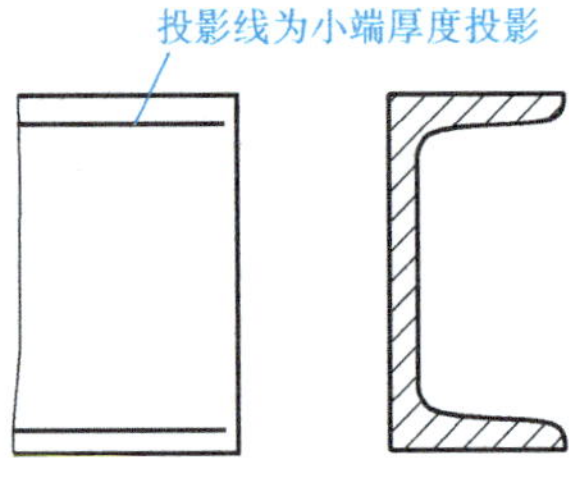

图 5-50　小斜度结构的简化画法

第五节　第三角画法简介

国际标准规定，在表示零件结构时，第一角画法和第三角画法等效使用。我国采用第一角画法，而美国、日本等一些国家则采用第三角画法。因此，有必要了解第三角画法，以适应国际技术交流和国际贸易的需要。现将第三角投影体系介绍如下。

两个相互垂直的投影面，将空间分成四个分角，如图 5-51 所示。第一角画法是将物体置于第一分角内，保持着“人—物体—投影面”的关系进行投射，即将物体置于人和投影面之间。而第三角画法是将物体置于第三分角内，保持着“人—投影面—物体”的关系进行投射，即假想投影面是透明的，将其置于人和物体之间，是一种透视的效果，如图 5-51、图 5-52 所示。

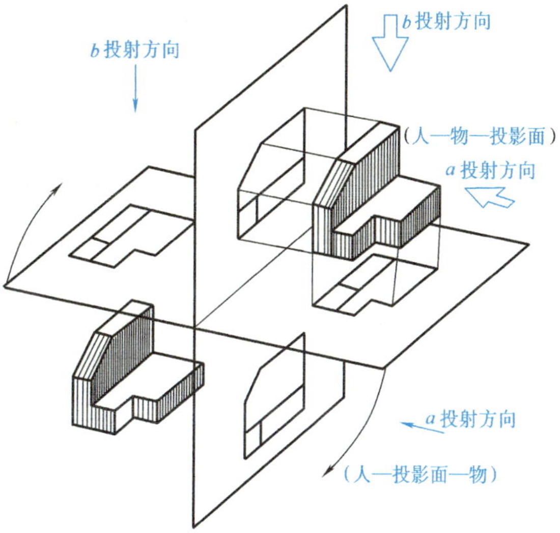

图 5-51　第一角画法与第三角画法的投影体系

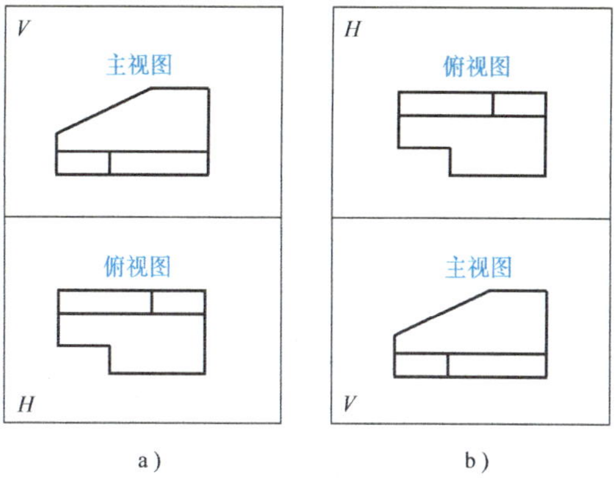

图 5-52　第一角与第三角投影法的比较
a）第一角画法　b）第三角画法

如图 5-53 所示，将物体置于第三分角内，投影面处于观察者与物体之间，按投影法规定的六个基本投射方向进行投射，得到六个基本视图。投影面展开过程，如图 5-54 所示。展开后的视图配置关系，如图 5-55 所示。

第一角画法和第三角画法的六个基本视图名称相同，但两种画法的展开方式和六个基本视图的配置不同。在同一张图纸内，视图按图 5-55 配置时，一律不标注视图名称，但必须在图样中画出第三角画法的识别符号。两种画法的识别符号，如图 5-56 所示。

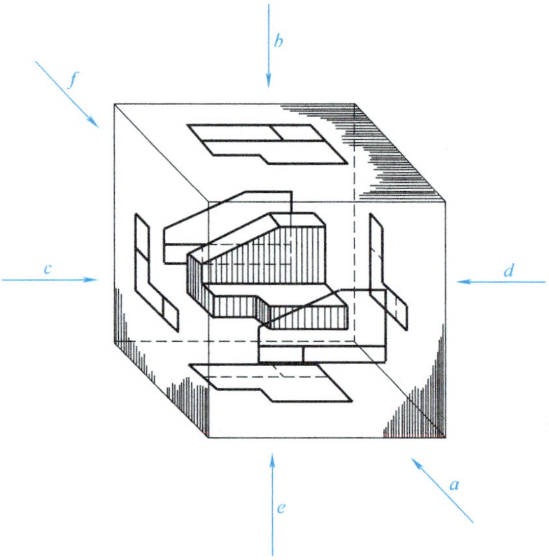

图 5-53　第三角画法六个基本视图的形成

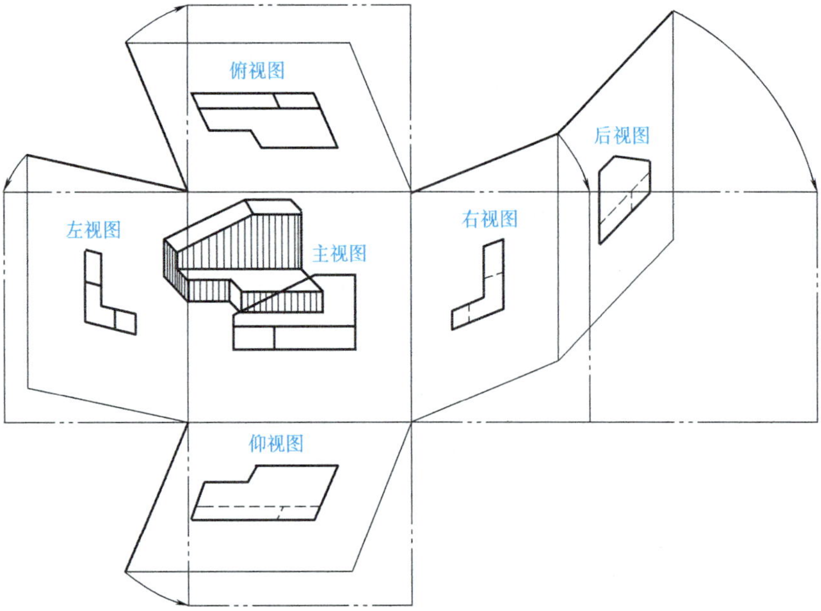

图 5-54　第三角画法投影面的展开

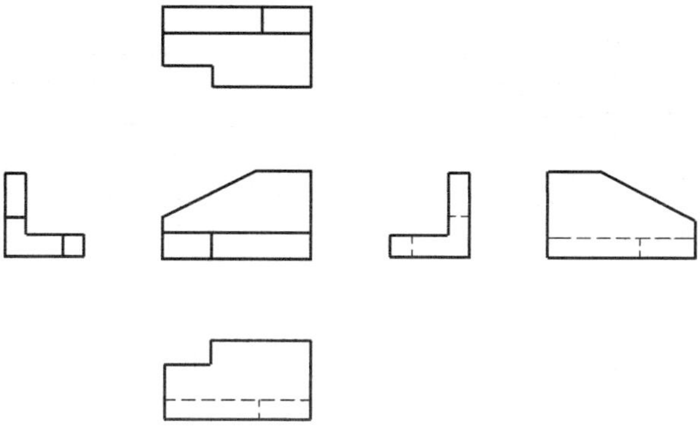

图 5-55　第三角画法的视图配置

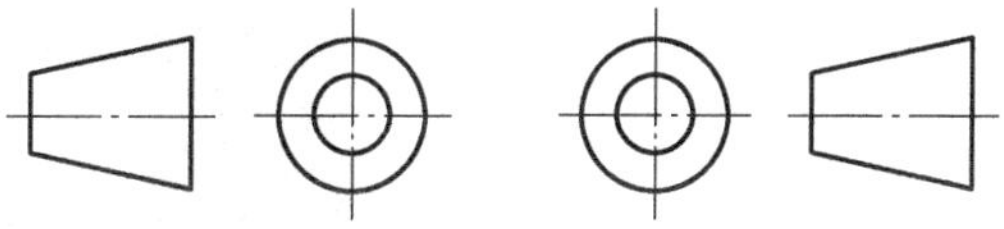

图 5-56　第三角和第一角画法的识别符号

a）第一角画法识别符号　b）第三角画法的识别符号

第六节　综合应用及识读图举例

前面学习了零件视图的各种表达方法。绘制零件图时，既要考虑绘图方便、图样正确、完整、清晰，又要考虑读图方便。因此，选用适当的表达方法非常重要。同一零件有多种表达方法，各种表达方法又各有其优缺点。所以在选择表达方法时，应细心琢磨，在保证图样完整、清晰的前提下，灵活运用各种表达方法，使零件表达得更加完善和简练。

为了进一步训练各种视图、剖视图、断面图以及局部放大图和简化画法等表达方法的综合应用，下面通过综合举例分析各种表达方法的综合应用及识读。

【例 5-1】　根据图 5-57 所示轴承座模型的三视图，想象它的形状，并用适当的表达方法重新画出合理的轴承座零件图。

1. 由图 5-57 所示的三视图想象出轴承座的形状

先粗略读图，对这个轴承座形体进行分析，想象它的大体形状、结构。由图可知，这个轴承座是左右对称的零件，其主体为安放轴的筒体，前面有方形凸缘，底部有安装板，筒体与安装板之间由具有空腔的支架连接。然后再细致地逐步读懂各个部分的结构形状及尺寸。

筒体的直径大端为 ϕ60mm，小端为 ϕ50mm。装配轴的圆柱孔直径为 ϕ40mm 和 ϕ30mm，其外壁和内壁的大、小端都有圆锥面过渡；筒体下壁有一个 ϕ18mm 通孔与支架的空腔相

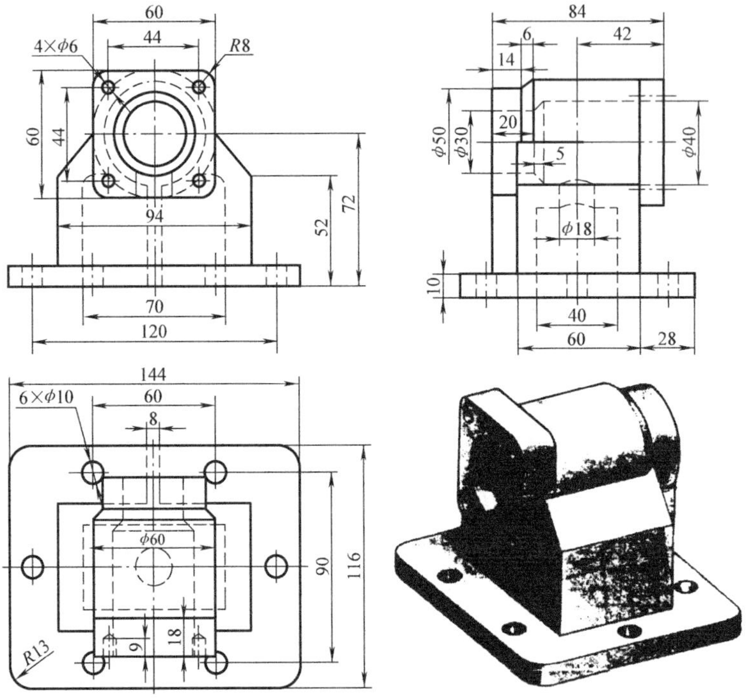

图 5-57　轴承座

通。前面的方形凸缘的尺寸为 60mm×60mm，厚 18mm，四个圆角半径为 R8mm。角上都有直径为 ϕ6mm、深 9mm 的圆柱形不通孔，孔的轴线间的距离在长和高两个方向都为 44mm。凸缘的四个侧面与主体圆筒的外圆柱面相切。凸缘后面的上部与主体圆筒相接，下半部与支架相接。

底部安装板的尺寸为 144mm×116mm，厚度为 10mm。四个角都是半径为 R13mm 的圆角。板上有六个相同的 ϕ10mm 通孔，图中也注明了这些孔的定位尺寸。

图 5-57 所示轴承座的三视图中连接筒体与底板的支架由左、右、前、后四个壁面构成。内部空腔是一个下部在底板上开的矩形腔。空腔顶壁就是主体圆筒上带有 ϕ18mm 通孔的下壁。顶壁左、右两侧用 R8mm 的圆柱面与空腔的左右壁面相切。此外，在支架的后壁与圆筒、底板相接处有一块平行于侧面的肋板。

综合上述分析，就可想象出这个轴承座的各个组成部分的形状，再根据它们之间的相对位置，就可想象出轴承座的整体形式为图 5-57 所示的轴承座三维图形。

这个轴承座从形体分析的角度来看，原来选择的三视图是合适的，现只需采用适当的剖视图将图样表达得更清晰。改画的结果如图 5-58 所示。

因为这个轴承座左右对称，所以主视图采用半剖视图，这样既保留外形，又可清晰地表达出被凸缘遮住的筒体以及支架内腔。在剖视图中已清楚地表达了不可见结构，在外形视图中不必再画虚线。由于轴承座前后、上下不对称，为了使轴承孔和支架内腔表达得更清楚，左视图应改画全剖视图。由于剖切面按纵向剖切肋板，所以被剖切

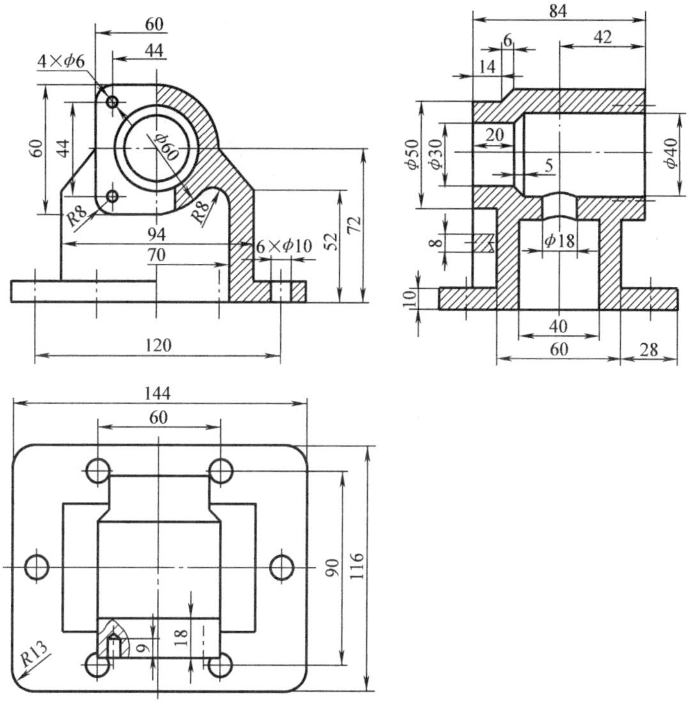

图 5-58　改画后的轴承座图样

到的肋板不画剖面线而用粗实线与筒体、支架和底板分界，并采用重合断面表示出肋板的断面形状。由于处于左视图位置的剖视图中，已表达清楚了筒体的小端，而且图中添加的肋板重合断面已显示了肋板的厚度，在半剖视图中都可省略表示筒体小端和肋板的虚线。

由于主、左两个视图改成的剖视图已将这个轴承座的内部形状表达清楚，所以俯视图只画出外形，仅局部剖开了一个直径为 φ6mm 的不通孔就可以。图 5-58 中已改画的三个图形，完整地表达了这个轴承座，而且表达得比图 5-57 要清晰得多。

2. 重新标注尺寸

根据正确、完整、清晰地标注尺寸的要求，按已经改绘的图形，适当地调整图 5-57 中标注的尺寸，如筒体上孔 φ18mm，肋板厚度 8mm，方形凸缘四角处的 *R*8mm 和不通孔4 × φ6mm，以及底板上的通孔等。

【综合应用训练】

根据零件轴测图（图 5-59），画出零件适当的视图、剖视图、断面图，并标注尺寸，用 A3 号图纸绘制。

【解题思路】

首先选择主视图的投射方向，再选择表达方案，其次布置视图，再打绘图底稿，最后检查无误后加深完成全图。

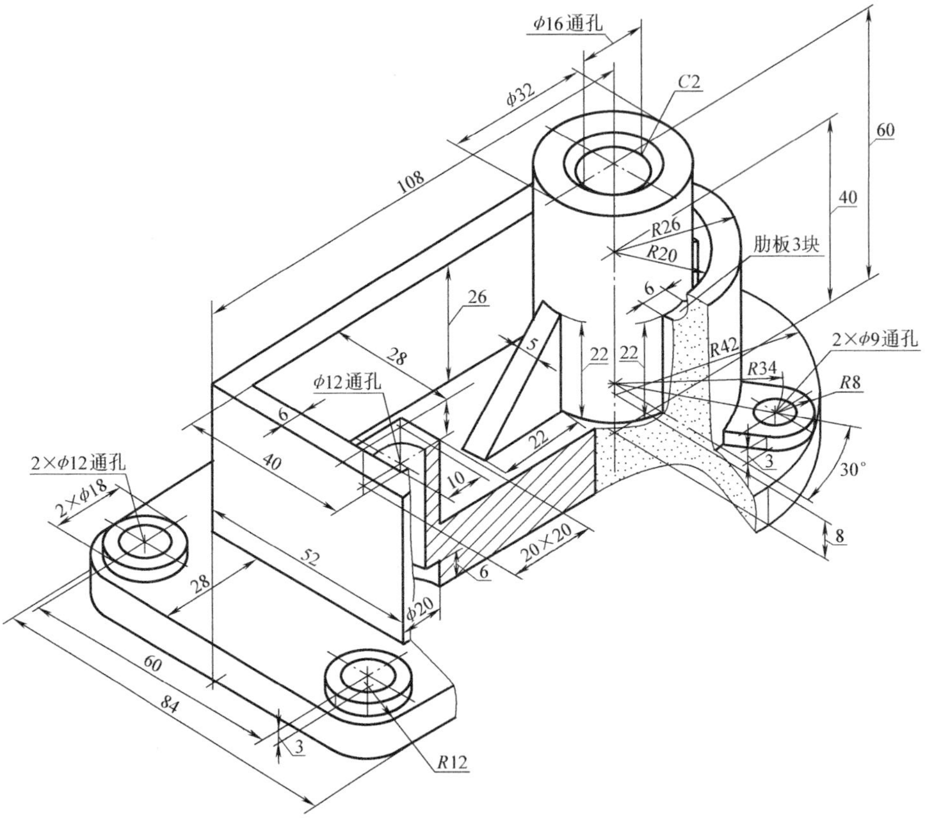

图 5-59　零件轴测图

【归纳总结】

本章着重介绍了视图、剖视图与断面图的画法与标注规定。在学习过程中，一方面要弄清它们的基本概念，能熟练运用学过的投影原理和方法画出零件的视图；另一方面要分清各种表达方法的应用范围，对具体情况做具体分析，目的是将零件在各个方向上的外部形状准确地表达出来，并使作图简便。

1. 基本视图：用于表达零件的外形。各视图按规定位置配置，不标注。

2. 向视图：用于表达零件的外形。可自由配置，标注时应在视图的上方标注“×”（×为大写拉丁字母），并且在相应的视图附近用箭头指明投射方向，并标注相同的字母。

3. 局部视图：用于表达零件的局部外形。可按基本视图或向视图的配置形式配置并标注。

4. 斜视图：用于表达零件倾斜部分的外形。按向视图的配置形式配置并标注。

5. 全剖视图：用于表达零件的整个内形（剖切面完全剖开零件）。

6. 半剖视图：用于表达零件有对称平面的外形与内形（以对称线分界）。

7. 局部剖视图：用于表达零件的局部内形（局部的剖切）。

8. 剖视图的标注：一般应在剖视图的上方标注剖视图的名称“×—×”。在相应的视图上用剖切符号表示剖切位置和投射方向，并标注相同的字母。当单一剖切面通过零件的对称平面，按投影关系配置且中间又无其他图形隔开时，可省略标注。

9. 断面图：主要用于表达零件断面的形状。

1）移出断面图的配置及标注。

配置在剖切线或剖切符号的延长线时：断面为对称时不标注；断面不对称时画剖切符号（含箭头）。

移位配置时：断面为对称时画剖切符号（省箭头），标注字母；断面不对称时不按投影关系配置时，画剖切符号（含箭头），标注字母；断面不对称但按投影关系配置时，画剖切符号（省箭头），标注字母。

2）重合断面图的配置及标注：一律不标注。

10. 其他表示法。

1）局部放大图：采用大于原图采用的比例绘制出的，用于表达视图中细小结构的视图。

2）简化画法：在保证不产生误解的前提下，简化制图的图样称为简化画法。

第六章

标准件和常用件的画法及识读

【学习目标】

【知识目标】

1. 了解螺纹的形成、种类和用途，熟悉螺纹的要素。
2. 熟悉常用螺纹紧固件的种类、标记及查表方法。
3. 了解标准直齿圆柱齿轮轮齿各部分的名称与尺寸的关系。
4. 了解键、销的标记，了解平键与平键连接、销与销连接的规定画法。
5. 了解滚动轴承的类型、代号及其规定画法和简化画法。

【技能目标】

1. 掌握螺纹的规定画法、标注和查表方法。
2. 能识读螺栓连接、螺柱连接和螺钉连接的画法。
3. 能识读和绘制单个及啮合的标准直齿圆柱齿轮图。
4. 能识读弹簧的规定画法。

【素质目标】

1. 养成规范的制图习惯，树立制图国家标准是技术法规观念和标准化意识。
2. 培养贯彻、执行国家标准和行业标准的意识，学会使用工具书。
3. 养成自主学习的习惯，能够获取、处理和表达技术信息。培养团队合作和交流能力。

各种机器或部件都是由许多零件装配而成的，其中被广泛使用的螺栓、螺钉、螺母、垫圈、键、销、滚动轴承、齿轮、弹簧等零件称为常用件。为了简化设计，便于组织大量专业化生产，有些常用件的结构、尺寸和技术要求已有了国家统一制定的标准，这种标准化了的常用件称为标准件（螺栓、螺钉、螺母等），它们之间具有互换性。有些常用件的结构也实现了部分标准化，如齿轮等。

本章将介绍螺纹和螺纹紧固件、齿轮、键、销、滚动轴承等标准件和常用件的画法及其标准结构要素的特殊表示法。

第一节　螺纹及螺纹紧固件

一、螺纹的规定画法和标注

螺纹是指在圆柱或圆锥表面上，沿着螺旋线形成的具有规定牙型的连续凸起和沟槽。在圆柱或圆锥外表面上形成的螺纹称为外螺纹，在圆柱或圆锥内表面上形成的螺纹称为内螺纹，如图 6-1 所示。

1. 螺纹的基本要素

（1）螺纹的牙型　螺纹牙型是指通过螺纹轴线剖开螺纹后所得到的，螺纹的轮廓形状称为螺纹的牙型。螺纹的牙型有三角形（图 6-2）、梯形、锯齿形和矩形等。

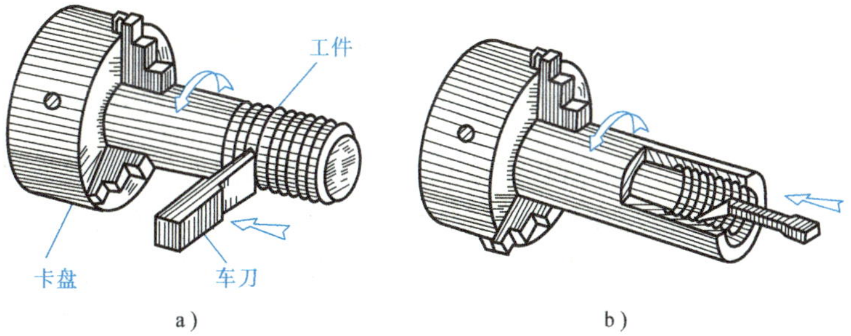

图 6-1　车削内、外螺纹

a）车外螺纹　b）车内螺纹

（2）直径　螺纹的直径有三种，如图 6-2 所示，大径、小径和中径。公称直径是代表螺纹尺寸的直径，一般指螺纹大径的基本尺寸。但管螺纹的公称直径不是指螺纹大径，而是指管子的公称直径。

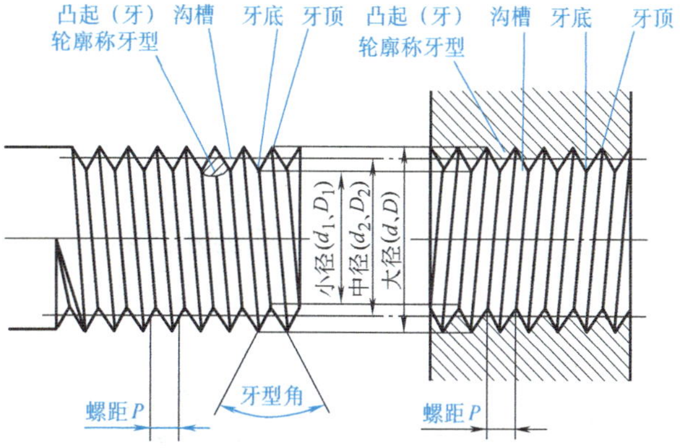

图 6-2　螺纹各部分的名称

大径：与外螺纹牙顶或内螺纹牙底相切的假想圆柱或圆锥的直径，代号为 D（内螺纹）和 d（外螺纹）。小径：与外螺纹牙底或内螺纹牙顶相切的假想圆柱的直径，代号为 D_1（内螺纹）和 d_1（外螺纹）。中径：通过牙型上沟槽和凸起高度相等地方的假想圆柱的直径，代号为 D_2（内螺纹）和 d_2（外螺纹）。

（3）线数（n）　螺纹有单线螺纹和多线螺纹之分。沿一条螺旋线形成的螺纹称为单线螺纹；沿两条或两条以上在轴向等距分布的螺旋线形成的螺纹称为多线螺纹，如图 6-3 所示。

（4）螺距（P）和导程（Ph）　螺纹相邻两牙在中径线上对应点间的轴向距离称为螺

距。同一条螺旋线上的相邻两牙在中径线上对应点间的轴向距离称为导程，如图 6-3 所示。

由图 6-3 可知，螺距、导程和线数间存在以下关系：

$$导程 = 线数 \times 螺距 \quad 即 \ Ph = nP$$

（5）螺纹的旋向　螺纹按旋进方向的不同，可分为右旋螺纹和左旋螺纹，如图 6-4 所示。按顺时针方向旋进的螺纹，称为右旋螺纹；按逆时针方向旋进的螺纹，称为左旋螺纹。

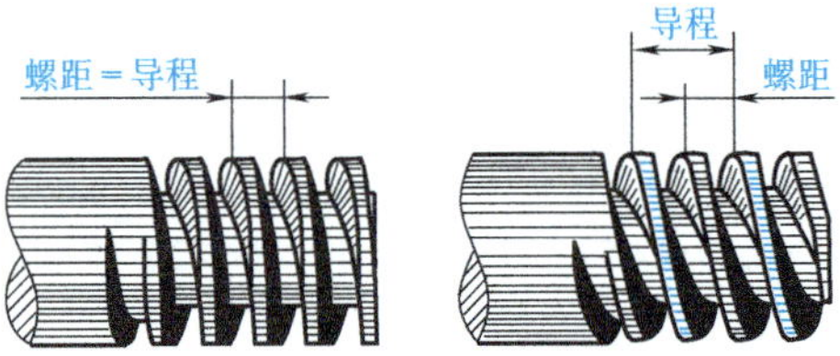

a）　b）

图 6-3　单线螺纹与多线螺纹

a）单线螺纹　b）多线螺纹

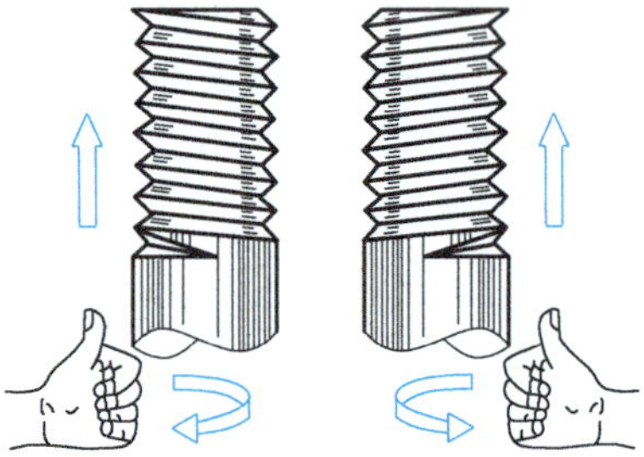

a）　b）

图 6-4　螺纹的旋向

a）左旋　b）右旋

旋向可按下列方法判定：将外螺纹轴线垂直放置，螺纹的可见部分是左低右高者是右旋螺纹；螺纹的可见部分是右低左高者是左旋螺纹，如图 6-4 所示。右旋螺纹最为常用。

外螺纹和内螺纹成对使用，但只有当上述五个要素完全相同时，才能旋合在一起。

上述五要素是螺纹的基本要素，改变其中任何一项，就会得到不同规格的螺纹。牙型、大径和螺距三项符合国家标准规定的，称为标准螺纹。牙型符合标准规定，其他不符合标准规定的称为特殊螺纹。三项都不符合标准规定的称为非标准螺纹。螺纹按用途还可分为紧固连接螺纹、传动螺纹。常用标准螺纹的种类、牙型及功用等见表 6-1。

表 6-1　常用标准螺纹

螺纹种类	特征代号	外形图	牙型图	用　途
普通螺纹	M	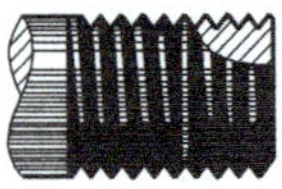	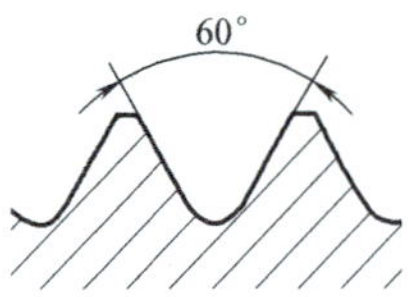	最常用的连接螺纹 用于细小的精密零件或薄壁零件
非密封管螺纹	G	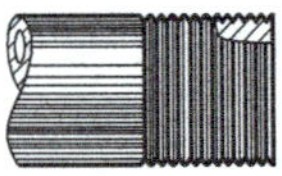	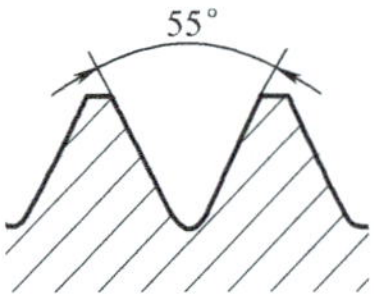	用于水管、油管、气管等一般低压管路的连接
梯形螺纹	Tr	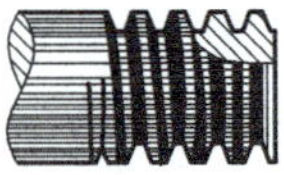	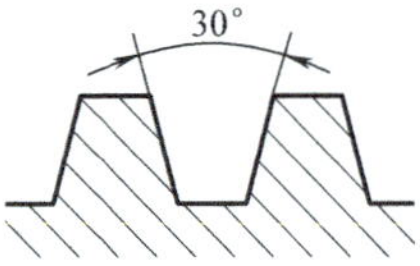	用于机床的丝杠采用这种螺纹进行传动

（续）

螺纹种类	特征代号	外形图	牙型图	用　途
锯齿形螺纹	B		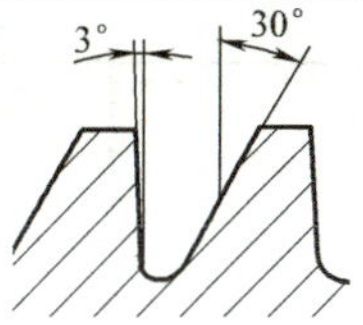	只能传递单方向的力

普通螺纹又分为粗牙普通螺纹和细牙普通螺纹，它们的区别是，当大径相同时，细牙普通螺纹螺距较小，小径较大（即牙浅）。

2. 螺纹的画法规定

1）外螺纹牙顶圆的投影（即外螺纹的大径、内螺纹的小径）用粗实线绘制。

螺纹牙底图的投影（即外螺纹的小径、内螺纹的大径）用细实线绘制，并画进螺杆头部的倒角或倒圆部分；螺纹长度终止线用粗实线绘制。

在螺纹投影为圆的视图中，表示牙底的细实线圆只画约 3/4 圈，倒角圆省略不画，如图 6-5、图 6-6 所示。

2）在螺纹的剖视图或断面图中，剖面线都必须画到粗实线，如图 6-5、图 6-6 所示。

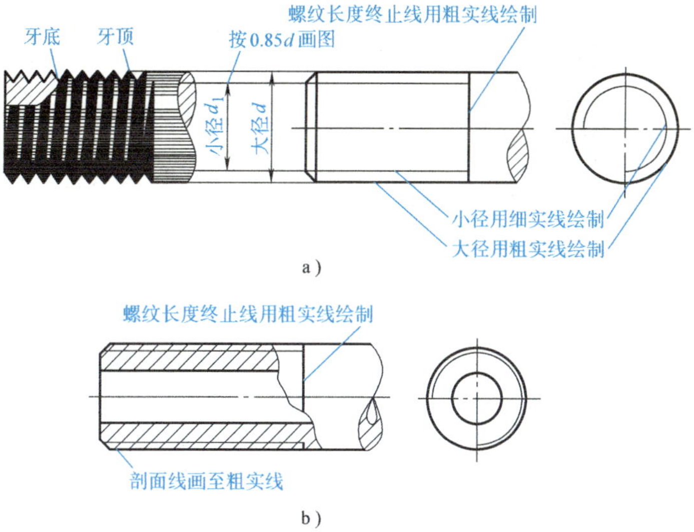

图 6-5　外螺纹规定画法

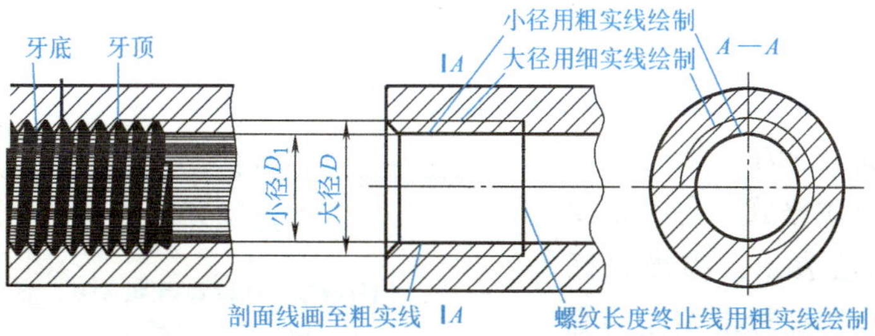

图 6-6　内螺纹规定画法

3）当需要表示螺尾时，螺尾部分的牙底用与轴线成30°的细实线绘制，如图 6-7 所示。

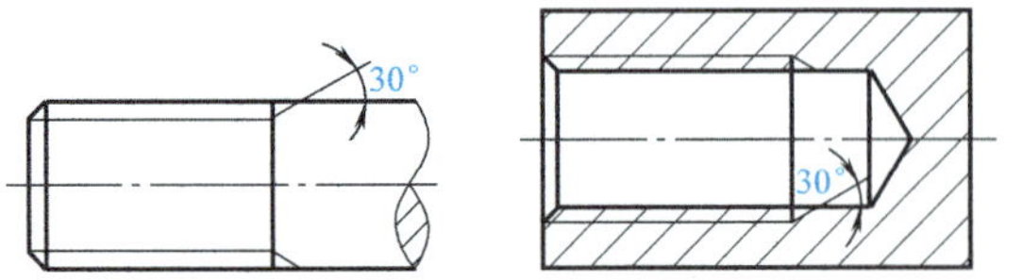

图 6-7　螺尾的画法

a）外螺纹　b）内螺纹

4）螺纹不通孔的画法。钻孔深度与螺纹部分的深度不同，相差 0.5d，一般将钻头头部形成的锥顶角画成 120°，如图6-8所示。螺纹孔相贯线的画法如图 6-9 所示。

5）螺纹牙型的表示方法。当需要表示螺纹牙型时，可采用剖视图、局部剖视图或局部放大图画出几个牙型，如图 6-10 所示。

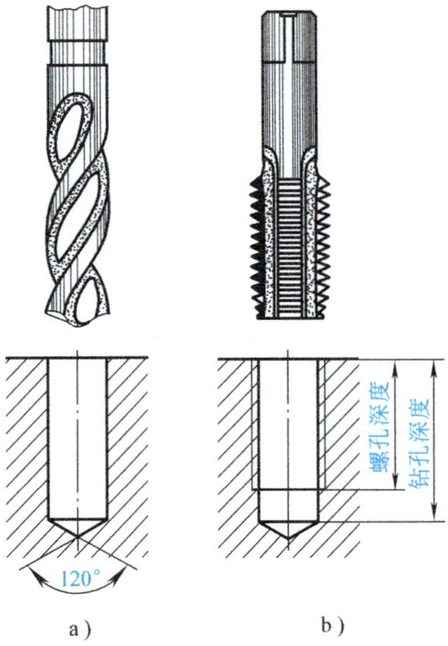

图 6-8　螺纹不通孔的画法

a）钻孔　b）攻螺纹

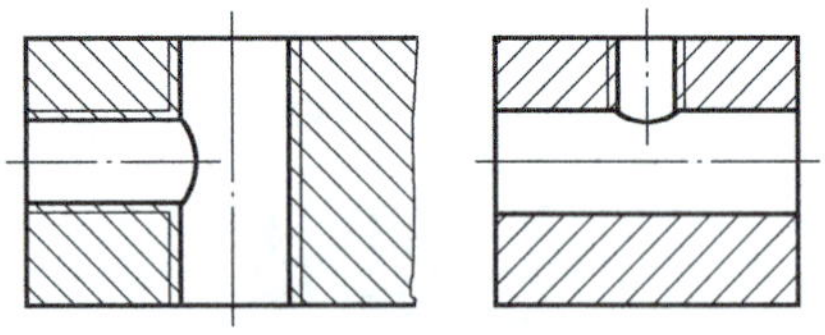

图 6-9　螺纹孔相贯线的画法

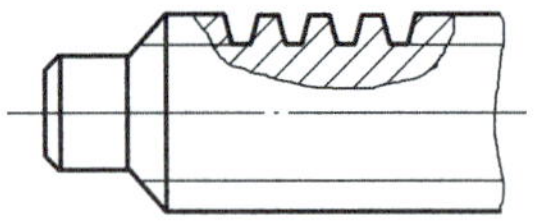

图 6-10　螺纹牙型的表示

6）内、外螺纹连接的画法。内、外螺纹的连接以剖视图表示时，其旋合部分按外螺纹绘制，其余各部分仍按各自的画法表示，如图 6-11 所示。

3. 螺纹的标记及标注

（1）标记的基本格式　各种螺纹都按同一规定画法表示，为加以区别，应在图上注出国家标准规定的螺纹标记。标记的基本格式如下：

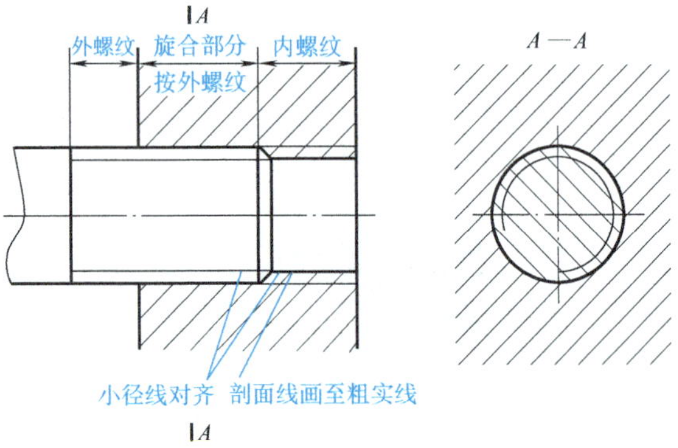

图 6-11　螺纹连接的画法

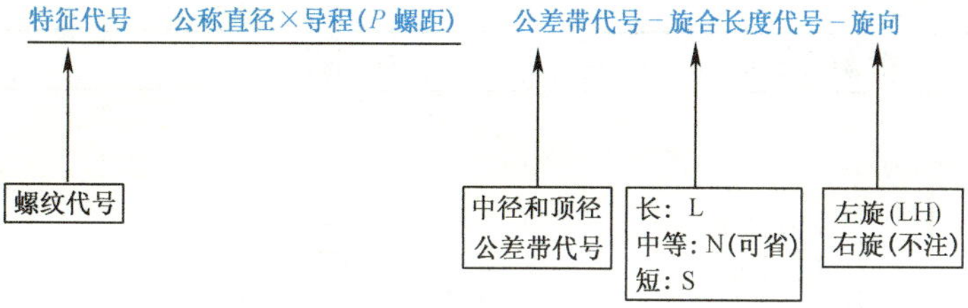

注意：单线螺纹“导程（P 螺距）”改为“螺距”；粗牙螺纹不标注螺距；“公差带代号”项，普通螺纹应按顺序标注中径、顶径公差带代号，相同时只标注一个，梯形、锯齿形螺纹只注中径公差带代号。

（2）图样上的标注 标记示例、说明及在图样上的标注方法见表6-2。

表 6-2 常用螺纹的规定标注

螺纹种类		螺纹标记方法	标注图例	说明
普通螺纹	粗牙	M12－5g6g 顶径公差带代号 中径公差带代号 螺纹大径	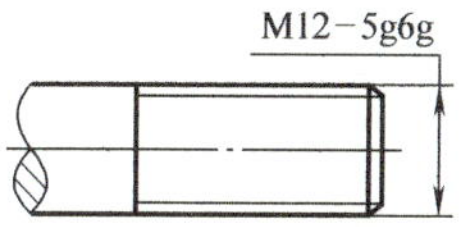	1）螺纹的标记，应注在大径的尺寸线或注在其引出线上 2）粗牙螺纹不标注螺距 3）细牙螺纹标注螺距
		M12－7H－L－LH 旋向(左旋) 旋合长度 中径和顶径公差带代号	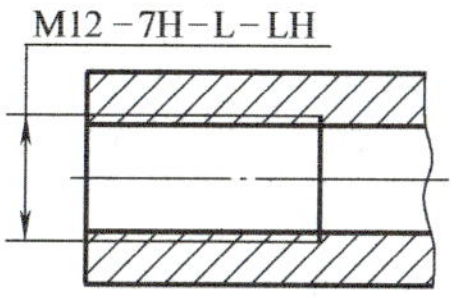	
普通螺纹	细牙	M12×1.5－5g6g 螺距	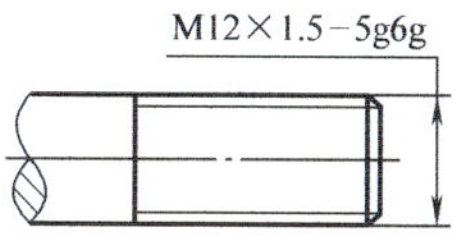	1）螺纹的标记，应注在大径的尺寸线或注在其引出线上 2）粗牙螺纹不标注螺距 3）细牙螺纹标注螺距
管螺纹	55°非密封管螺纹	55°非密封内管螺纹标记： G1/2 内螺纹公差等级只有一种，不标注	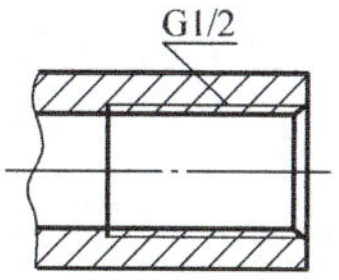	1）特征代号右边的数字为尺寸代号，即管子内通径，单位为英寸。管螺纹的直径须查其标准确定。尺寸代号采用小一号的数字书写 2）在图上从螺纹大径画指引线进行标注
		55°非密封外管螺纹标记： G1/2A 外螺纹公差等级分 A 级和 B 级两种，需标注	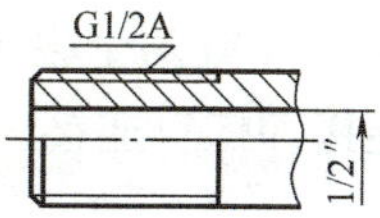	

（续）

螺纹种类		螺纹标记方法	标注图例	说明
梯形螺纹	单线	Tr40×7−7e 中径公差带代号 导程 公称直径	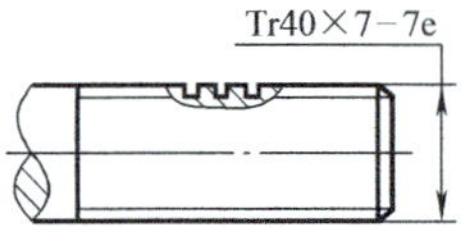	1）单线螺纹只注螺距，多线螺纹注导程、螺距 2）旋合长度分为中等（N）和长（L）两组，中等旋合长度可以不标注
	多线	Tr40×14 (P7) LH −7e 旋向 螺距 导程 公称直径	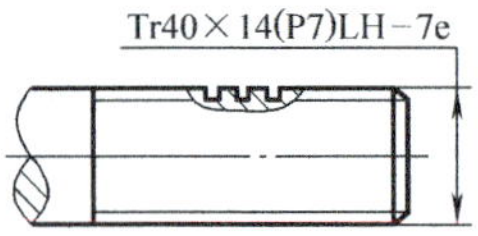	

4. 螺纹的测绘

螺纹的测绘，首先是测定螺纹的牙型、大径和螺距三个要素，然后查阅有关标准，从而确定螺纹的种类。对于螺纹的线数和旋向，可用目测直接确定。

螺纹大径的测量可用游标卡尺，螺距、牙型的测量可用螺纹样板，如图 6-12 所示。在没有螺纹样板时可用薄纸压痕法，采用压痕法时要多测量几个螺距，然后取标准值。根据测得的这些参数，确定属于哪种螺纹，记下螺纹代号。

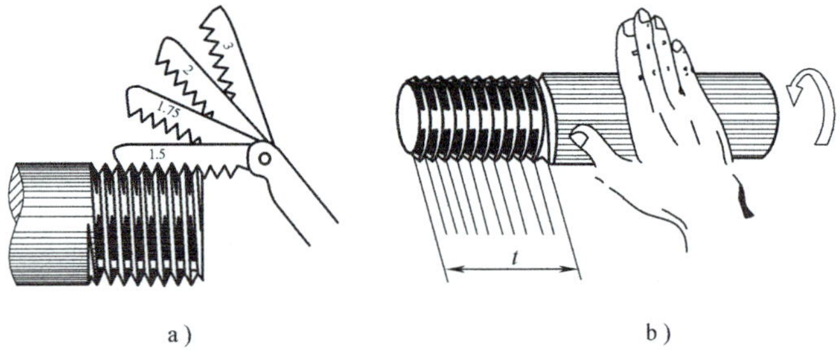

a) b)

图 6-12 螺纹牙型和螺距的测定

二、螺纹紧固件的连接形式及其装配画法

1. 常见螺纹紧固件及其标记

常见螺纹紧固件有螺栓、螺柱、螺钉、螺母和垫圈等（图 6-13），其结构形式和尺寸都已标准化，又称为标准件。使用时按规定标记直接外购即可。常用标准件见附表 1 ~ 附表 8。

2. 螺纹紧固件及其连接装配图的画法

螺纹紧固件的作用是将两个（或两个以上）零件紧固在一起，构成可拆连接。常见的连接形式有螺栓连接、螺柱连接和螺钉连接三种，可根据零件被紧固处的厚度和具体的使用要求来选择。

在绘制螺纹紧固件连接时，除应按照上述螺纹及螺纹连接的规定画法外，还应遵循有关

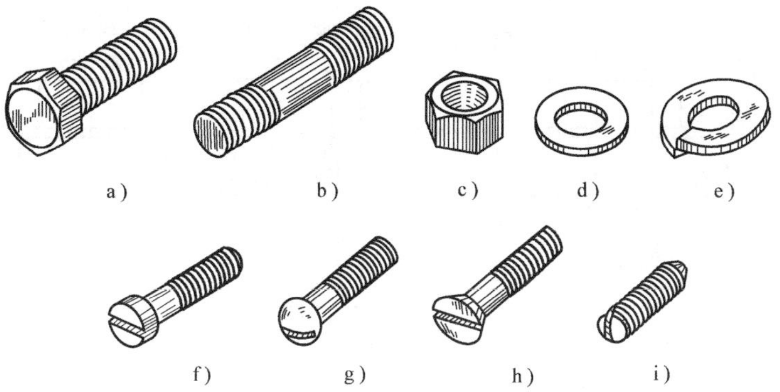

图6-13　常用的螺纹紧固件

a) 六角头螺栓　b) 双头螺柱　c) 六角螺母　d) 平垫圈　e) 弹簧垫圈　f) 开槽圆柱头螺钉　g) 开槽半圆头螺钉　h) 开槽沉头螺钉　i) 紧定螺钉

装配图画法的下列规定：

1）两零件相接触的表面应画成一条线；不接触的表面应画两条线，以表示它们的空隙。

2）相互邻接的两金属零件的剖面线，其倾斜方向应相反或方向相同而间隔不等，而同一零件的剖面线应方向相同、间隔相等。

3）当剖切面通过螺纹紧固件的轴线剖切时，它们均按不剖绘制。螺纹紧固件连接可以采用规定的简化画法。

3. 常见的三种连接形式的具体画法和注意事项

（1）螺栓连接

1）连接形式：这种连接只需在两个被连接件上钻出通孔，然后从孔中穿入螺栓，再套上垫圈，拧紧螺母即可实现连接。

2）应用范围：这种连接加工简单，装拆方便，因而应用很广，主要适用于两零件被连接处厚度不大，受力较大且需经常装拆的场合。

在装配图中，螺栓连接常采用简化画法，如图6-14所示。

画螺栓连接的注意事项：

1）为了装配方便，被连接件上的通孔直径应稍大于螺栓的公称直径 d，即 $1.1d$，其值可查表获得，因此该处应画成两条线，且两被连接件接触面的投影线应画到螺栓的大径线处。

2）螺栓连接装配图的主视图一般画成通过这些紧固件轴线剖切的全剖视图，且紧固件作不剖处理；俯、左视图则画成外形视图，且常可省略不画。

3）在主、左视图中，螺栓上被垫圈、螺母和两块被连接板遮挡部分的不可见螺纹一般省略不画，其余可见螺纹部分须按螺纹的规定画法正确画出，不能漏画。

4）螺栓头部和螺母的六角（六棱柱）部分，主、俯、左三个视图之间应符合投影关系。

5）螺栓长度（l 计）= 被连接件的总厚度（t_1+t_2）+ 垫圈厚度（$0.15d$）+ 螺母厚度（$0.8d$）+ 螺栓伸出螺母的长度（$0.3d$）。

根据（l 计）从相应的螺栓标准（参见附表3）规定的长度系列中选取接近的标准长度

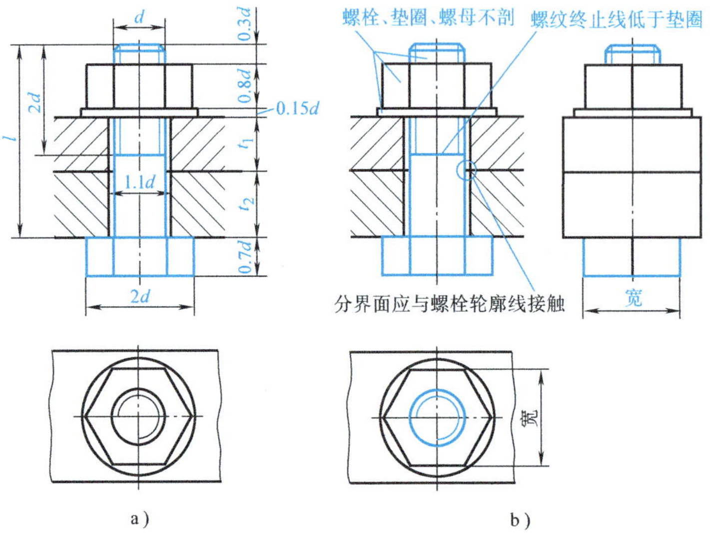

图 6-14　螺栓连接装配图的画法

(l 标)。

(2) 螺柱连接

1) 应用范围：被连接件中，其中一个零件太厚，无法加工出通孔或不易加工成通孔时，可采用螺柱连接。

2) 连接形式：被连接件上加工出不通螺孔（盲孔），另一被连接件上加工出通孔，而螺柱的两头均制有螺纹。连接时，将螺柱的旋入端（一般为螺纹长度较短的一端）全部旋入零件的螺孔中，再套上另一被连接件，然后放上垫圈，拧紧螺母，即可实现连接，如图 6-15 所示。

螺柱的规格：螺纹大径 d 由连接的强度或结构要求确定；螺柱的公称长度则由下式计算，即

螺柱长度（l）≈光孔件的厚度（t_1）+垫圈厚度（$0.15d$）+螺母厚度（$0.8d$）+螺柱头部超出螺母的长（$0.3d \sim 0.4d$）

计算所得结果须取相近的标准公称长度，可查附表 5。

螺柱旋入端的螺纹长度，即旋入深度 b_m 由带螺孔零件的材料决定，有四种不同规格，相应有四种国标代号：

GB/T 897—1988　$b_m = 1d$ 用于钢和青铜；

GB/T 898—1988　$b_m = 1.25d$ 用于铸铁；

GB/T 899—1988　$b_m = 1.5d$ 用于铸铁或铝合金；

GB/T 900—1988　$b_m = 2d$ 用于铝合金。

在装配图中的简化画法如图 6-15 所示。不通的螺纹孔可不画出钻孔深度，仅按有效螺纹部分的深度画出。若有弹簧垫圈，按开口与水平线成 60°角并向左倾斜绘制，或用约 $2b$ 宽的粗线绘制。

(3) 螺钉连接　螺钉按用途不同，可分为连接螺钉和紧定螺钉两类。前者用于连接零件，后者用于固定零件。

连接螺钉主要用于受力不大的场合。连接螺钉由头部和杆身两部分组成：其头部有多种不同的结构形式，相应有不同的国家标准代号，见附表 6 和 7；画螺钉连接装配图（图 6-16）时，应注意以下几个问题：

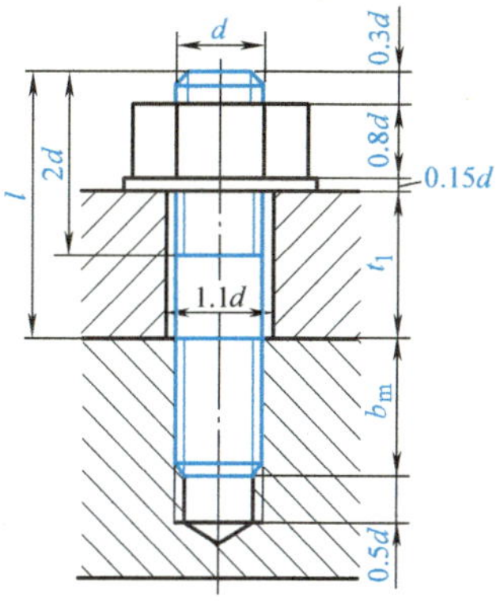

图 6-15　螺柱连接简化画法

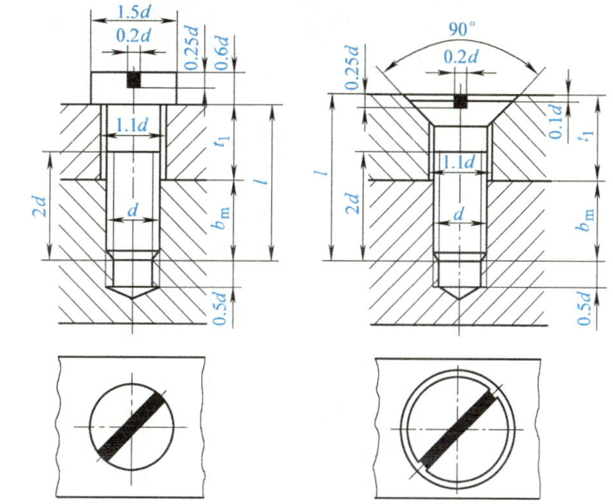

a)　　b)

图 6-16　画螺钉连接装配图

a）开槽圆柱头螺钉　b）开槽沉头螺钉

1）螺钉的公称长度 l 的确定

$$l_{计} = b_m + t_1$$

查标准（附表 6），选取与 $l_{计}$ 接近的标准长度值为螺钉标记中的公称长度 l。

2）旋入长度 b_m 值与被旋入件的材料有关，与确定螺柱旋入端长度 b_m 的方法相同。

3）螺纹长度终止线应高出螺纹孔上表面，以保证连接时螺钉能旋入和压紧。

4）螺钉头上的槽宽可以涂黑，在投影为圆的视图上，规定按 45°画出。

第二节　齿　　轮

一、齿轮的作用和分类

齿轮是一个有齿的机械构件，它与另一个有齿构件啮合传递运动或改变运动形式。齿轮上每一个用于啮合的凸起部分，称为轮齿。一对齿轮的齿，依次交替地接触，从而实现一定规律的相对运动的过程和形态，称为啮合。两个啮合的齿轮组成的基本机构，称为齿轮副。根据常用的齿轮副中齿轮两轴的相对位置，可把齿轮分成以下三类：

直齿圆柱齿轮——用于两平行轴之间的传动（图 6-17a）。

直齿锥齿轮——用于两相交轴之间的传动（图 6-17b）。

蜗轮蜗杆——用于两垂直交叉轴之间的传动（图 6-17c）。

圆柱齿轮按其齿形方向可分为直齿、斜齿和人字齿等，如图 6-18 所示。这里主要介绍直齿圆柱齿轮。

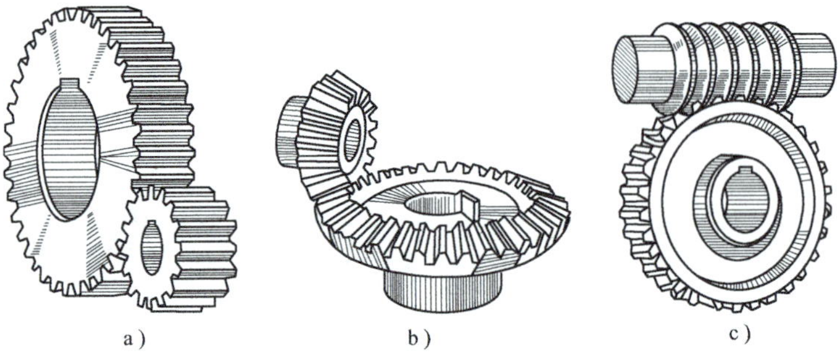

图 6-17　齿轮传动形式

a）直齿圆柱齿轮传动　b）直齿圆锥齿轮传动　c）蜗杆传动

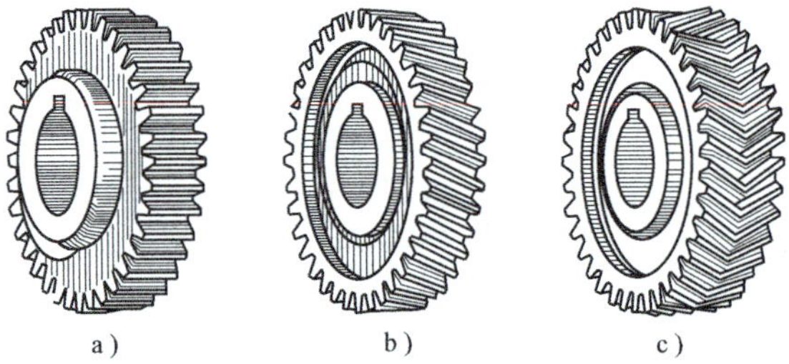

图 6-18　圆柱齿轮

a）直齿轮　b）斜齿轮　c）人字齿轮

二、直齿圆柱齿轮各部分的名称及几何尺寸的计算

1. 齿轮各部分的名称及代号（图 6-19、图 6-20）

（1）齿顶圆直径 d_a　通过齿顶的圆柱面直径。

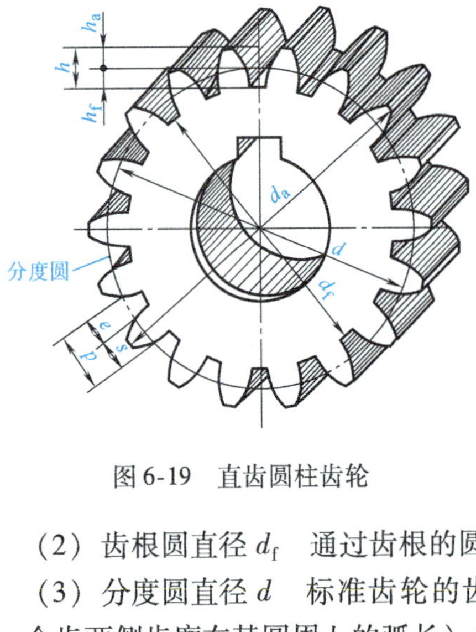

图 6-19　直齿圆柱齿轮

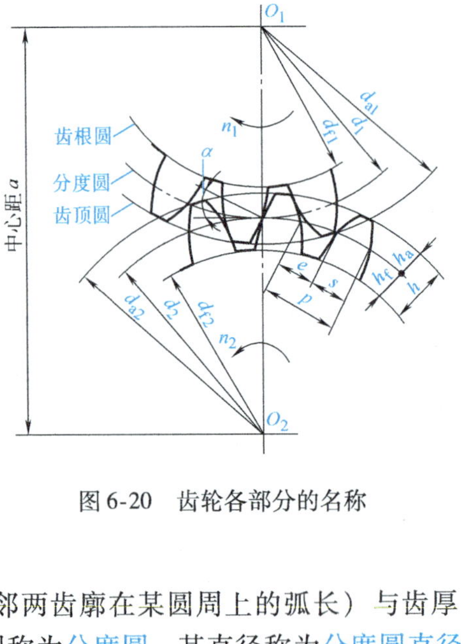

图 6-20　齿轮各部分的名称

（2）齿根圆直径 d_f　通过齿根的圆柱面直径。

（3）分度圆直径 d　标准齿轮的齿槽宽 e（相邻两齿廓在某圆周上的弧长）与齿厚 s（一个齿两侧齿廓在某圆周上的弧长）相等处的圆周称为分度圆，其直径称为分度圆直径，它是齿轮尺寸计算的基础。

(4) 齿高 h　齿顶圆和齿根圆之间的径向距离。

齿顶高 h_a：齿顶圆和分度圆之间的径向距离。

齿根高 h_f：齿根圆和分度圆之间的径向距离。

(5) 齿距（周节）p　分度圆上相邻两齿廓对应点之间的弧长称为齿距。

(6) 齿数 z　齿轮上轮齿的个数。

(7) 中心距 a　两啮合齿轮轴线之间的距离。

节圆直径 d'　两齿轮啮合时，在连心线上啮合点所在的圆称为节圆。正确安装的标准齿轮的节圆和分度圆重合。

2. 直齿圆柱齿轮的基本参数与齿轮轮齿各部分的尺寸关系

(1) 模数 m　由于分度圆周长 $pz=\pi d$，所以，$d=(p/\pi)z$，定义 (p/π) 为模数，模数的单位是 mm（毫米）。根据 $d=mz$ 可知，当齿数一定时，模数越大，分度圆直径越大，承载能力越大。模数的值已标准化；标准模数见表 6-3。

表 6-3　渐开线圆柱齿轮标准模数（摘自 GB/T 1357—2008）　（单位：mm）

第一系列	1,1.25,1.5,2,2.5,3,4,5,6,8,10,12,16,20,25,32,40,50
第二系列	1.125,1.375,1.75,2.25,2.75,3.5,4.5,5.5,(6.5),7,9,11,14,18,22,28,36,45

注：优先采用第一系列，其次是第二系列，括号内的模数尽量不用。

(2) 压力角 α　一对齿轮啮合时，在分度圆上啮合点的法线方向，与该点的瞬时速度方向所夹的锐角，称为压力角。标准齿轮的压力角为 20°。

齿轮的基本参数 m，z，α 确定后，可算出标准齿轮的其他参数，详见表 6-4。

表 6-4　标准直齿圆柱齿轮几何尺寸计算公式

名称及代号	计算公式	名称及代号	计算公式
分度圆直径 d	$d=mz$	齿根圆直径 d_f	$d_f=(z-2.5)m$
齿顶高 h_a	$h_a=m$	齿距 p	$p=\pi m$
齿根高 h_f	$h_f=1.25m$	齿厚 s	$s=\pi m/2$
齿高 h	$h=2.25m$	槽宽 e	$e=\pi m/2$
齿顶圆直径 d_a	$d_a=(z+2)m$	中心距 a	$a=(m_1+m_2)z/2$

注：m_1、m_2 为一对齿轮啮合时的模数。

三、圆柱齿轮的规定画法

1. 单个齿轮的画法

单个齿轮的画法如图 6-21a 所示。齿顶圆和齿顶线用粗实线绘制，分度圆和分度线用细点画线绘制，齿根圆和齿根线用细实线绘制（也可省略不画）。在剖视图中，齿根线用粗实线绘制，如图 6-21b ~ d 所示。当剖切平面通过齿轮的轴线时，轮齿一律按不剖绘制。除轮齿部分外，齿轮的其他部分结构均按其真实投影画出。对于斜齿和人字齿，在外形图上用三条平行的细实线表示齿线方向，如图 6-21c、d 所示。

2. 两圆柱齿轮啮合的画法

两个标准齿轮相互啮合时，两个齿轮的分度圆处于相切位置，此时分度圆又称为节圆。啮合区的规定画法如下。

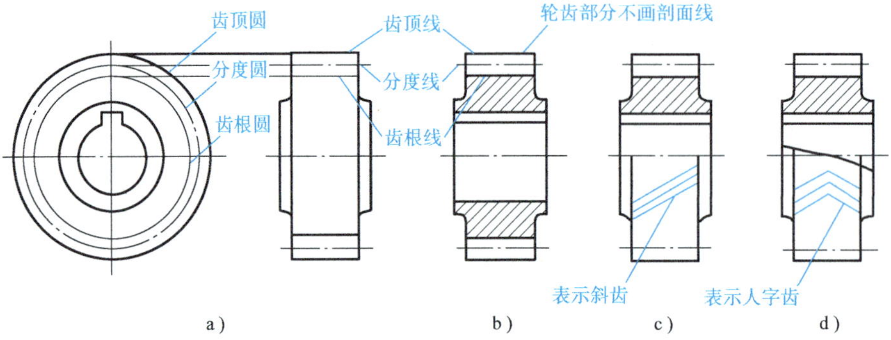

图 6-21　单个圆柱齿轮的画法

a) 直齿（外形视图）　b) 直齿（全剖）　c) 斜齿（半剖）　d) 人字齿（半剖）

1）投影为圆的视图（端视图）中两齿轮的节圆相切，齿顶圆和齿根圆有两种画法：

① 啮合区的齿顶圆画粗实线，齿根圆画细实线或省略不画，如图 6-22a 所示。

② 啮合区的齿顶圆不画，整个齿根圆可均不画出，如图 6-22b 所示。

2）在非圆投影的剖视图中，两齿轮节线重合，画点画线，齿根线画粗实线。齿顶线的画法是将一个轮的轮齿作为可见轮齿画成粗实线，另一个轮的轮齿按被遮住处理，画成虚线或省略不画，如图 6-22a 所示。

3）在非圆投影的外形图中，两轮节线重合，啮合区的齿顶线和齿根线不必画出，节圆画成粗实线，如图 6-22c 所示。

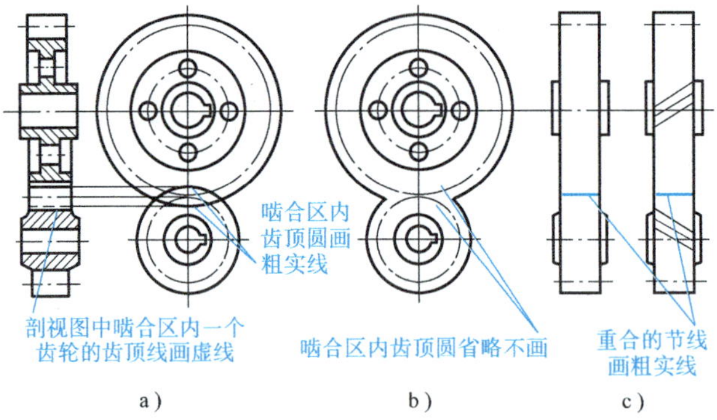

图 6-22　圆柱齿轮啮合的画法

在齿轮啮合的剖视图中，由于齿根高与齿顶高相差 0.25m，因此，一个齿轮的齿顶线和另一个齿轮的齿根线之间，应有 0.25m 的间隙，如图 6-23 所示。

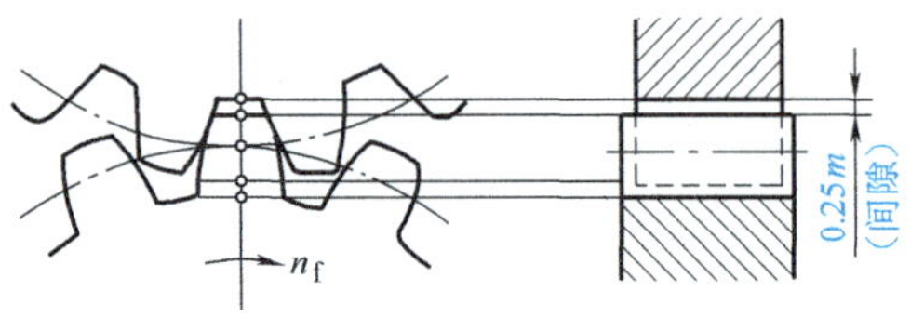

图 6-23　啮合齿轮的间隙

3. 直齿圆柱齿轮的测绘

根据齿轮实物，通过测量和计算，以确定主要参数并画出齿轮工作图的过程，称为齿轮测绘（压力角：标准齿轮 $\alpha=20°$，无须测量）。

测绘步骤：

1）数出齿数 z。

2）测出齿顶圆直径 d_a。当齿数是偶数时，可直接用游标卡尺测出；如为奇数齿，则测量方法如图 6-24 所示。

3）计算模数 m。$m = d_a/(z+2)$。

注意：求出模数后与标准模数对照，选取相近的标准模数，即为被测直齿齿轮的模数。

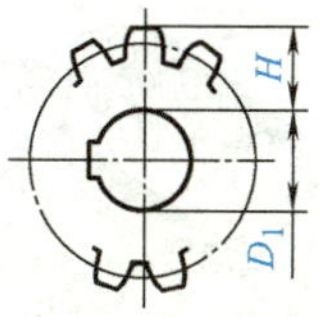

图 6-24 奇数齿的测量方法

4）计算 d。$d = mz$。

5）计算出各轮齿的公称尺寸。

6）齿轮的其他尺寸可按实物测量。

7）绘出标准直齿圆柱齿轮零件图。

图 6-25 所示为齿轮的零件图，与其他零件图不同的是，除了要表示出齿轮的形状、尺寸和技术要求外，还要注明制造齿轮所需的基本参数。

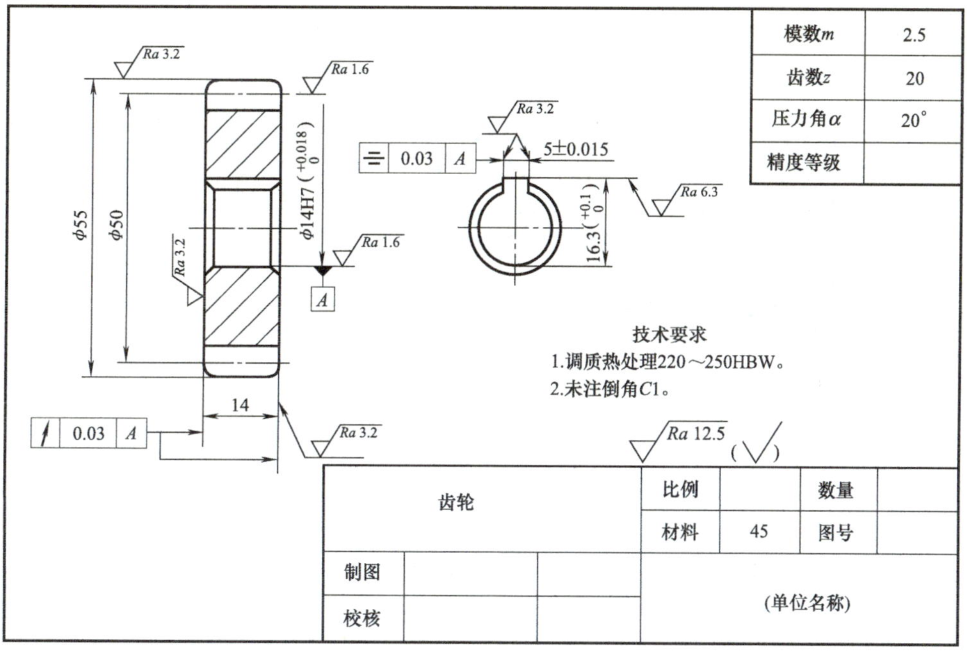

图 6-25 齿轮零件图

第三节 键连接和销连接

一、键连接

1. 键的功用、种类和标记

键是用于连接轴和装在轴上的传动零件，如齿轮、带轮等，如图 6-26 所示。起传递转矩作用的常用标准件。应用较广的键有普通平键、半圆键和钩头楔键，如图 6-27 所示。

普通平键的标记示例：

GB/T 1096 键 18×11×100

表示键宽 $b = 18\text{mm}$，高度 $h = 11\text{mm}$，长度 $L = 100\text{mm}$ 的普通 A 型平键。

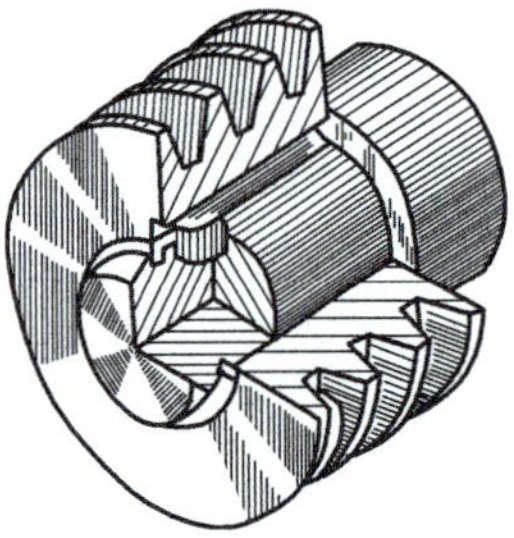

图 6-26 键连接

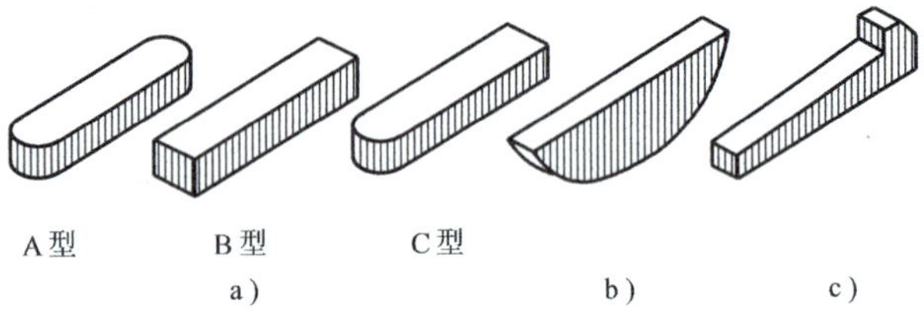

图 6-27 常用的键
a）普通平键 b）半圆键 c）钩头楔键

GB/T 1096 键 C18 × 11 × 100

表示键宽 $b=18$mm，高度 $h=11$mm，长度 $L=100$mm 的普通 C 型平键。

使用最多的普通平键的尺寸和键槽的剖面尺寸，可按轴径查阅相关国家标准得出（附表 11 ~ 附表 12）。轴及轮毂上键槽画法和尺寸注法，如图 6-28a 所示。

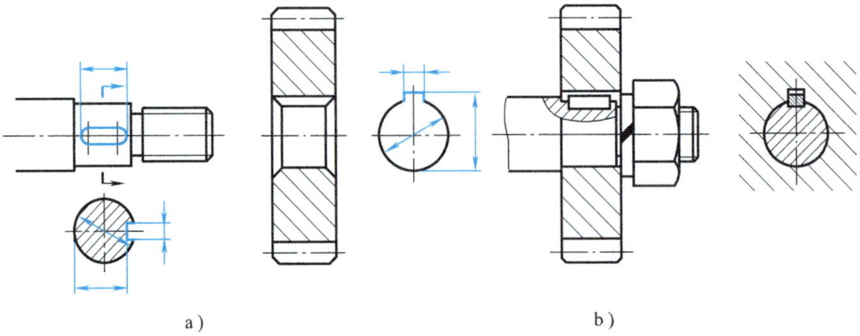

图 6-28 普通平键的连接画法
a）键槽的尺寸注法 b）钩头楔键连接的画法

2. 键连接装配图的画法

普通平键连接装配图的画法如图 6-28b 所示。半圆键和钩头楔键连接装配图的画法如图 6-29、图 6-30 所示。当沿着键的纵向剖切时，键按不剖画；当沿着键的横向剖切时，则要画上剖面线。通常用局部剖视图表示轴上键槽的深度及零件之间的连接关系，接触面画一条线。

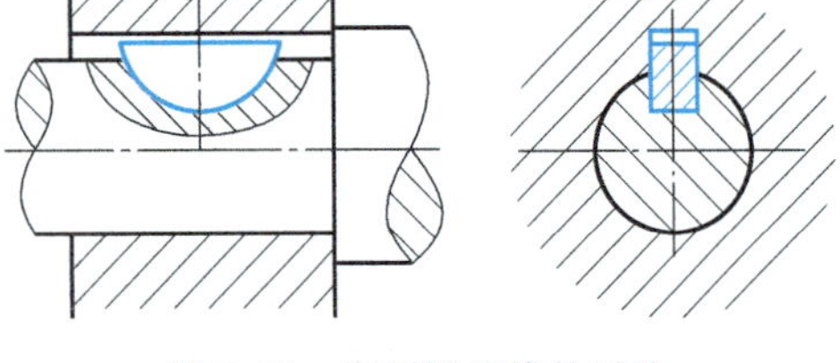

图 6-29 半圆键连接的画法

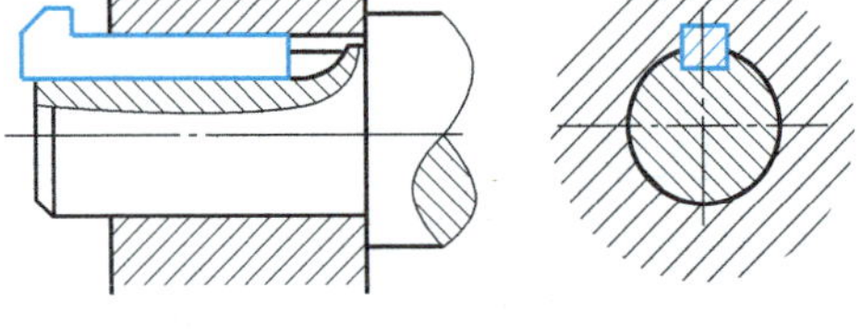

图 6-30 钩头楔键连接的画法

二、销连接

1. 销的功用、种类和标记

销也是常用的标准件，通常用于零件间的连接或定位。常用的销有圆柱销、圆锥销、开口销等。销的形式、标记见有关国标规定。注意：圆锥销的公称直径是指小端直径。

2. 销连接装配图的画法

图6-31所示为常用三种销连接装配图的画法。销作为实心件，当剖切面通过销的轴线时，仍按外形画出；垂直于销的轴线剖切时，应画上剖面符号。画轴上的销连接时，轴常采用局部剖，以表达销和轴之间的配合关系。圆柱销和圆锥销的装配要求较高，销孔一般在被连接件装配后统一加工，零件图上的销孔标注时采用旁注法，并注明配作。

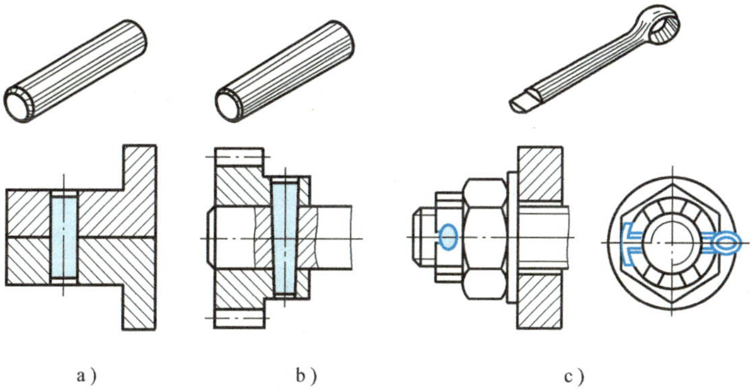

图6-31　销连接的画法

a）圆柱销　b）圆锥销　c）开口销

第四节　滚动轴承

在机器中，滚动轴承是用于支承轴的标准部件。由于它可以大大减小轴与孔相对旋转时的摩擦力，且具有机械效率高、结构紧凑等优点，因此应用极为广泛。

一、滚动轴承的结构、类型和代号及标记

1. 滚动轴承的结构

滚动轴承种类繁多，但其结构大体相同，如图6-32所示，一般由外圈、内圈、滚动体和保持架组成。滚动体有球、圆柱滚子、圆锥滚子等。

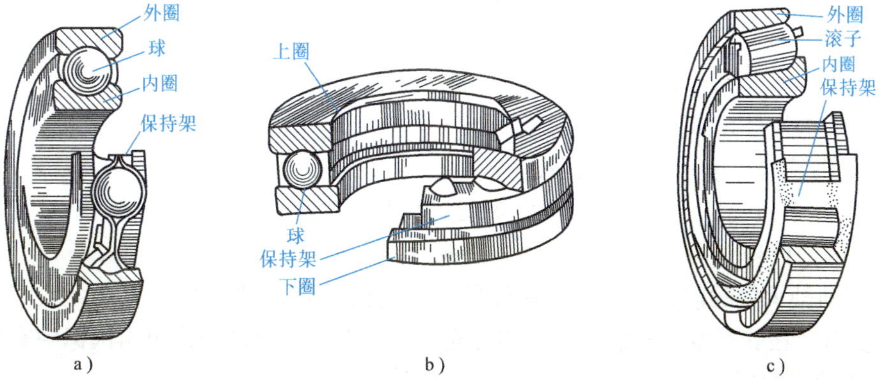

图6-32　滚动轴承

a）深沟球轴承　b）推力球轴承　c）圆锥滚子轴承

使用时，一般内圈套在轴颈上随轴一起转动，外圈安装固定在轴承座孔中。

2. 滚动轴承的类型

滚动轴承按其承受的载荷方向分为：向心轴承、推力轴承和向心推力轴承。

（1）向心轴承 主要用于承受径向载荷的轴承，如图6-32a所示的深沟球轴承。

（2）推力轴承 只承受轴向载荷的轴承，如图6-32b所示。

（3）向心推力轴承 能同时承受径向和轴向载荷的轴承，如图6-30c所示的圆锥滚子轴承。

3. 滚动轴承的代号

按照GB/T 272—1993规定，滚动轴承的结构尺寸、公差等级、技术性能等特性由滚动轴承代号来表示。代号由前置代号、基本代号和后置代号组成。其排列顺序为：

前置代号 基本代号 后置代号

（1）基本代号 基本代号表示滚动轴承的基本类型、结构和尺寸，是滚动轴承代号的基础。它由滚动轴承类型代号、尺寸系列代号和内径代号组成。

1）类型代号：用阿拉伯数字或大写拉丁字母表示，见表6-5。

表6-5 滚动轴承的类型代号

代号	轴承类型	代号	轴承类型
0	双列角接触球轴承	6	深沟球轴承
1	调心球轴承	7	角接触球轴承
2	调心滚子轴承和推力调心滚子轴承	8	推力圆柱滚子轴承
3	圆锥滚子轴承	N	圆柱滚子轴承；双列或多列用字母NN表示
4	双列深沟球轴承	U	外球面球轴承
5	推力球轴承	QJ	四点接触球轴承

2）尺寸系列代号：由轴承的宽（高）度系列代号和直径系列代号组合而成，一般用两位数字表示。它表示同一内径的轴承，其内、外圈的宽度和厚度不同，承载能力也不同。具体可从GB/T 272—1993中查取。

3）内径代号：内径代号表示轴承的公称内径（轴承内圈的孔径），其表示有以下两种情况：当内径不小于20mm时，内径代号数字为轴承公称内径除以5的商数，而商数为一位数时，需在左边加“0”；当内径小于20mm时，则内径代号另有规定。

例如：轴承代号6206

6——类型代号，表示深沟球轴承。

2——尺寸系列代号，原为02，对此种轴承首位0省略。

06——内径代号（内径尺寸为$6\times5=30$mm）。

（2）滚动轴承中的前置代号和后置代号 这些代号是在轴承结构形状、尺寸和技术要求等有改变时，在其基本代号前后添加的补充代号。补充代号的规定可由国标中查得。

4. 滚动轴承的标记

轴承的标记由三部分组成，即：轴承名称 轴承代号 标准编号

标记示例：滚动轴承 6210 GB/T 276—2013

二、滚动轴承的画法

滚动轴承的表示包括三种画法，即通用画法、特征画法和规定画法，前两种画法又称简化画法，各种画法的示例见表6-6。

表6-6　滚动轴承的通用画法、特征画法和规定画法

名称和标准号	查表主要数据	画法：简化画法：通用画法	画法：简化画法：特征画法	画法：规定画法	装配示意图
深沟球轴承（GB/T 276—2013）	D d B	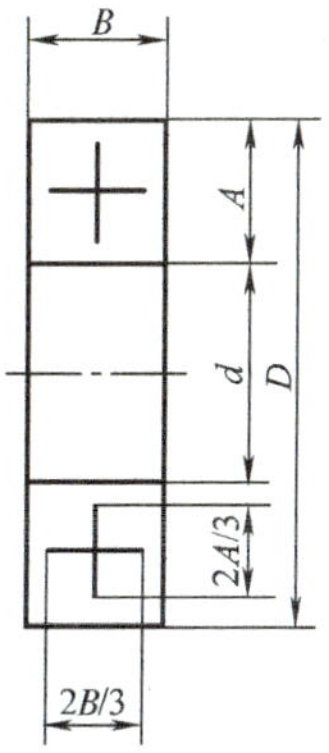	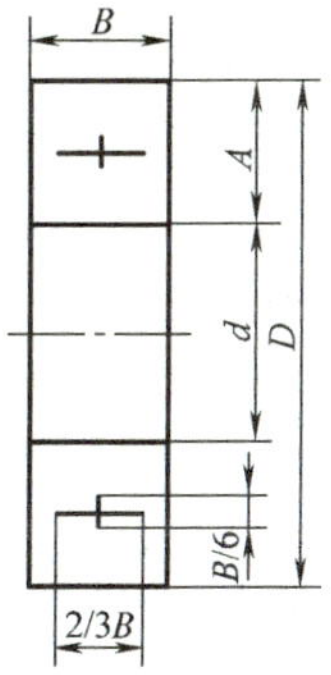	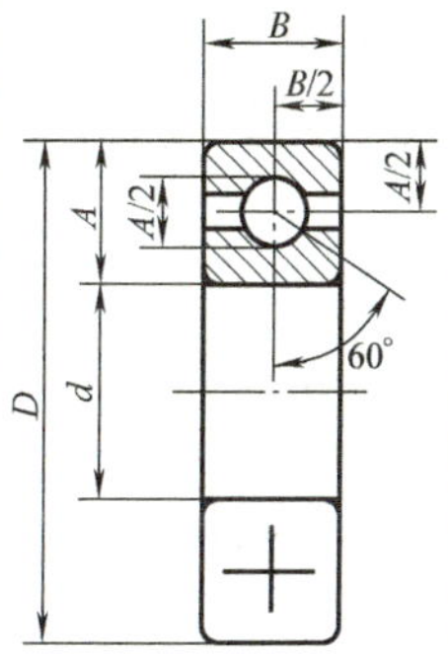	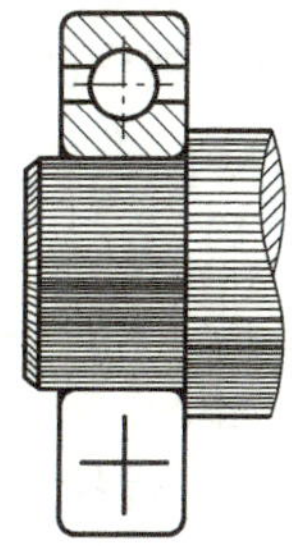
圆锥滚子轴承（GB/T 297—2015）	D d B T C		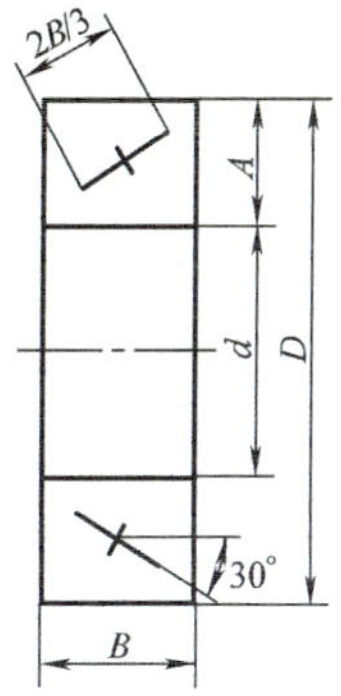	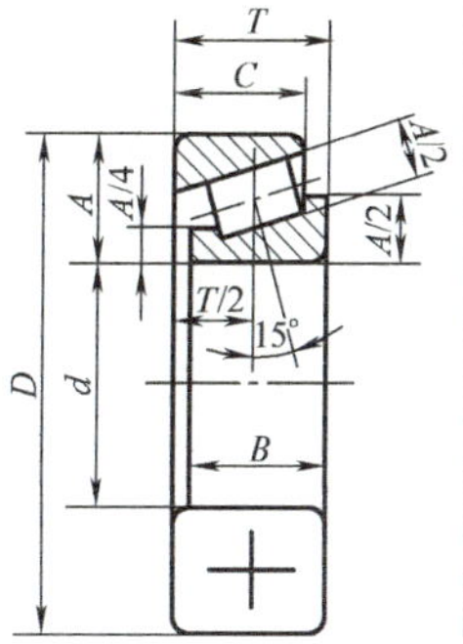	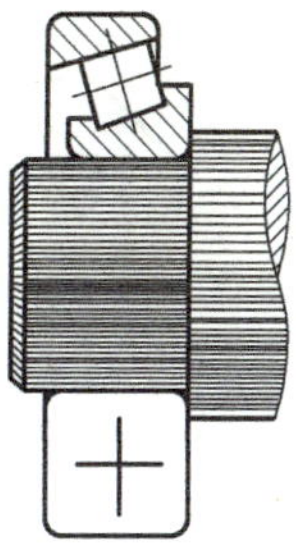
推力球轴承	D d T	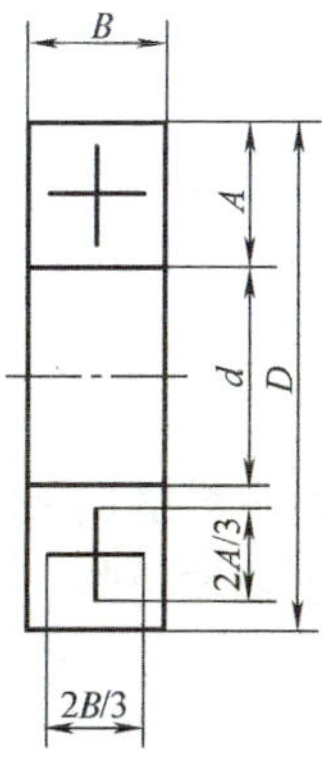	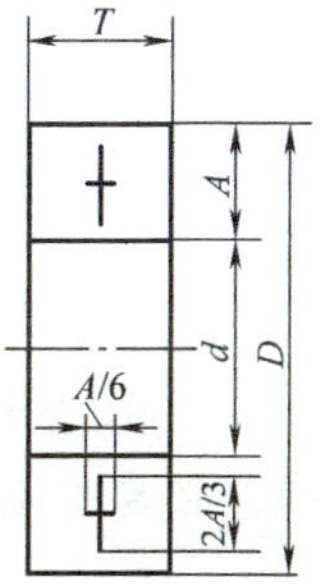	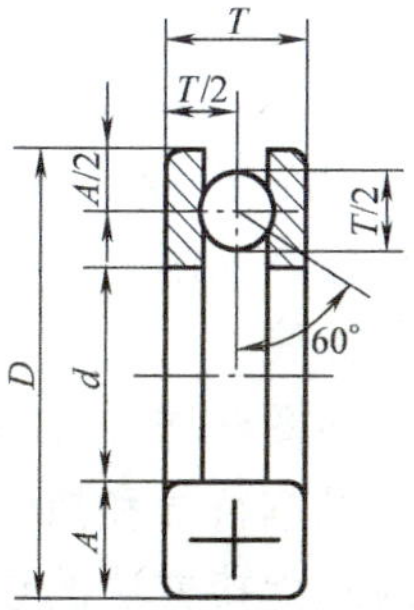	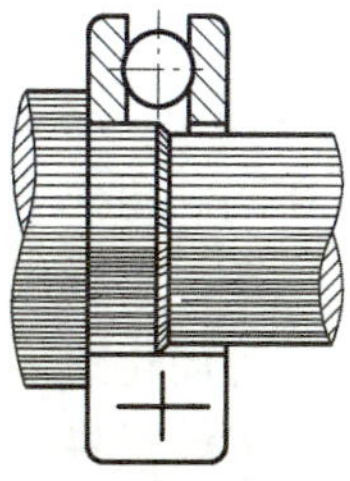

在同一图样中一般只采用一种画法。在剖视图中，当不需要确切地表示滚动轴承的外形轮廓、载荷特性、结构特征时，可采用通用画法，绘制在轴的两侧。在剖视图中，如需较形象地表示滚动轴承的结构特征，可采用特征画法；在滚动轴承的产品图样、产品样本及说明书等图样中，可采用规定画法绘制。在装配图中，规定画法一般采用剖视图绘制在轴的一侧，另一侧按通用画法绘制。

第五节 焊接件的画法

焊接是一种不可拆卸的连接。由于焊接操作简便，连接可靠，在生产上大多数用金属板材制作的产品都采用焊接的方法。焊接图按照焊接件结构的复杂程度不同，有两种画法。

1）焊接图除了包含与焊接有关的内容外，还需有其他加工需要的全部内容，这种图要求把零件或构件的全部结构形状、尺寸和技术要求等都表达完整。因此，表达内容和零件图基本相同。

2）焊接图只包含与焊接有关的内容，而其中的每一构件需另画零件图。这种焊接图近似于装配图。

本节只简单介绍图样上焊缝的规定画法和标注方法。

金属结构件被焊接后形成的接缝称为焊缝。常见的焊接接头形式如图6-33所示。

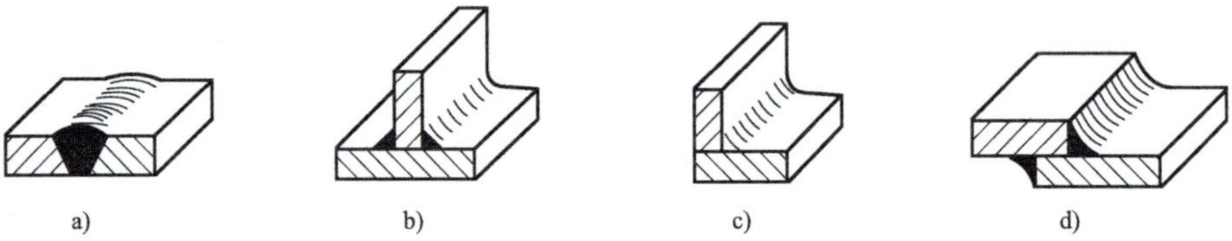

图6-33 焊接接头的形式

a）对接接头 b）T形接头 c）角接接头 d）搭接接头

一、焊缝的规定画法

国家标准（GB/T 12212—2012）规定，在图样中一般用焊缝符号表示焊缝，但也可采用图示法表示焊缝。需在图样中简易地绘制焊缝时，可用视图、剖视图或断面图表示。

1）在垂直于焊缝的剖视图或断面图中，一般应画出焊缝的形式并涂黑，如图6-34a、b、c、e、f中剖视图所示。

2）在视图中，可见焊缝用细实线绘制的栅线（允许徒手绘制）来表示，如图6-34b、c、d所示。也允许采用特粗线表示（$2d \sim 3d$，d为粗实线宽度），如图6-34a、e、f所示。但在同一图样中，只允许采用一种方法。

二、焊缝代号及标注

为简化图样，不使图样增加过多的注释，一般用焊缝代号表示焊缝的有关要求。

焊缝代号一般由基本符号和指引线组成，必要时还可以加上辅助符号、补充符号、焊缝尺寸符号及数据和表示焊接方法的数字代号。

1. 基本符号

基本符号是表示焊缝横断面形状的符号，近似于焊缝横截面的形状，用粗实线绘制。常

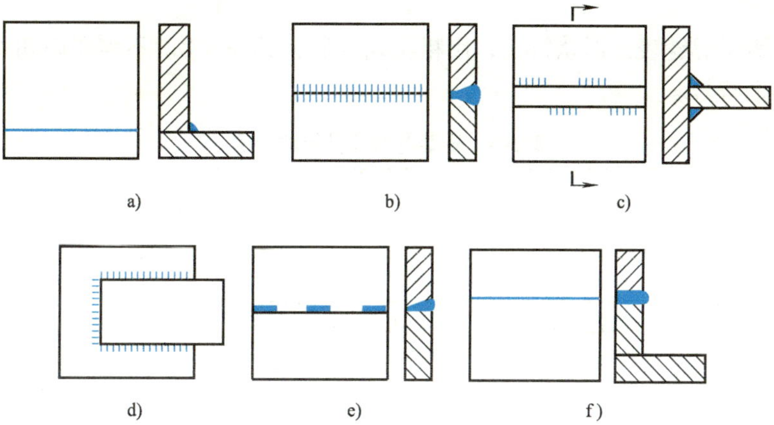

图 6-34 焊缝画法示例

用焊缝的基本符号、图示法和标注方法见表 6-7，其他焊缝的基本符号可查阅国家标准 GB/T 12212—2012。

表 6-7 常用焊缝的基本符号、图示法及标注方法

名称	符号	示 意 图	图 示 法	标 注 方 法
I 形焊缝	||		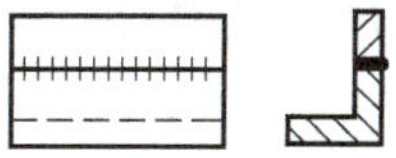	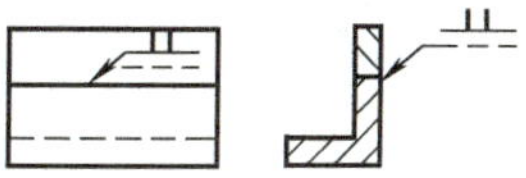
			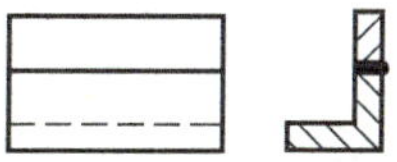	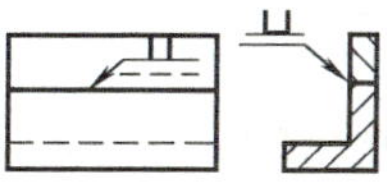
V 形焊缝	V		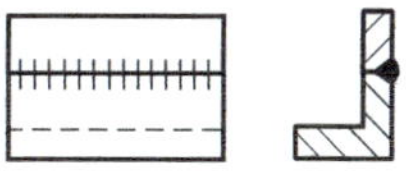	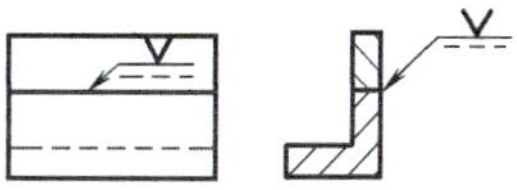
			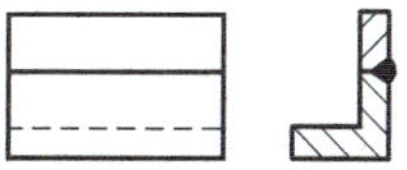	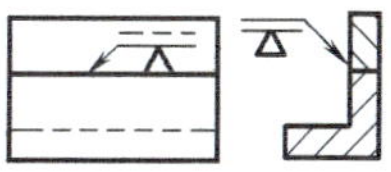
角焊缝	⊿	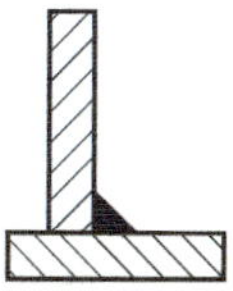	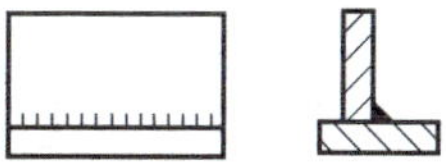	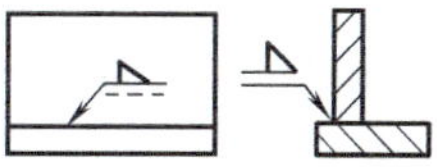
			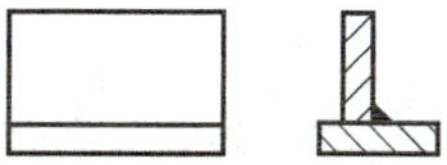	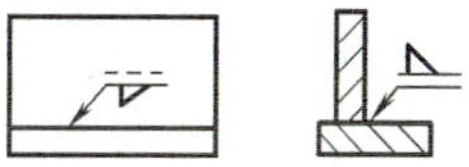
点焊缝	○		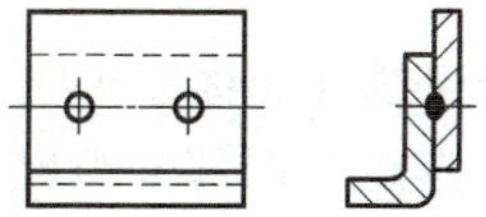	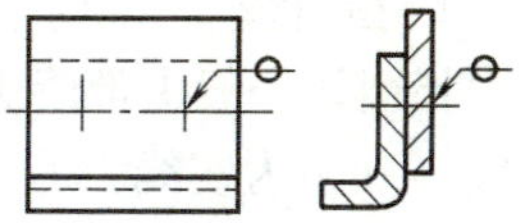

2. 辅助符号

辅助符号表示焊缝表面形状特征，用粗实线绘制，见表6-8。不需要确切说明焊缝形状时，可不用辅助符号。

表 6-8　辅助符号及其标注示例

名称	符号	形式及标注示例	说　明
平面符号	—	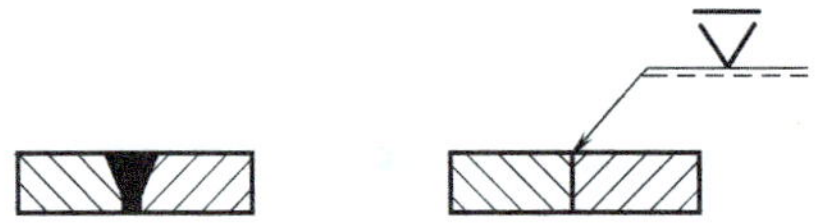	表示V形对接焊缝表面平齐（一般通过加工）
凹面符号	◡	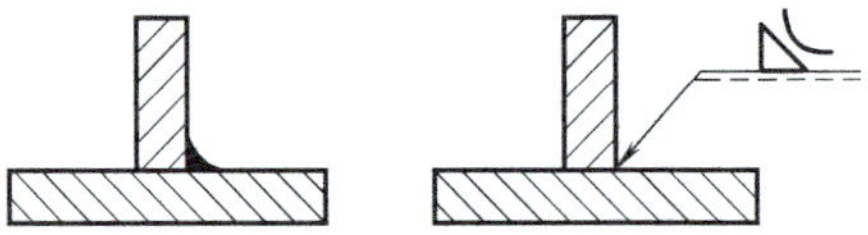	表示角焊缝表面凹陷
凸面符号	⌒		表示X形对接焊缝表面凸起

3. 补充符号

为了补充说明焊缝的某些特征而采用的符号称为补充符号，用粗实线绘制，见表6-9。

表 6-9　补充符号及其标注示例

名称	符号	形式及标注示例	说　明
带垫板符号	▭	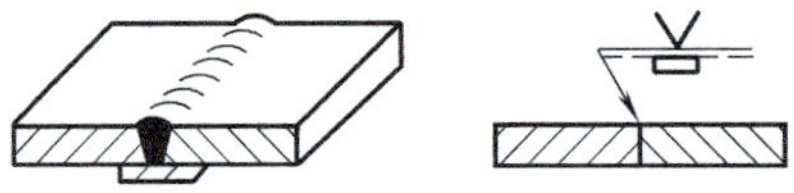	表示V形焊缝的背面底部有垫板
三面焊缝符号	⊏	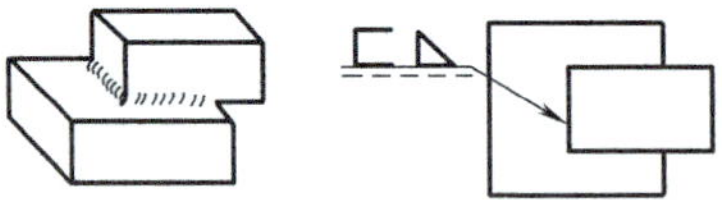	工件三面施焊，开口方向与实际方向一致
周围焊缝符号	○	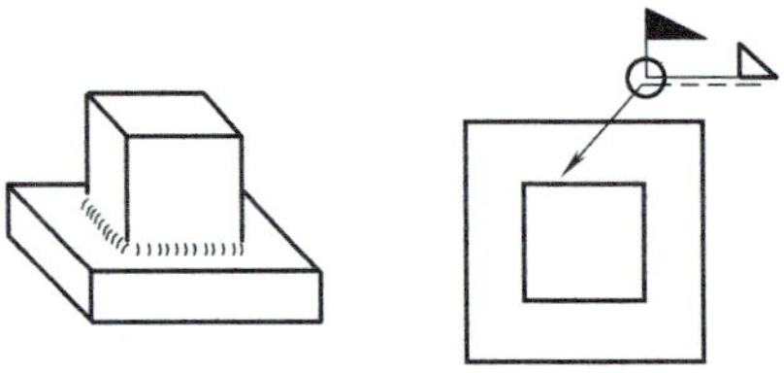	表示在现场沿工件周围施焊
现场符号	▶		
尾部符号	<	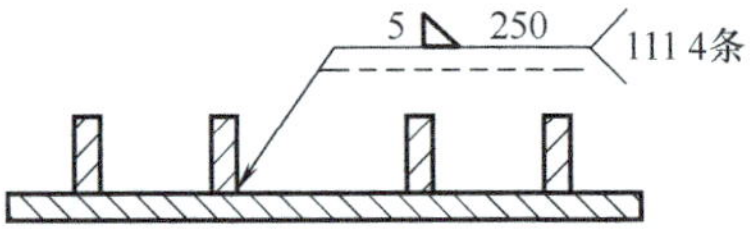	表示用手工电弧焊，有四条相同的角焊缝

4. 指引线

指引线一般由带箭头的指引线（简称箭头线）和两条基准线（一条为实线，另一条为虚线）两部分组成，其画法如图6-35所示。基准线一般和图样中标题栏的长边垂直，基准

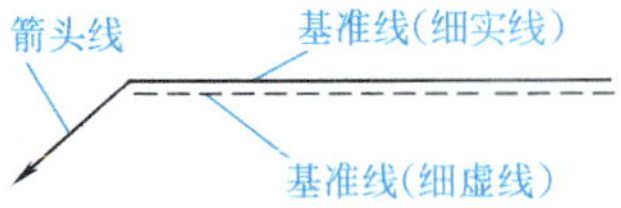

图 6-35　指引线的画法

线的细虚线可画在基准线的实线上侧或下侧。

5. 焊缝尺寸符号

焊缝尺寸符号表示坡口及焊缝的尺寸，一般不标注，当设计或生产需要注明焊缝尺寸时才标注。常用的焊缝尺寸符号见表6-10。

表6-10 常用的焊缝尺寸符号

名 称	符 号	名 称	符 号
工件厚度	δ	焊缝间距	e
坡口角度	α	焊脚尺寸	K
根部间隙	b	熔核直径/孔径	d
钝边	p	焊缝宽度	c
焊缝长度	l	余高	h
焊缝段数	n		

6. 焊接方法及数字代号

常用的焊接方法有电弧焊、电渣焊、点焊和钎焊等，其中电弧焊的应用最广。焊接方法可用文字在技术要求中说明，也可用数字代号直接注写在指引线的尾部。常用焊接方法的数字代号见表6-11。

表6-11 常用的焊接方法及数字代号

焊接方法	数字代号	焊接方法	数字代号
焊条电弧焊	111	激光焊	52
埋弧焊	12	氧乙炔焊	311
电渣焊	72	硬钎焊	91
电子束焊	51	点焊	21

焊缝尺寸的标注方法，如图6-36所示。

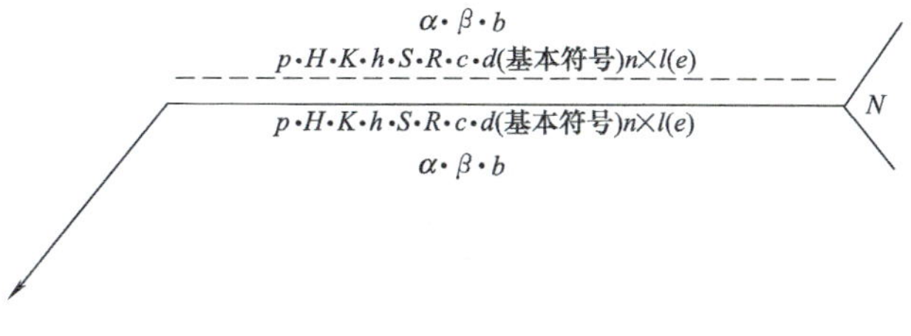

图6-36 焊缝尺寸的标注方法

7. 焊缝代号标注示例（表6-12）

表6-12 焊缝代号标注示例

接头形式	焊缝形式	标注示例	说 明
对接接头	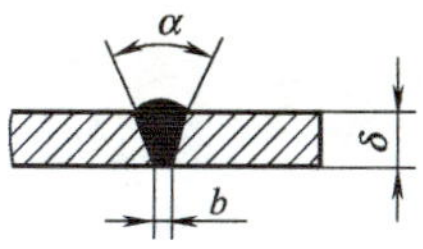	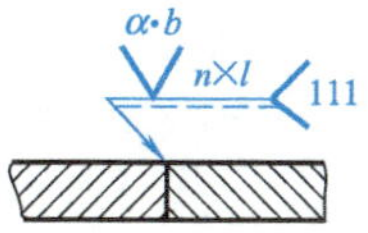	111表示用焊条电弧焊，V形坡口，坡口角度为 α，根部间隙为 b，有 n 段焊缝，焊缝长度为 l

（续）

接头形式	焊缝形式	标注示例	说明
T形接头	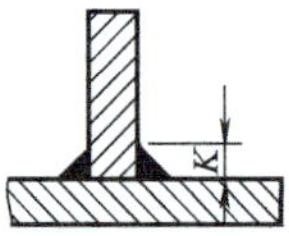	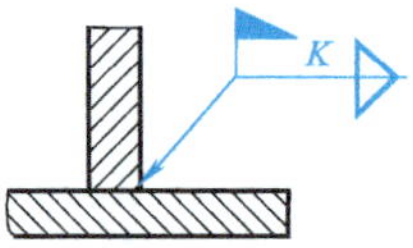	表示在现场装配时进行焊接 表示双面角焊缝，焊脚尺寸为 *K*
	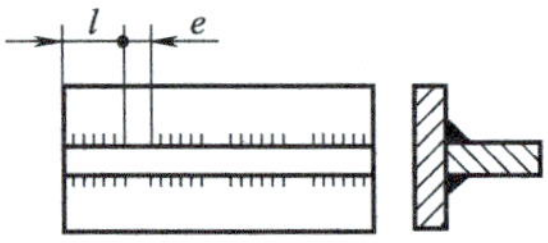	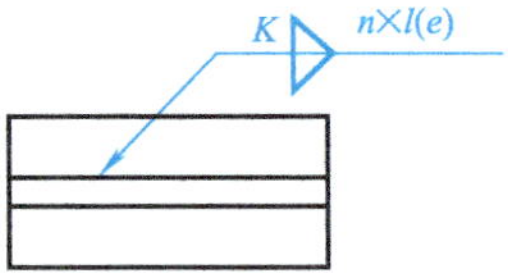	*K* ▷ *n*×*l*(*e*) 表示有 *n* 段断续双面角焊缝，*l* 表示焊缝长度，*e* 表示断续焊缝的间距
	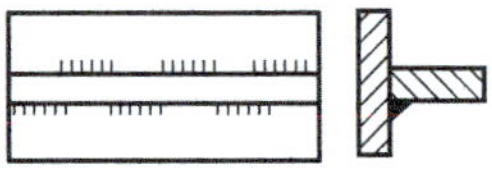	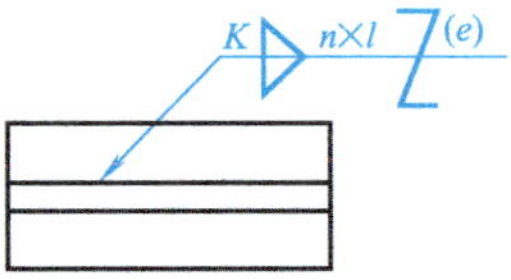	表示交错断续角焊缝
角接接头	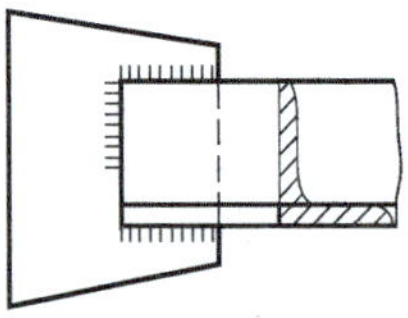	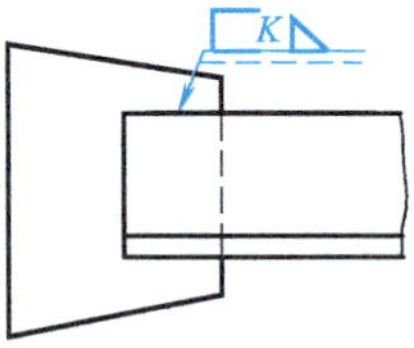	表示三面焊缝 表示单面角焊缝
	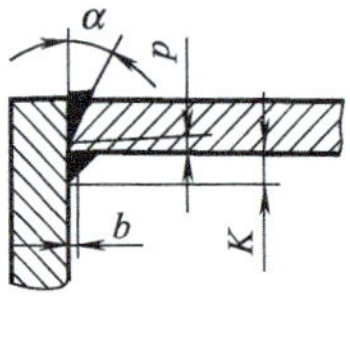	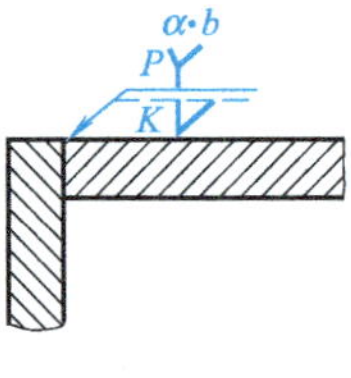	表示双面焊缝，上面为带钝边单边 V 形焊缝，下面为角焊缝
搭接接头	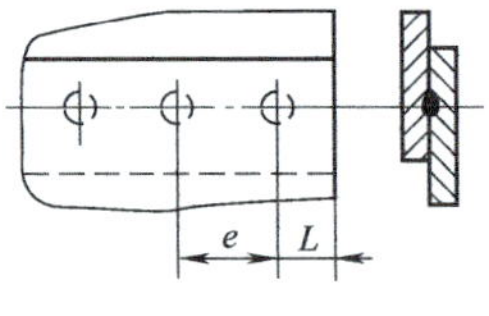	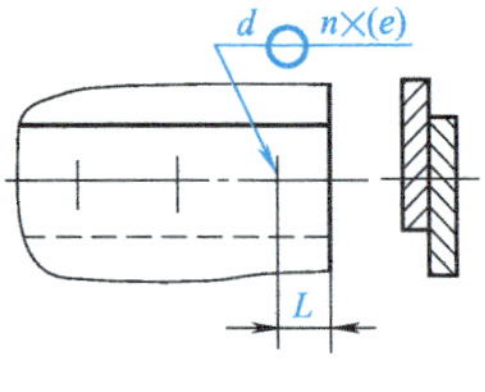	○表示点焊缝，*d* 表示熔核直径，*e* 表示焊缝间距，*n* 为焊缝段数，*L* 表示起始焊点中心至板边的间距

【综合应用训练】

指出下图中的错误，并用简化画法画出正确的连接图。

1. 螺栓连接（图 6-37）

螺栓 GB/T 5782 M12×65。

2. 螺柱连接（图 6-38）

螺柱 GB/T 898 M12×35。

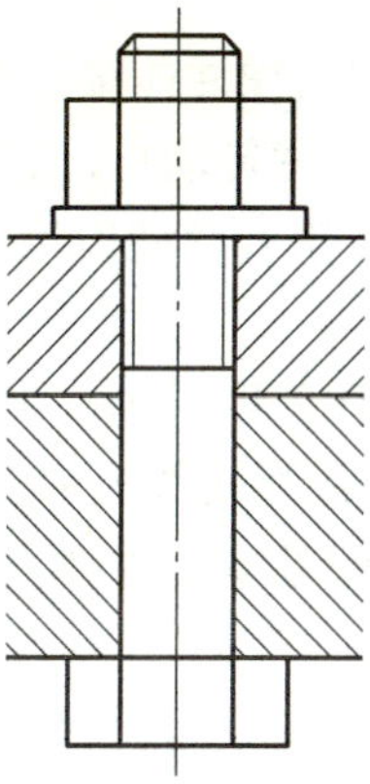

图 6-37 螺栓连接

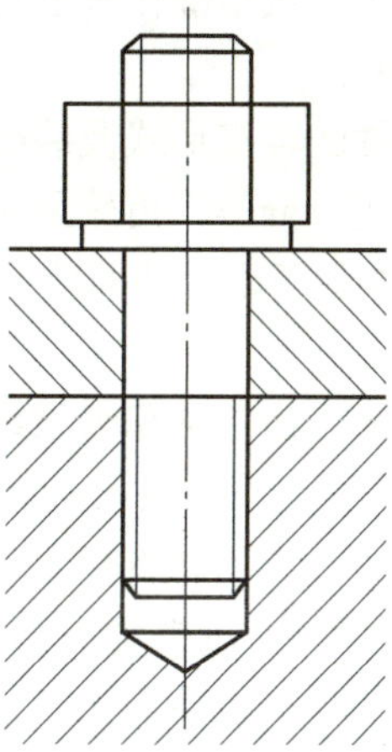

图 6-38 螺柱连接

【解题指导】

1）注意螺栓连接画法中常见的错误：被连接件上孔比螺栓直径大，应画出各自的轮廓线，且之间有间隙。

2）要保证螺栓与螺母之间的牢固连接，螺栓上的螺纹应画到第一个被连接件内。螺纹不要漏画。

3）双头螺柱连接画法应注意：螺柱两端有螺纹，不能漏画；下部零件上螺纹不通孔的画法；内外螺纹的连接画法；旋入端全部旋入螺孔内；上部零件上通孔与双头螺柱之间有间隙，画两条轮廓线；弹簧垫圈开口的画法等。

4）画好内外螺纹连接，如图 6-39 所示。

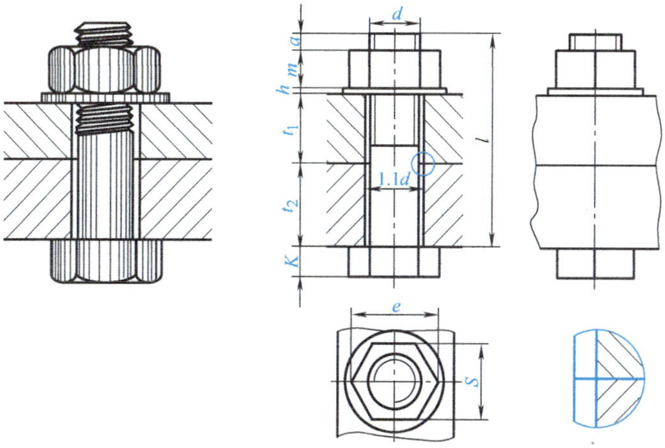

图 6-39 螺栓连接的简化画法

【归 纳 总 结】

本章主要介绍了螺纹紧固件、键、销、齿轮、滚动轴承及焊接件的画法。

1. 螺纹的基本要素：牙型、直径、线数、导程和螺距、旋向。

2. 螺纹的分类：按标准化程度分为标准螺纹、非标准螺纹、特殊螺纹；按用途分为连接螺纹、传动螺纹。

3. 螺纹紧固件的连接形式及装配图画法：螺栓连接、双头螺柱连接、螺钉连接。

4. 齿轮的功用及分类：齿轮是机械传动中应用最广的一种传动件，它不仅可以用于传递动力，而且可以用于改变轴的转速和旋转方向。常见的齿轮有圆柱齿轮、锥齿轮、蜗轮、蜗杆。

5. 齿轮的画法：齿顶圆和齿顶线画成粗实线；分度圆和分度线画成细点画线；齿根圆和齿根线画成细实线，也可省略不画；在剖视图中，齿根线用粗实线表示。

6. 齿轮的标注：齿顶圆直径、分度圆直径及有关齿轮的基本尺寸要直接注出。其他各参数如模数 m、齿数 z、压力角 α 和精度等级等要在图样右上角参数表中说明。

7. 滚动轴承的画法包括简化画法和规定画法，简化画法又分为通用画法和特征画法两种，但在同一图样中一般只采用其中的一种画法。

8. 焊接图：在图样中一般用焊缝代号表示焊缝，也可用图示法表示焊缝。焊缝代号一般由基本符号与指引线组成，必要时还可加上辅助符号、补充符号、焊缝尺寸符号及数据和表示焊接方法的数字代号。

螺纹紧固件、键、销和滚动轴承是标准件，在装配图的明细栏中，只要标注出它们的标记就可在有关标准中查出其结构形式、规格、尺寸等，一般不画其零件图。

第七章
零 件 图

【学习目标】

【知识目标】

1. 理解零件图的作用和内容。
2. 熟悉零件图的视图选择原则和典型零件的表示方法。
3. 了解尺寸基准的概念，熟悉典型零件图的尺寸标注。
4. 了解零件上常见工艺结构的画法和尺寸注法。
5. 了解表面结构及表面粗糙度的基本概念。
6. 了解极限的概念、标准公差与基本偏差。
7. 熟悉常用几何公差的特征项目、符号及其标注和识读。
8. 了解零件热处理及表面处理的表达。

【技能目标】

1. 能绘制简单的零件图，初步掌握零件图的尺寸标注。
2. 掌握表面结构及表面粗糙度的符号、代号及其标注与识读。
3. 掌握尺寸公差、几何公差在图样上的标注与识读。
4. 掌握典型零件在结构、视图表达、尺寸标注和技术要求等方面的特点。
5. 熟悉典型零件的零件图绘制过程，积累识读该类零件的知识和能力。

【素质目标】

1. 养成规范的制图习惯。
2. 培养贯彻、执行国家标准和行业标准的意识，学会使用工具书。
3. 养成自主学习的习惯，能够获取、处理和表达技术信息，培养团队合作和交流能力。

第一节　零件图概述

任何机器或部件都是由若干零件装配而成的，零件是机器或部件中不可再分割的基本单元，也是制造单元。用于表示零件结构、大小及技术要求的图样称为零件图。在生产过程中，要根据零件图注明的材料和数量进行备料；根据图示的形状、尺寸和技术要求来加工制造；最后还要根据图样进行检验。零件图是生产过程中，加工制造和检验测量零件的基本技术文件。如图 7-1 所示的零件图。

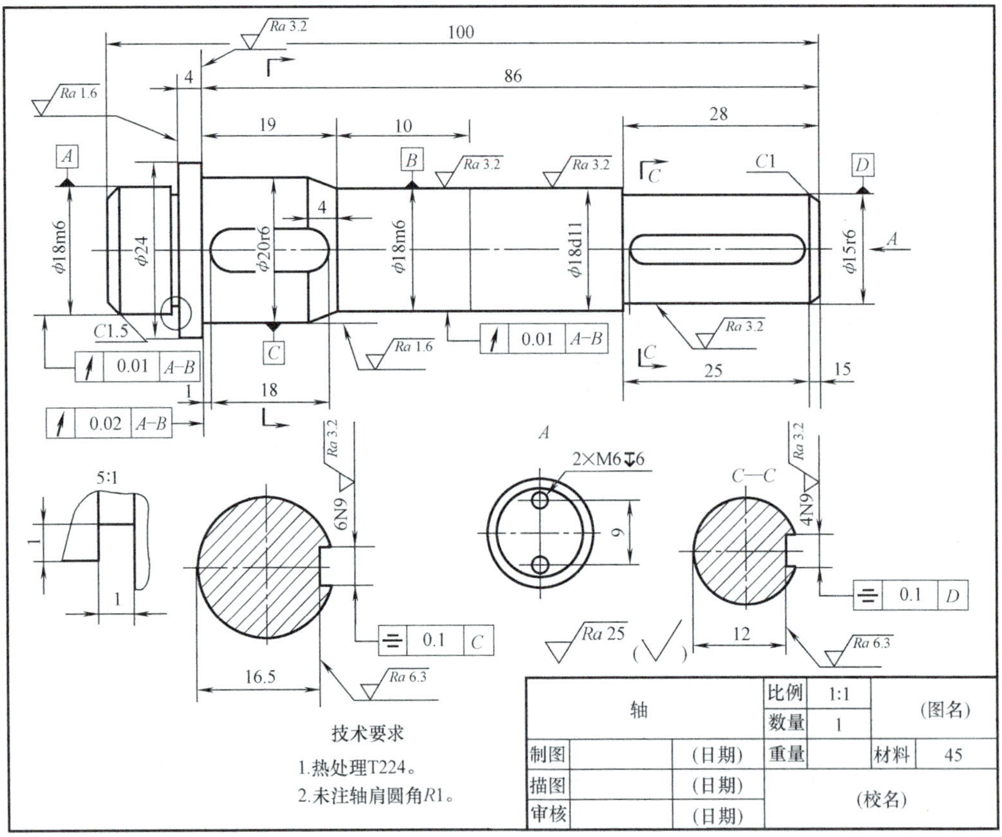

图 7-1　零件图

由图可知，为了满足生产需要，一张完整的零件图应包括下列基本内容。

1. 一组视图

用必要的视图、剖视图、断面图及其他表示方法等，正确、完整、清晰地表达零件各部分形状与结构。

2. 完整的尺寸

用正确、完整、清晰、合理的尺寸，表示出零件各部分的大小和相对位置。

3. 技术要求

用规定的符号、数字以及文字注解等表示出零件在制造和检验时技术指标上应达到的要求。主要包括：表面粗糙度、尺寸公差、几何公差、材料热处理及其他要求。

4. 标题栏

标题栏用于填写零件的名称、材料、数量、图的编号、比例以及绘图、审核人员签字等。

第二节 零件的视图选择

一、零件的视图选择要求

零件的视图选择就是选用一组合适的图形表达零件的内、外结构形状及其各部分的相对位置关系，以符合生产的实际要求。一个好的零件视图表达方案应做到表达正确、完整、清晰、简练，同时易于看图。

二、视图选择的方法与步骤

由于零件的结构形状是多种多样的，所以在画图前应对零件进行结构形状分析，并针对不同零件的特点选择主视图及其他视图，确定最佳表达方案。

1. 分析零件的形体及功用

对零件进行形体分析和功用分析。零件分析是认识零件的过程，是确定零件表达方案的前提，分析零件的整体功能和在部件中的安放状态，零件各组成部分的形状及作用，进而确定零件的主要形体。应对该零件的加工方法和加工过程有一个比较完整、清楚的了解，这样就可明确零件在各加工工序中的加工位置。从零件的材料、铸造工艺、机械加工工艺乃至装配工艺等各个方面对零件进行分析。零件分析是绘制零件图的依据。

2. 选择主视图

主视图是反映零件信息量最多的一个视图，应首先选择。零件图的主视图选择除需遵循形状特征原则外，还必须遵循工作位置原则和加工位置原则。

（1）主视图投影方向　零件主视图投射方向的选择应遵循形状特征原则，即在分析零件内外结构形状及各部分相互位置的基础上，使得主视图的投射方向能尽可能较多地显示出零件的结构形状特征，更好地反映零件整体概貌。

图 7-2 中箭头 *K* 所示方向的投影清楚地显示出该支座各部分形状、大小及相互位置关

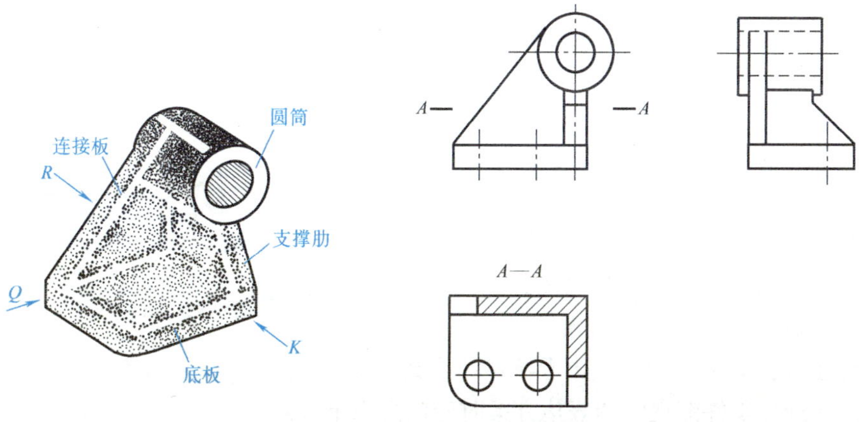

a)　　b)

图 7-2　支座的主视图选择

系。支座由圆筒、连接板、底板、支撑肋四部分组成，选择的主视图方向 K 较其他方向（如 Q、R 向）更清楚地显示了零件的形状特征。因此，主视图的选择应尽量多地反映出零件各组成部分的结构特征及相互位置关系。

（2）零件的安放位置 零件的安放位置应符合工作位置原则和加工位置原则。工作位置指零件在机器或部件中的实际安装位置。主视图与工作位置一致，便于想象出零件的工作情况，了解零件在机器或部件中的功用和工作原理，有利于画图和读图。如图 7-2 的 K 向和 Q 向。加工位置指零件加工时在机床上的装夹位置，主视图与加工位置一致，加工时便于图和物对照，便于加工和测量，有利于加工出合格的零件。如图 7-3 所示，轴类零件的主要加工工序在车床和磨床上完成，因此，零件主视图应选择其轴线水平放置，以便于看图加工。

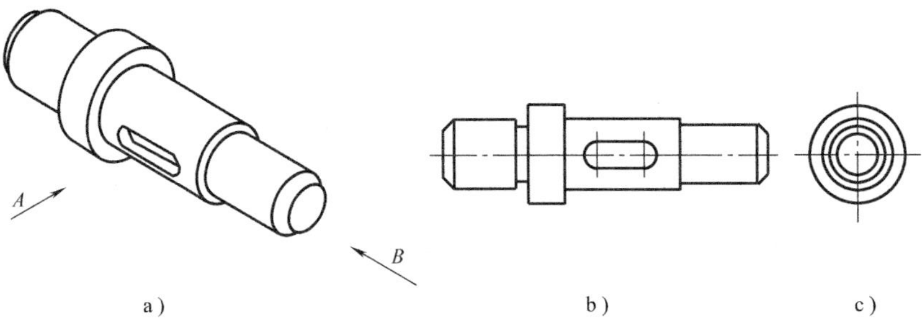

图 7-3 轴类零件的主视图

a）轴 b）A 向投影主视图 c）B 向投影

3. 其他视图的选择

由于多数零件，其主视图不能完全表达其结构形状，还必须配合其他视图表达。其他视图的确定可从以下几个方面来考虑：①对于主视图中尚未表达清楚的主要结构形状，应优先选用俯视图、左视图等基本视图，并在基本视图上做剖视；②次要的局部结构可采用局部视图、局部剖视、断面图、局部放大图及简化画法等表示法，并尽可能按投影关系配置视图，以利于画图和读图；③避免重复表达，每个视图应有表达重点。

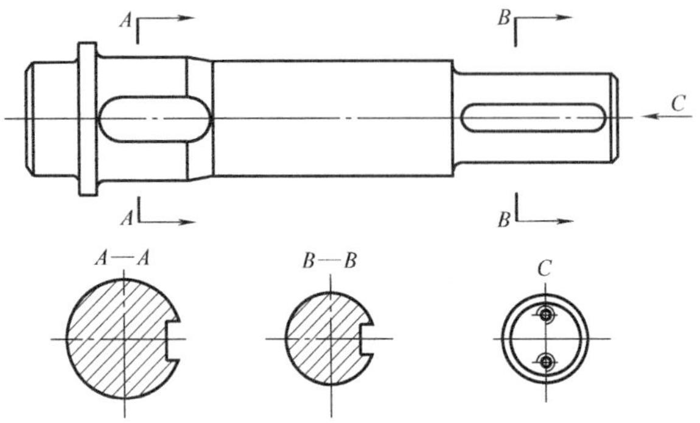

图 7-4 低速轴视图的表达方案

例如图 7-4 所示的低速轴，当主视图选定后，轴上的两个键槽的深度以及右端面上的两个螺孔位置和深度尚未表达清楚。对键槽的深度一般用断面图表达较为简明、清晰，所以采用了 $A—A$ 和 $B—B$ 断面图。对右端面的两个螺孔位置若用右视图，则图中要画出一些同心圆，使得图形不够简明清晰，所以采用了 C 向局部视图，螺孔的深度可在主视图中用局部剖视表达，也可在 C 向局部视图上注出螺纹尺寸及其深度。

总之，在选择零件图视图的表达方案时应注意以下几点。

1）视图要以遵循形状特征原则为主，同时考虑尽可能符合工作位置原则和加工位置原则。

2）应优先采用基本视图和在基本视图上做剖视。

3）选择主视图时，应同时考虑其他视图的选择，各视图应相互配合，互为补充，使表达既完整又不重复，即应同时考虑整个视图表达方案。

三、零件的工艺结构

零件的结构形状，不仅要满足设计要求，而且要满足加工工艺对零件结构的要求。

1. 零件的铸造工艺结构

（1）起模斜度　用铸造的方法制造零件毛坯时，为了便于在砂型中取出模样，一般沿模样起模方向做成约1:20的斜度，称为拔模斜度。因此在铸件上也有相应的起模斜度，如图7-5a所示。这种斜度在图上可以不予标注，也不一定画出，如图7-5c所示；必要时，可以在技术要求中用文字说明。

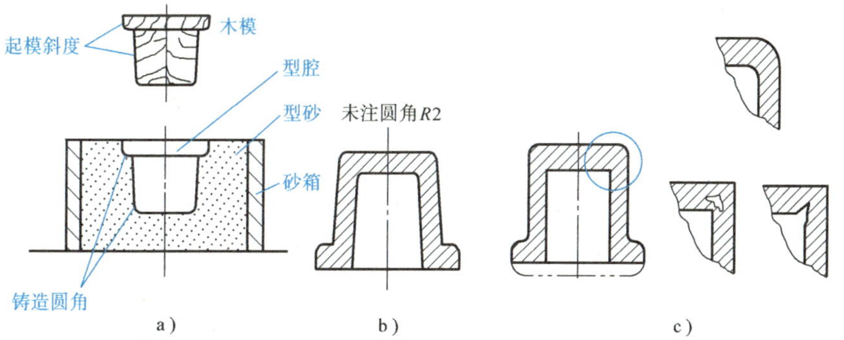

图7-5　起模斜度与铸造圆角

（2）铸造圆角　在铸件毛坯各表面的相交处，都有铸造圆角（图7-5），这样既能方便起模，又能防止浇注铁液时将砂型转角处冲坏，还可以避免铸件在冷却时产生裂缝或缩孔。铸造圆角在图上一般不予标注，常集中注写在技术要求中。如图7-5c所示的铸件毛坯的底面（作为安装底面），需要经过切削加工。这时，铸造圆角被削平。

由于铸造圆角的存在，两面相交处都有小圆角光滑过渡，因而两表面之间的交线就不明显。为了看图时能分清不同表面的界限，在投影图中仍画出这种交线，即过渡线。其画法与没有圆角时两面交线画法相同，只是不与圆角轮廓线接触而已。当两曲面的轮廓线相切时，过渡线在切点附近应断开，如图7-6所示。

（3）铸件壁厚　在浇注零件时，为了避免各部分冷却速度的不同而产生缩孔或裂缝，要求铸件壁厚均匀一致或采取逐渐变化。图7-7a、c所示结构合理，图7-7b、d所示结构不合理，即铸件壁厚应均匀或逐渐变化，避免突然变厚或局部肥大。

2. 零件的切削工艺结构

（1）倒角和倒圆　如图7-8所示，为了去除零件的毛刺、锐边和便于装配，在轴或孔的端部，一般都加工成倒角（一般45°倒角按“C倒角宽度”注出；30°或60°倒角，应分别注出宽度和角度）；为了避免因应力集中而产生裂纹，在轴肩处往往加工成圆角的过渡形式，称为倒圆。

（2）退刀槽和砂轮越程槽　零件在车削或磨削时，为保证加工质量，便于车刀的进入或退出，以及砂轮的越程需要，常在轴肩处、孔的台肩处预先车削出退刀槽或砂轮越程槽，如图7-9所示。具体尺寸与构造可查阅有关标准和设计手册。退刀槽或砂轮越程槽的三种常见

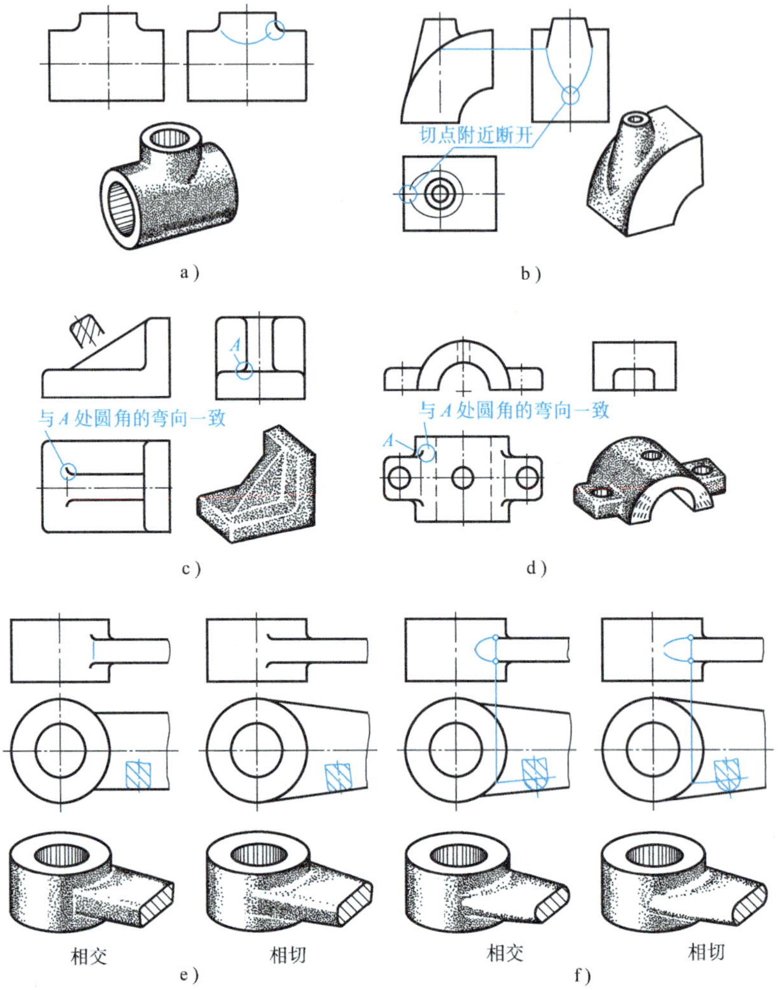

图 7-6 铸件表面的过渡线

a)、b) 两曲面相交的过渡线 c)、d) 平面与平面、平面与曲面相交的过渡线
e)、f) 断面为长方体、长圆形肋板与圆柱组合时的过渡线

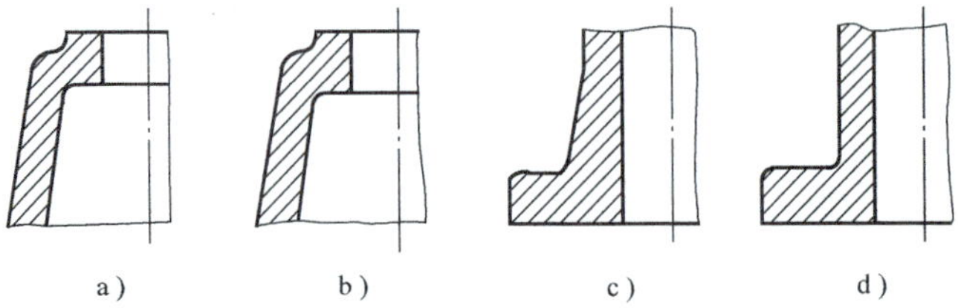

图 7-7 铸件壁厚

a) 壁厚均匀 b) 壁厚不均匀 c) 壁厚逐渐变化 d) 壁厚突变

的尺寸标注方法，如图 7-9 所示。

(3) 钻孔端面 为防止钻头折断或钻孔倾斜，被钻孔的端面应与钻头轴线垂直，如图 7-10所示。

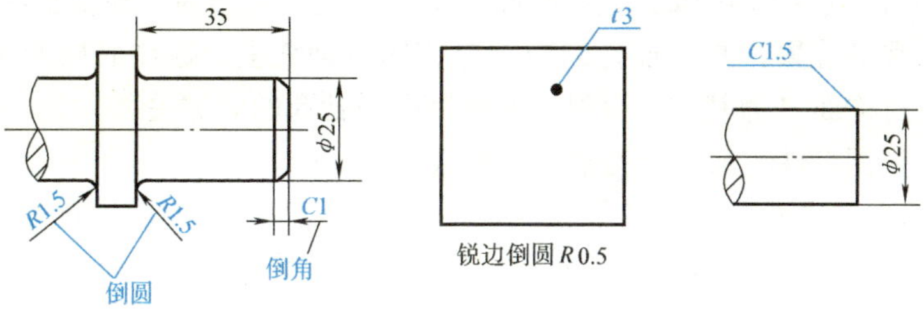

图 7-8 倒角和倒圆及尺寸标注

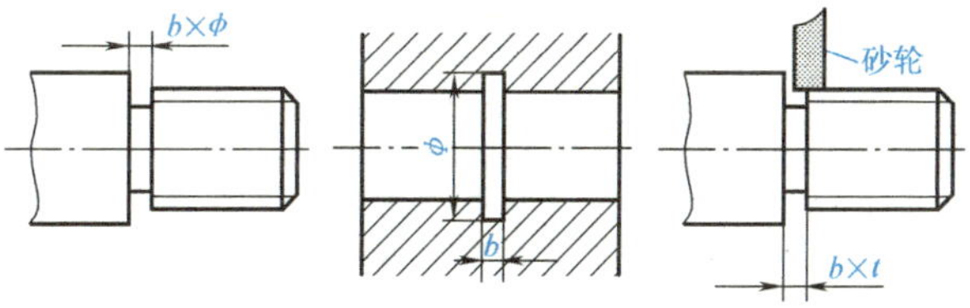

图 7-9 退刀槽或砂轮越程槽

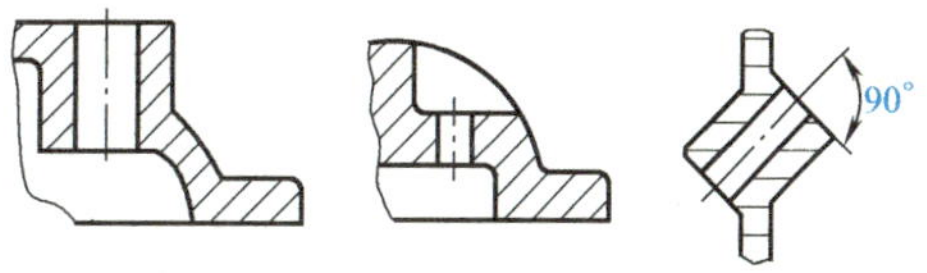

图 7-10 钻孔端面

（4）减少加工面 零件上与其他零件的接触面，一般都要加工，为了减少加工面积，并保证零件表面之间有良好的接触，常在铸件上设计出凸台、凹坑。图 7-11a、b 所示为螺栓连接的支承面做成凸台或凹坑的形式；图 7-11c、d 所示为因减少加工面积，而做成凹槽或凹腔的结构。

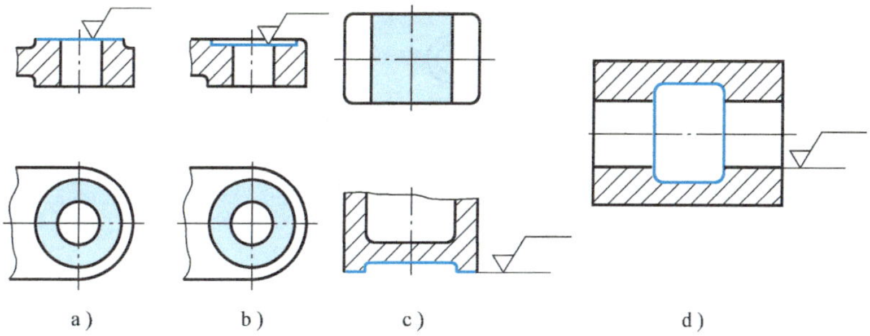

图 7-11 凸台和凹坑

第三节 零件图的尺寸标注

零件图中的图形，只是用于表达零件的形状，而零件各部分的真实大小及相对位置，则靠标注尺寸来确定。零件图上的尺寸不但要满足标注正确、完整、清晰的基本要求，还应标注得合理。即所标的尺寸能满足零件的设计和加工工艺的要求，保证零件的使用性能，便于零件的制造和检验测量。

一、合理标注尺寸的基本原则

1. 正确选择尺寸基准

度量尺寸的起点，称为尺寸基准。根据其作用的不同，尺寸基准可分为设计基准和工艺基准。设计基准是用于确定零件在部件中工作位置的基准面或基准线。如图 7-12 中，标注支架轴孔的中心高尺寸 40 ±0.02，应以底面 D 为基准注出。因为一根轴要用两个支架支撑，为了保证轴线的水平位置，两个轴孔的中心应在同一轴线上。标注底板两螺钉孔的定位尺寸，长度方向以对称面 B 为基准，以保证两螺钉孔与轴孔的对称关系，B、D 为设计基准。

工艺基准是根据零件的加工、测量要求所选定的基准。

图 7-12 中凸台的顶面 E 是工艺基准，以此为基准测量螺孔的深度比较方便。根据基准的重要性，设计基准和工艺基准又可分为主要基准和辅助基准，两个基准之间应有联系尺寸，如图 7-12 中的高度尺寸 58。零件在长、宽、高三个方向都应有一个主要基准，如图 7-12 中的 B、C、D 。

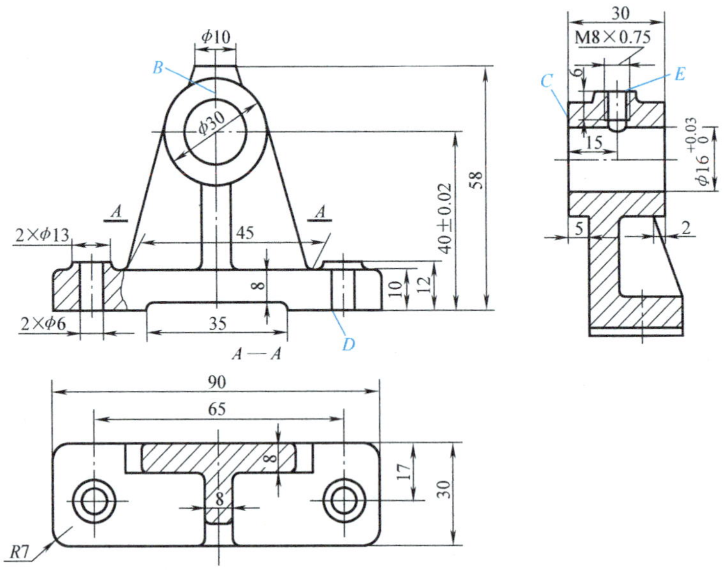

图 7-12　尺寸基准

常用基准要素有中心点、轴线、对称面、端面和底面。

2. 重要尺寸直接注出

重要尺寸指与其他零件相配合的尺寸、重要的相对位置尺寸、影响零件使用性能的其他尺寸，这些尺寸都要在零件图上直接注出。

图 7-13 所示轴孔的中心高是重要尺寸，若按图 7-13b 标注，则两尺寸 c 和 b 的累积误差，使得孔中心高不能满足设计要求。另外，为装配方便，图 7-13a 中底板上两孔的中心距

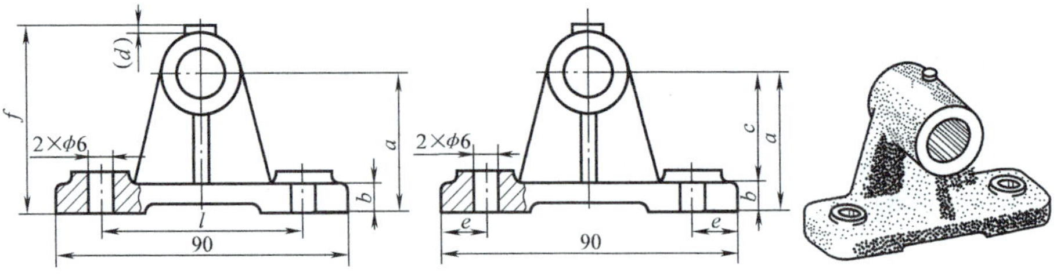

a)　　b)　　c)

图 7-13　重要尺寸直接注出

a) 正确　b) 错误　c) 轴承座立体图

也应直接注出，图 7-13b 标注尺寸 e 间接确定尺寸 l，则不能满足装配要求。

图 7-13b 中尺寸 a、b、c 构成一个封闭的尺寸链。由于 $a=b+c$，若尺寸 a 的误差一定，则 b、c 两个尺寸的误差就要很小。这样会使加工困难，所以应当避免封闭的尺寸链，可将一个不重要的尺寸 c 去掉。

3. 尺寸标注应便于加工和测量

(1) 尺寸标注应考虑加工的顺序和加工方法　如图 7-14a 所示，轴向尺寸是考虑到轴的加工顺序。因此选择右端面为工艺基准标注尺寸。图 7-14b 所示尺寸标注为方便不同工种的工人识图，将同一工种的加工尺寸适当集中，以便加工时查找。

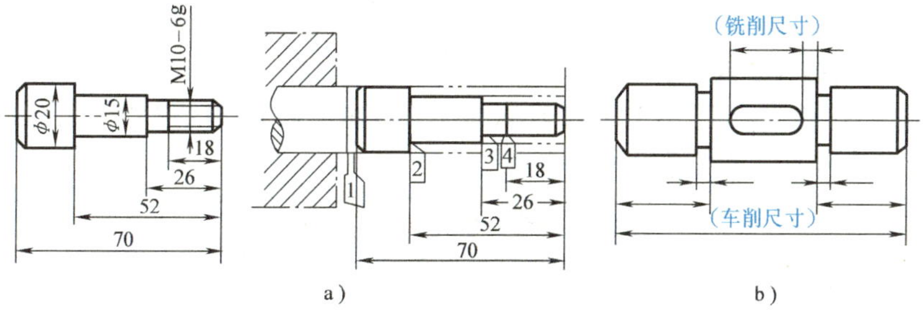

图 7-14　标注尺寸应便于加工和测量

a) 阶梯轴及其加工情况　b) 不同工种加工的尺寸标注

(2) 标注尺寸应便于测量　如图 7-15a、b 所示为套筒轴向尺寸的标注。按图 7-15a 标注尺寸 A、C 便于测量，若按图 7-15b 标注尺寸 B，则不便于测量。图 7-15c 所示的几何中心点是无法直接测量到的，不能这样标注，应按图 7-15d 所示标注尺寸，方便测量。

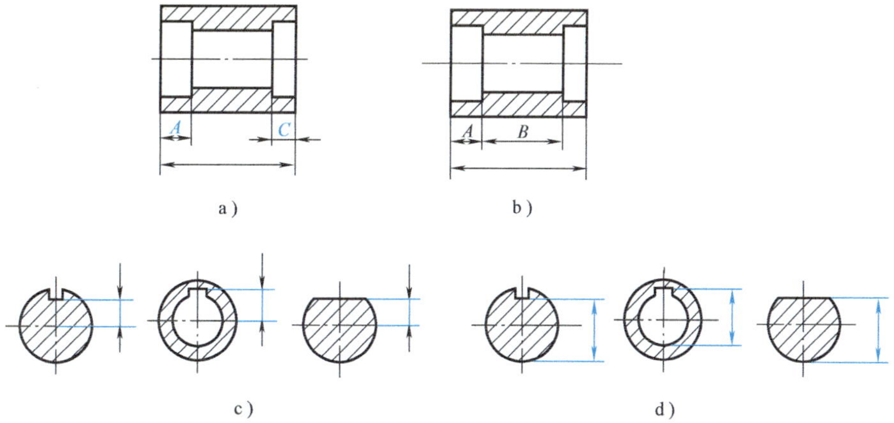

图 7-15　标注尺寸要便于测量

a) 合理　b) 不合理　c) 不合理　d) 合理

4. 同一个方向只能有一个非加工面与加工面联系

在图 7-16a 中沿铸件的高度方向有三个非加工面 B、C 和 D，其中只有 B 面与加工面 A 有尺寸联系，这是合理的。

图 7-16b 所注的三个非加工面 B、C 和 D，都与加工面 A 有尺寸联系，这是不合理的。那么，在加工 A 面时，就很难同时保证三个联系尺寸的精度。

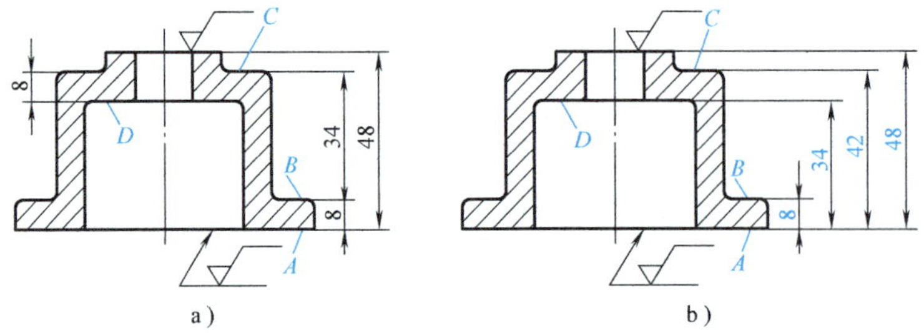

图 7-16 铸件的尺寸标注
a) 合理 b) 不合理

二、典型工艺结构的尺寸注法

零件上常见工艺结构的尺寸注法已经标准化，倒角、退刀槽的尺寸标注，如图 7-8、图 7-9 所示。零件上常见孔的尺寸注法见表 7-1。

表 7-1 零件上常见孔的尺寸注法

结构类型			简化注法		一般注法
螺孔	通孔		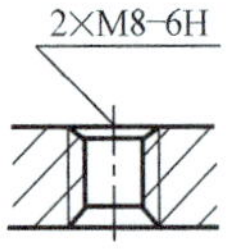		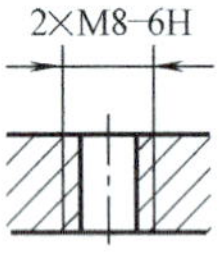
	不通孔		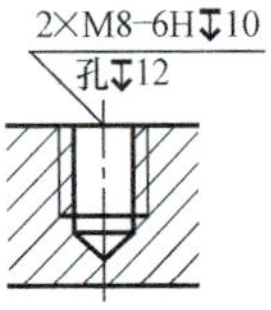	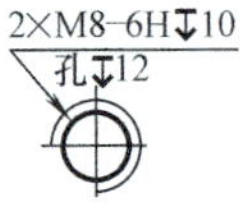	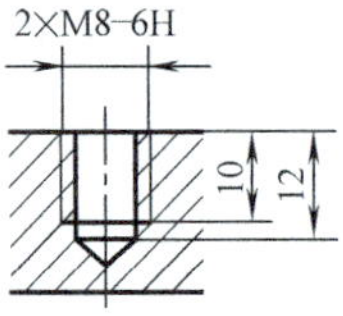
光孔	圆柱孔	一般孔	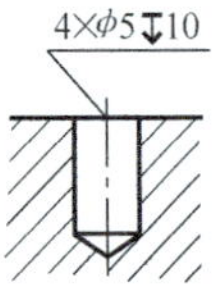	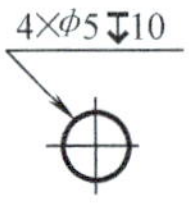	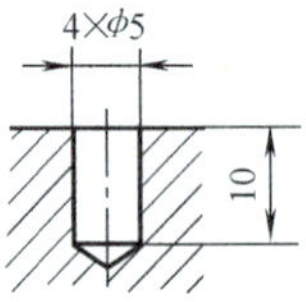
		精加工孔	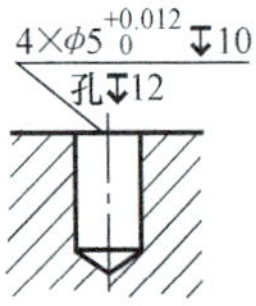	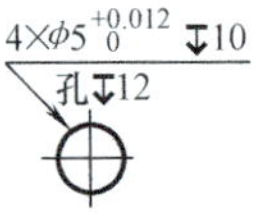	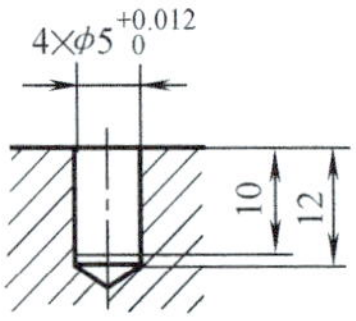
	锥孔		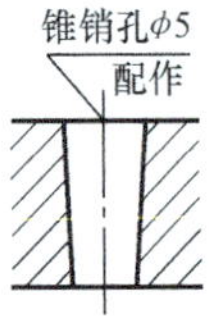		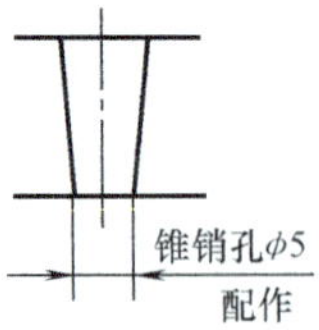

（续）

结构类型		简化注法	一般注法
沉孔	锥形沉孔	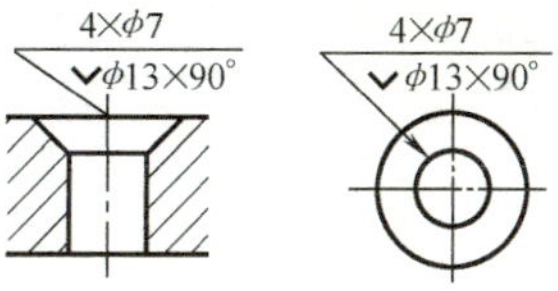	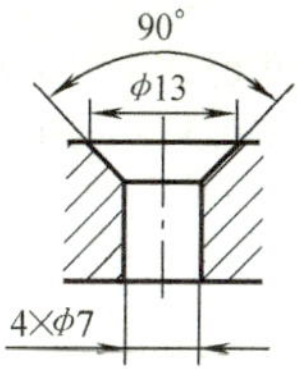
	柱形锥孔	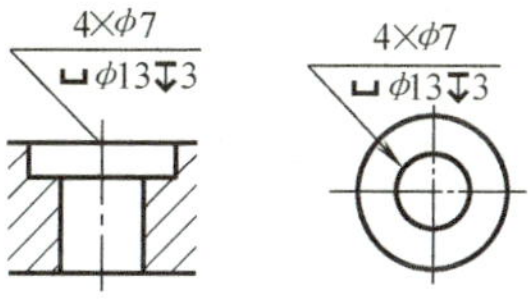	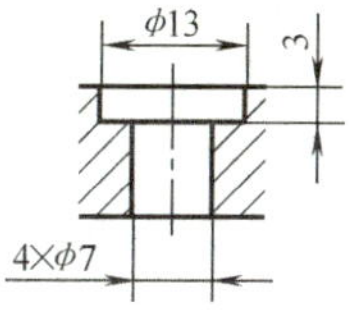
	锪平沉孔	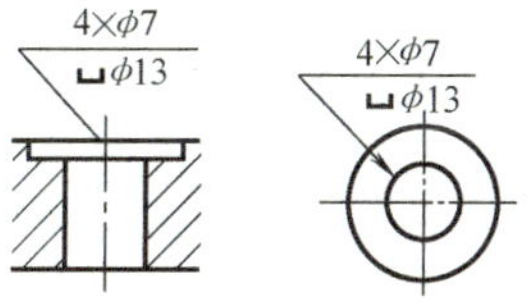	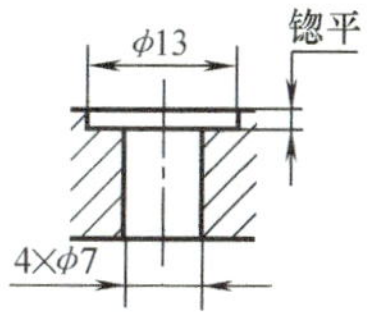

第四节　零件图上的技术要求

零件图的技术要求指制造和检验该零件时应达到的质量要求。

技术要求主要包含以下内容：

1）零件的材料及毛坯要求。

2）零件的表面粗糙度要求。

3）零件的尺寸公差、形状和位置公差。

4）零件的热处理、涂镀、修饰、喷漆等要求。

5）零件的检测、验收、包装等要求。

这些内容有的按规定符号或代号标注在图上，有的用文字注写在图样的右下方。

由于技术要求涉及的专业知识面较广，本课程仅介绍表面粗糙度、极限与配合以及形状和位置公差的基本概念及其在图样上的标注方法。

一、表面粗糙度

1. 表面粗糙度的概念及参数

零件表面经加工后，看起来很光滑，若用放大镜观察，则会看到表面有明显高低不平的粗糙痕迹，如图 7-17 所示。零件加工表面上存在的较小间距的峰谷组成的微观不平度称为表面粗糙度。表面粗糙度反映了零件表面的质量，它对零件的装配、工作精度、疲劳强度、耐磨性、耐蚀性和外观等都有影响。零件的表面粗糙度应根据零件的作用恰当地选择。

表面粗糙度的评定参数主要有：轮廓的算术平均偏差 *Ra* 和轮廓的最大高度 *Rz*。优先选用轮廓的算术平均偏差 *Ra*，其数值见表 7-2。

表 7-2 轮廓的算术平均偏差（*Ra*）的数值

（单位：μm）

Ra	0.012 0.025 0.05 0.1	0.2 0.4 0.8 1.6	3.2 6.3 12.5 25	50 100

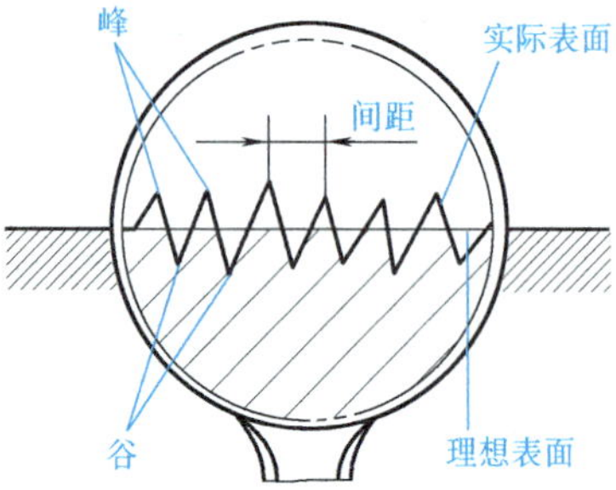

图 7-17 表面粗糙度示意图

2. 表面粗糙度符号、代号及其注法（GB/T 131—2006）

（1）表面粗糙度的代（符）号 表面粗糙度的代号由表面粗糙度符号、参数值（数字）及其他有关说明组成。它指被加工表面完工后的要求，一般情况下只注出表面粗糙度符号及 *Ra* 值。当选用 *Rz* 时，应同时注出 *Rz* 及参数值。表面粗糙度符号、代号及其意义，见表 7-3。

表 7-3 表面粗糙度代号及其含义

代 号	含义及说明
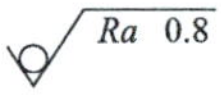	表示不允许去除材料，单向上限值，*R* 轮廓，算术平均偏差 0.8μm
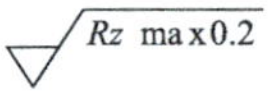	表示去除材料，单向上限值，*R* 轮廓，粗糙度最大高度的最大值 0.2μm
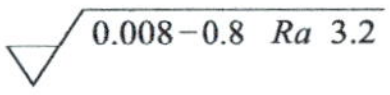	表示去除材料，单向上限值，传输带 0.008 ~ 0.8mm，*R* 轮廓，算术平均偏差 3.2μm
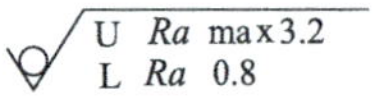	表示不允许去除材料，双向极限值，*R* 轮廓，上限值：算术平均偏差 3.2μm，下限值：算术平均偏差 0.8μm

（2）表面粗糙度代（符）号在图样上的标注 如图 7-18 所示。

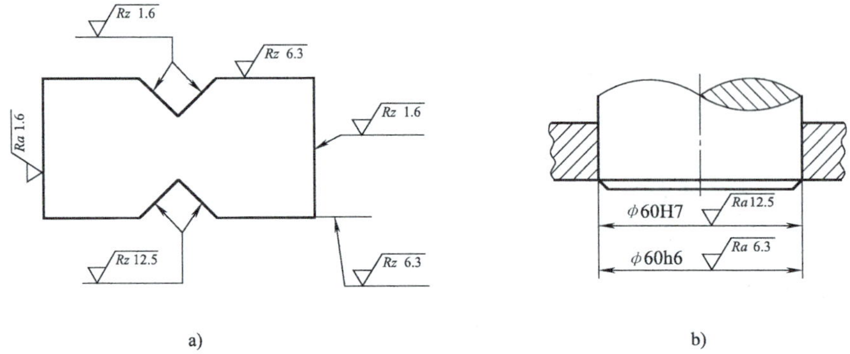

图 7-18 表面粗糙度代号在图样上的标注

二、尺寸公差与配合

在现代专业化协作的生产中，必须按互换性要求组织生产。在一批相同的零件中任取一个，不需修配便可装到机器上并能满足使用要求的性质，称为互换性。但零件在制造过程中，由于加工和测量等因素引起的误差，使得零件的尺寸不可能绝对准确，为了使零件具有互换性，必须限制零件的误差范围。同时使用要求不同，两零件结合松紧程度也不同，为此国家制订了极限与配合的标准。

1. 公差与配合的概念

尺寸公差（简称公差） 尺寸公差指允许尺寸的变动量。公差带指上、下极限尺寸限定的区域。零件图上的尺寸都是有公差要求的，可用代号标注在零件图上，如 ϕ40H8，ϕ40f7，其含义如图7-19所示。H8、f7 是表示公差带，称为公差带代号。字母大写表示孔的公差带代号，字母小写表示轴的公差带代号。以分数形式表示的孔、轴公差带代号的组合表示公称尺寸相同的孔轴之间的配合代号，如 ϕ40H8/f7。

图 7-19 孔、轴公差带代号写法

2. 公差和配合在图样中的注法

公差和配合在图样中的标注法，见表 7-4。

表 7-4 尺寸公差与配合注法

	基孔制		基轴制	
装配图	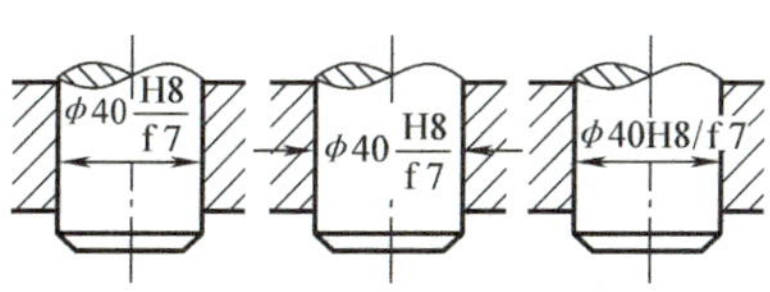		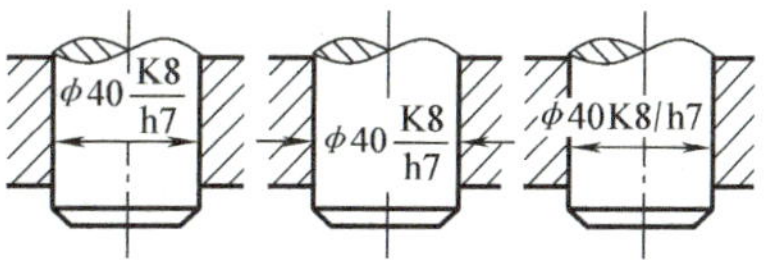	
	基孔制		基轴制	
	孔	轴	孔	轴
零件图	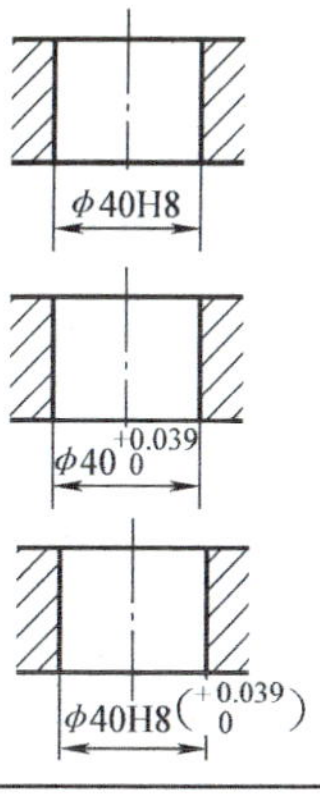	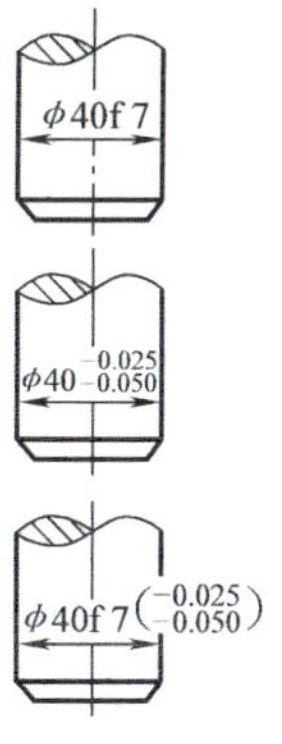	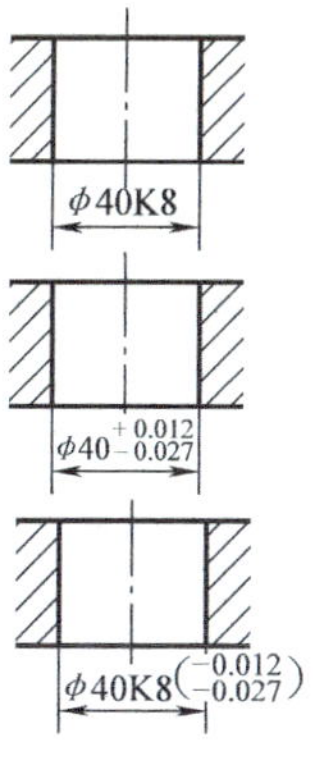	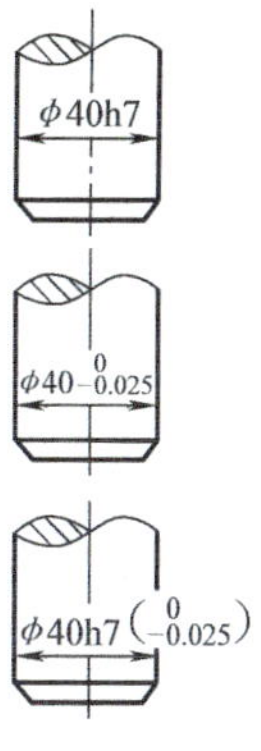

3. 公差带代号与配合代号的表述

ϕ40H8——表示公称尺寸为 ϕ40、基本偏差为 H、公差等级为 IT8 的孔。

ϕ40f7——表示公称尺寸为 ϕ40、基本偏差为 f、公差等级为 IT7 的轴。

ϕ40H8/f7——表示公称尺寸为 ϕ40、基孔制，基本偏差为 f、公差等级为 IT7 的轴与公差等级为 IT8 的基准孔的配合。

ϕ40K8/h7——表示公称尺寸为 ϕ40、基轴制、基本偏差为 K、公差等级为 IT8 的孔与公差等级为 IT7 的基准轴的配合。

轴孔的极限偏差表，基孔制优先、常用配合和基轴制优先、常用配合等见《技术制图》

国标规定。

三、几何公差

1. 几何公差的基本概念

零件在加工过程中，不仅会产生尺寸误差，也会产生几何误差。如轴的直径大小符合尺寸要求，但其轴线弯曲时仍然是不合格产品。所以要保证产品质量，还要对零件的几何形状和相对位置公差加以限制。

形状、方向、位置和跳动公差简称为几何公差，指零件的实际形状和实际位置对其理想形状和理想位置所允许的最大变动量。

2. 几何公差的几何特征符号（表7-5）

表7-5 几何公差的几何特征符号

公差类型	几何特征	符号	有无基准
形状公差	直线度	⏤	无
	平面度	⏥	无
	圆度	○	无
	圆柱度	⌭	无
形状、位置公差	线轮廓度	⌒	无或有
	面轮廓度	⌓	无或有
方向公差	平行度	∥	有
	垂直度	⊥	有
	倾斜度	∠	有
位置公差	位置度	⌖	有或无
	同轴(同心)度	◎	有
	对称度	⌯	有
跳动公差	圆跳动	↗	有
	全跳动	⌰	有

3. 几何公差的代号

国家标准（GB/T 1182—2008）规定用代号来标注几何公差。几何公差代号包括：几何公差特征项目符号（表7-5）、公差框格及指引线、公差数值、其他有关符号和基准代号等，如图7-20所示。框格内字体的高度 h 与图样中的尺寸数字等高。

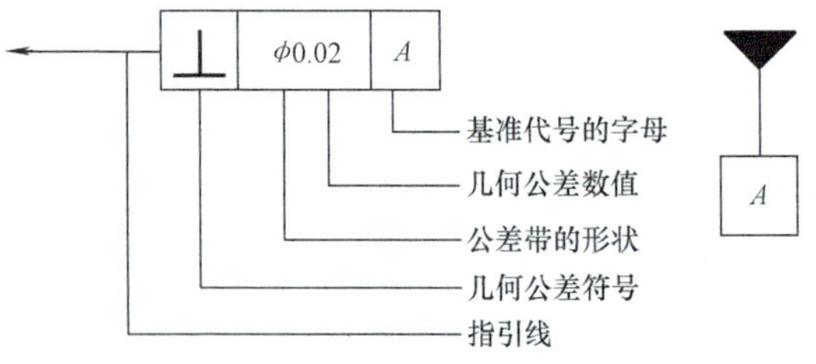

a) b)

图7-20 几何公差代号和基准代号
a）几何公差代号 b）基准代号

4. 几何公差标注示例

几何公差标注示例如图7-21所示。

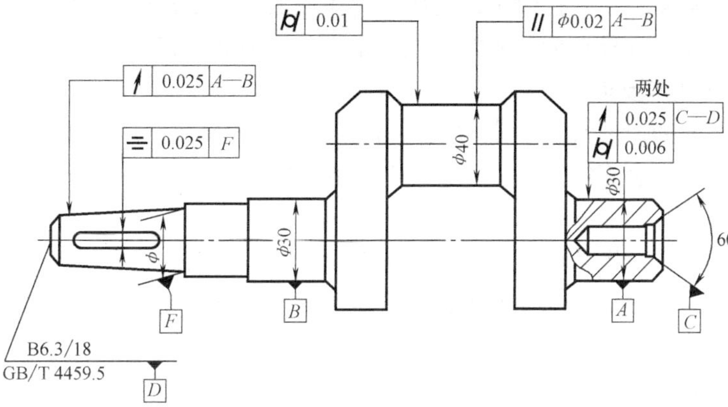

图 7-21　几何公差标注示例

⌭ 0.01 表示 ϕ40mm 外圆柱面的圆柱度公差为 0.01mm。

⌯ 0.025 F 表示键槽中心平面对基准 *F*（左端圆台部分的轴线）的对称度公差为 0.025mm。

∥ ϕ0.02 A—B 表示 ϕ40mm 的轴线对公共基准轴线 *A—B* 的平行度公差为 0.02mm。

↗ 0.025 C—D / ⌭ 0.006 表示 ϕ30mm 外圆表面对公共基准线 *C—D* 的径向圆跳动公差为 0.025mm；圆柱度公差为 0.006mm。

四、零件的材料及热处理

机械零件经过热处理后，可使材料获得较好的使用性能和工艺性能，常用的热处理方法有退火、正火、淬火、回火及表面热处理。一般在图样的技术要求中加以说明，或在图样上给予标注。

第五节　零件图的识读

一、识读零件图的要求

零件图是制造和检验零件的依据。读零件图的目的就是看懂各视图的投影关系，根据表达方案想象出零件的结构形状；分析零件的尺寸和技术要求，找出尺寸基准、重要尺寸、定形尺寸和定位尺寸；理解图上各种符号、代号的含义，全面了解零件加工的质量要求。

二、读零件图的方法和步骤

1. 读标题栏

了解零件的名称、材料、画图的比例、重量等内容。从名称可判断该零件属于哪一类零件，从材料可大致了解其加工方法，从比例可估计零件的实际大小等，从而对零件有初步的了解。

2. 分析视图，想象形状

读懂零件的内、外形状和结构，是读零件图的重点。组合体的读图方法（形体分析法、线面分析法），仍然适用于读零件图。

从基本视图看出零件的大体内、外形状；结合局部视图、斜视图以及剖面等表达方法，读懂零件的局部或斜面的形状；同时，也从设计和加工方面的要求，了解零件的一些结构的作用。按“先大后小，先外后内，先粗后细”的顺序，有条不紊地进行识读。

3. 分析尺寸和技术要求

了解零件各部分的定形尺寸、定位尺寸和零件的总体尺寸，以及注写尺寸时所用的基准。了解技术要求，如表面粗糙度、公差与配合等内容。

4. 综合归纳

把读懂的结构形状、尺寸标注和技术要求等内容综合起来，就能比较全面地读懂这张零件图。有时为了读懂比较复杂的零件图，还需参考有关的技术资料，包括零件所在的部件装配图以及与它有关的零件图。

三、典型零件的识读

零件是组成机器或部件的基本单元，根据零件的结构特点可将其分为轴套类、盘盖类、叉架类、箱体类四类。下面分别说明各类零件图的识读方法和步骤。

1. 轴套类零件

轴套类零件包括轴、杆、轴套、衬套等。如图 7-22 所示为铣刀头主轴的零件图，识读方法和步骤如下。

（1）读标题栏，概括了解　从标题栏可知，零件的名称是轴，属于轴套类零件。材料是 45 钢，绘图比例为 1:2。

（2）分析视图，想象形状　轴主要在车床上加工，因此主视图的安放采用了加工位置

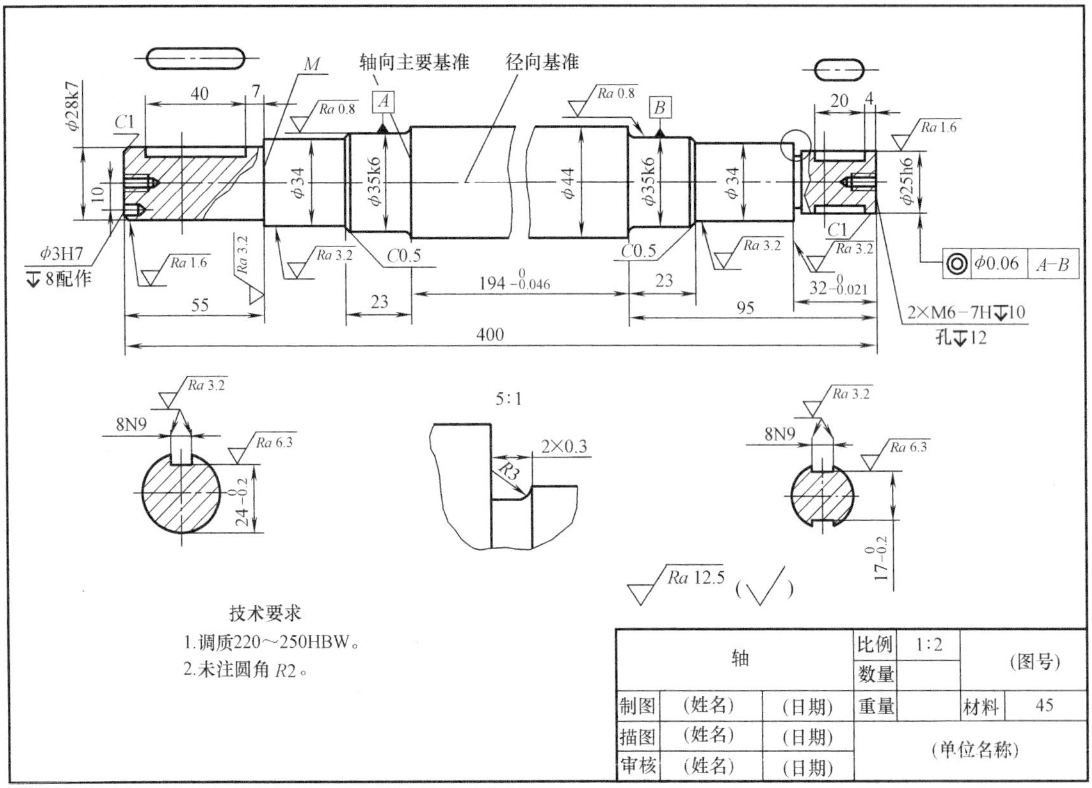

图 7-22　铣刀头主轴的零件图

原则。由于轴套类零件基本上以轴线径向对称，所以采用一个基本视图加上一系列直径尺寸，就能表达清楚其主要形状。对于其细部结构，如轴上的键槽，一般采用移出断面图表达。其他一些较小结构，如砂轮越程槽，根据需要，也可采用局部放大图进行表达。

（3）分析尺寸　轴套类零件的主要尺寸是径向尺寸和轴向尺寸（高度、宽度和长度尺寸）。在加工和测量径向尺寸时，均以轴线为基准（设计基准）；轴长度方向的尺寸一般都以重要的定位面（轴肩）作为主要尺寸基准。

如图 7-22 所示，以水平位置的轴线作为径向尺寸基准，注出各段轴颈的尺寸，如 $\phi 28$、$\phi 34$、$\phi 35$、$\phi 44$、$\phi 25$。以尺寸 $\phi 44$ 轴颈的左端面为轴向主要尺寸基准，注出尺寸 $194_{-0.046}^{0}$ 和 23。轴向辅助基准是轴的端面，注出总长尺寸 400，以及尺寸 32、95、55 等。

（4）了解技术要求　为保证零件质量，重要的尺寸应标注尺寸偏差（或公差），零件的工作表面应标注表面粗糙度，对加工提出严格的要求。

铣刀头主轴的径向尺寸 $\phi 28k7$、$\phi 35k6$、$\phi 25h6$，均标注有尺寸公差代号及公差等级，表明这几部分轴颈均与相关零件有配合关系，所以表面粗糙度有严格的要求，*Ra* 值分别为 1.6μm、0.8μm。以两段尺寸 $\phi 35$ 轴颈的轴线为基准轴线，$\phi 25$ 的轴线对基准轴线有同轴度公差要求，公差值为 $\phi 0.06$mm。该轴的材料为 45 钢，为了提高材料的强度和韧性要进行调质热处理，硬度为 220 ~ 250HBW。

识读轴套类零件要把握的要点如下。

1）结构特点：通常由几段不同直径的同轴回转体组成，常有键槽、退刀槽、越程槽、中心孔、销孔，以及轴肩、螺纹等结构。

2）主要加工方法：毛坯一般用棒料，主要加工方法是车削、镗削和磨削。

3）视图表达：主视图按加工位置放置，表达其主体结构。采用断面图、局部剖视图、局部放大图等表达零件的局部结构。

4）尺寸标注：以回转体轴线作为径向（高、宽方向）尺寸基准，轴向（长度方向）的主要尺寸基准是重要端面。主要尺寸直接注出，其余尺寸按加工顺序标注。

5）技术要求：有配合要求的表面，其表面粗糙度值较小。有配合要求的轴颈、主要端面一般有几何公差要求。

2. 盘盖类零件

盘盖类零件包括端盖、压盖、法兰盘、齿轮、手轮等。图 7-23 所示为端盖零件图。识读方法与步骤如下。

（1）看标题栏，概括了解　由图样标题栏可知，零件名称为端盖（从名称可大致了解零件的功能，如端盖有密封的作用），零件的材料为 HT200，绘图比例为 1:1。

（2）分析视图，想象形状　端盖的主视图采用全剖视图，表达了端盖上螺孔、沉孔的结构尺寸。主视图的安放既符合主要加工位置，也符合端盖在部件中的工作位置原则。左视图表达了 3 个螺纹孔及 6 个沉头孔的均布情况。

（3）分析尺寸　多数盘盖类零件的主体部分都是回转体，所以通常以轴孔的轴线作为径向尺寸基准，并由此注出端盖各部分的径向尺寸。图中注有尺寸公差的径向尺寸有 $\phi 32_{0}^{+0.032}$、$\phi 16_{0}^{+0.018}$ 和 $\phi 55_{-0.029}^{-0.010}$，表明这几处结构与部件中其他零件有配合要求。

以端盖的重要端面作为长度方向的主要尺寸基准，此例为注有表面粗糙度值 *Ra*3.2μm 的右端面，由此注出 20、10 以及 5 等尺寸。

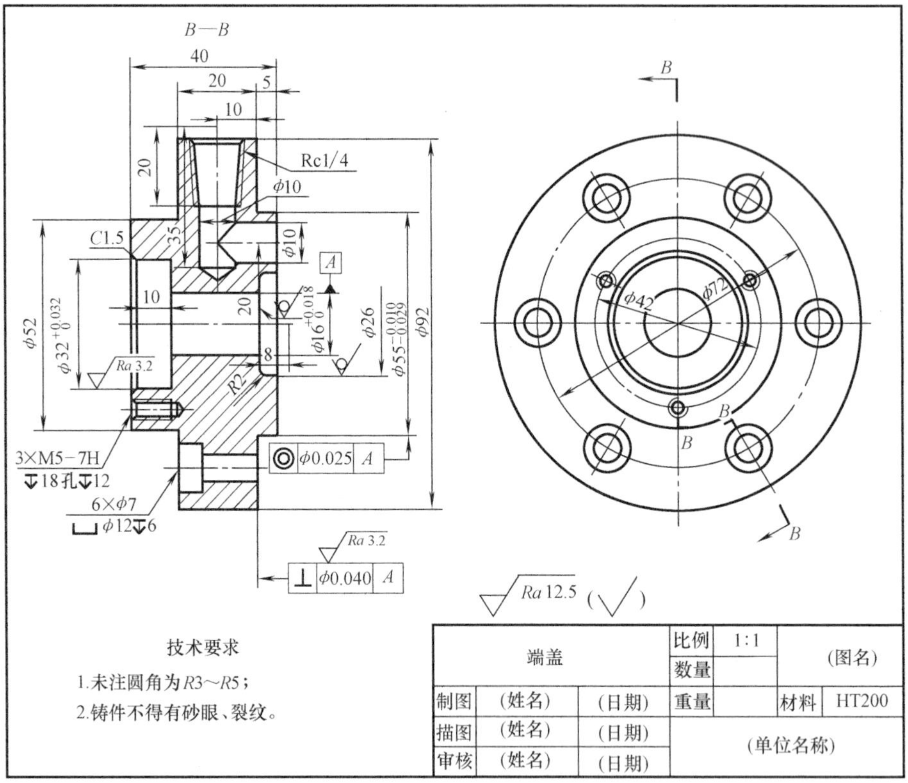

图 7-23　端盖零件图

（4）了解技术要求　端盖是铸件，需进行时效处理，消除内应力。视图中有小圆角（铸造圆角 $R3\sim R5$）过渡的表面为不加工表面。$\phi55^{-0.010}_{-0.029}$与 $\phi16^{+0.018}_{0}$轴线有同轴度要求，其公差值为 $\phi0.025$mm。右端面与 $\phi16^{+0.018}_{0}$轴线有垂直度要求，公差值为 $\phi0.040$mm。

读盘盖类零件要把握的要点如下。

1）结构特点：主体部分常由回转体组成，也可能是方形或组合形体。零件通常有键槽、轮辐、均布孔等结构，并且常有一个端面与部件中的其他零件结合。

2）主要加工方法：毛坯多为铸件，主要在车床上加工，较薄时采用刨床或铣床加工。

视图表达一般采用两个基本视图表达。主视图按加工位置原则，轴线水平放置（对于不以车削为主的零件则按工作位置或形状特征选择主视图），通常采用全剖视图表达内部结构；另一个视图表达外形其他结构，如孔、肋、轮辐的相对位置等。

3）尺寸标注：径向（高、宽方向）的主要尺寸基准是回转轴线，轴向（长度方向）尺寸则以主要结合面为基准。对于圆或圆弧形盘盖类零件上的均布孔，一般采用“$n\times\phi m$EQS”的形式标注，角度定位尺寸可省略。

4）技术要求：重要的轴、孔和端面尺寸精度要求较高，且一般都有几何公差要求，如同轴度、垂直度、平行度和轴向圆跳动等。配合的内、外表面及轴向定位端面的表面有较高的表面粗糙度要求。材料多数为铸件，有时效处理和表面处理等要求。

3. 叉架类零件

叉架类零件包括拨叉、连杆、支架、支座等。叉架类零件在机器或部件中主要起操纵、连接、传动或支承作用，零件毛坯多为铸、锻件。由支承部分、连接部分、工作（安装）部分组成，如图7-24所示。

图7-25所示为支架零件图，识读的方法和步骤如下。

（1）看标题栏，概括了解　由图样标题栏可知，零件名称为支架（从名称可大致想象该零件的功能，结构特点等），材料为铸铁，比例为1:2，体形不算复杂。

（2）分析视图，想象形状　叉架类零件经过多种机械加工，为此它的主视图应按工作位置和结构形状特征原则来选择。叉架类零件图一般都用三个基本视图来表达，此图分别显示三个组成部分的形状特征。

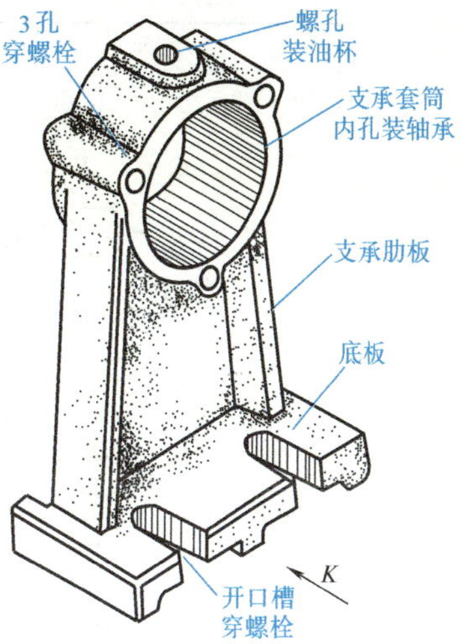

图7-24　支架的结构分析

由零件图可知，以图7-24所示的*K*向作为主视投射方向，配合全剖视的左视图，表达了支承、连接部分的相互位置关系和零件的大部分结构形状。俯视图突出了肋板的剖面形状和底板形状，顶部凸台用*C*向局部视图表示。要注意左视图中肋板的规定画法。

（3）尺寸标注　支架的底面为装配基准面，它是高度方向的尺寸基准，标注出支承部位的中心高尺寸170±0.1。支架结构左右对称，即选对称面为长度方向尺寸基准，标注出底板安装槽的定位尺寸70，还有尺寸24、82、12、110、140等。宽度方向是以后侧面为基准，标注出肋板定位尺寸4。

（4）技术要求　支架零件精度要求高的部位就是工作部分，即支承部分，支承孔为ϕ72H8，表面粗糙度值*Ra*的上限值为3.2μm。另外，底面的表面粗糙度值*Ra*的上限值为6.3μm，前、后面的*Ra*上限值分别为25μm、6.3μm，这些平面均为接触面。几何公差要求为ϕ72支承孔的轴线对安装底面有平行度要求，其公差值为0.03mm；支架后端面对ϕ72孔轴线的垂直度公差为0.04mm。

识读叉架零件图时应把握的要点如下。

1）结构特点：叉架类零件通常由工作部分、支承（或安装）部分组成，形状比较复杂且不规则。零件上常有叉形结构、肋板和孔、槽等。

2）加工方法：毛坯多为铸件或锻件，经车、镗、刨、钻等多种工序加工而成。

3）视图表达：一般需要两个以上基本视图表达。常以工作位置为主视图，反映主要形状特征。连接部分和细部结构采用局部视图或斜视图，并用剖视图、断面图、局部放大图表达局部结构。

4）尺寸标注：尺寸标注比较复杂。各部分的形状尺寸和相对位置尺寸要直接标注。尺寸基准常选择安装基面、对称平面、孔的中心线和轴线。

5）技术要求：支承部分、运动配合面及安装面，均有较严的尺寸公差、几何公差和表面粗糙度等要求。

4. 箱体类零件

箱体类零件是用于支承、包容、保护运动零件或其他零件的，常见的箱体有减速器箱体、泵体、阀体和机座。一般来说，这类零件的结构形状比较复杂，并且加工位置的变化更

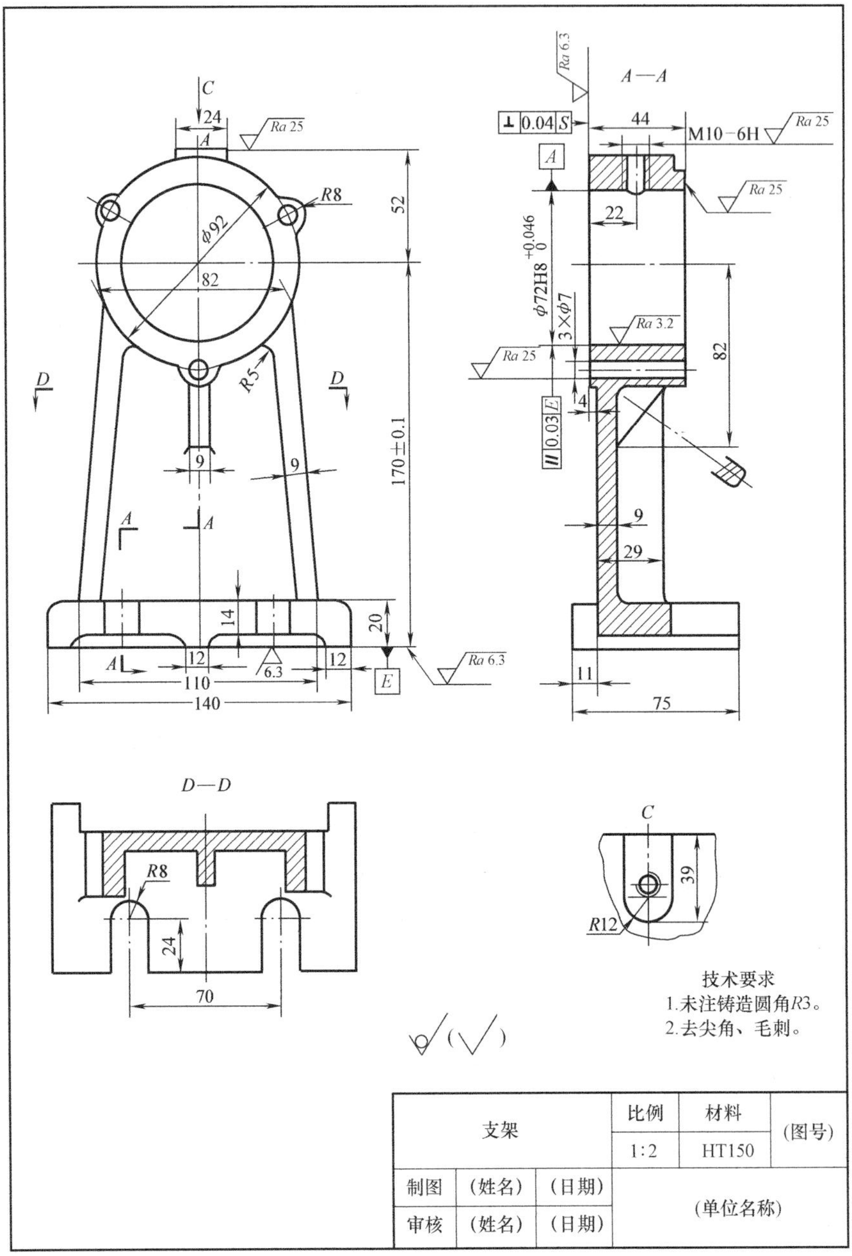

图 7-25 支架零件图

多。图 7-26 所示为蜗杆减速器箱体的形体分析。图 7-27 所示蜗杆减速器箱体零件图的识读方法和步骤如下。

（1）概括了解，看标题栏 由零件名可知零件为箱体类零件，比例为 1:5，体积比较大，结构形状复杂。材料为 HT150。

（2）分析视图，想象形状 由形体分析法可见，蜗杆减速器箱体是由上、下圆柱体和底板三个基本形体组成的一个结构紧凑、有足够强度和刚度的壳体，如图 7-26 所示。

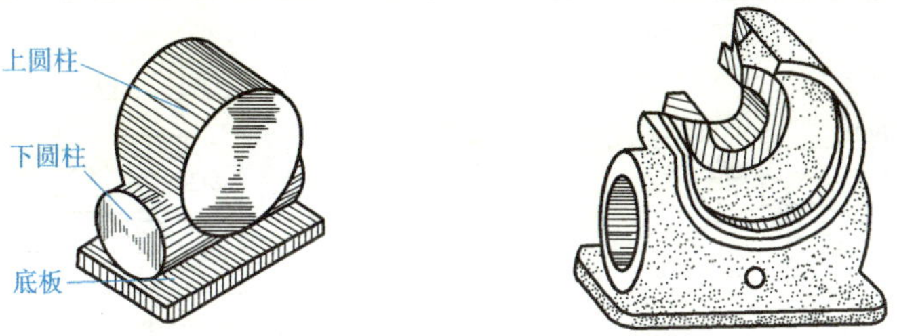

图 7-26 蜗杆减速器箱体的形体分析

选择箱体表达方案的各视图时，先选择一组基本视图（三视图），根据需要表达的结构做适当的剖切，然后增添必要的其他视图。

主视图以能显示箱体的工作位置，并同时满足能表达形状特征和各部位相对位置的方向作为其投射方向。箱体由于外形比较简单，内部结构较复杂，因此，主视图采用半剖视，左视图采用全剖视图，这样就可清楚地看到两个互相垂直的圆柱部分的内腔，即容纳蜗轮、蜗杆部分。

从主视图和左视图上，可以看到在 ϕ210 的端面上有 6 个螺孔 M8 深 20；从剖视部分和 B 向视图，可以看到在 ϕ140 的端面上有 3 个 M14 螺孔用于安装箱盖和轴承盖，同时能密封箱体。左视图上方 M20 和下方 M14 螺孔用于安装注油螺塞和放油螺塞。*C* 向局部视图表达了底板底面的形状。*A* 向局部视图表达了箱体后部加强肋的形状。

（3）尺寸标注　箱体类零件结构复杂、尺寸较多，尺寸分析较困难，一般采用形体分析法标注尺寸。箱体类零件在尺寸标注或分析时应注意以下几个方面。

1）重要轴孔对基准的定位尺寸：由图 7-27 可知，高度方向尺寸基准为底平面，孔 ϕ70 和 ϕ185 的高度方向的定位尺寸为 190，而孔 ϕ90 的定位尺寸为 105 ±0.09。底平面既是箱体的安装面，又是加工时的测量基准面；既是设计基准又是工艺基准。高度方向许多尺寸都是从底面注起的，如 308、30、20、5 等。长度方向的尺寸基准为蜗轮的中心面，宽度方向尺寸基准为蜗杆的中心面。

2）与其他零件有装配关系的尺寸：箱体底板安装孔中心距尺寸为 260、160；轴承配合孔的公称尺寸应与轴承外圈尺寸一致，如 ϕ70（是否要公差）、ϕ90（是否要公差）；安装箱盖螺孔的位置尺寸应与盖上螺孔的位置尺寸一致等。

（4）技术要求　箱体类零件的技术要求，主要在支承传动轴的轴孔部分，其轴孔的尺寸精度、表面粗糙度和几何公差，都将直接影响减速器的装配质量和使用性能。如尺寸 ϕ70、ϕ90、ϕ185，是否要公差将直接影响其性能；表面粗糙度值 *Ra* 的上限值分别为 3.2μm、12.5μm、25μm 等。此外，也有些重要尺寸，如图上尺寸 105 ±0.09，将直接影响蜗轮和蜗杆的啮合关系。因此，尺寸精度必须严格要求。

识读箱体类零件应把握的要点如下。

1）结构特点：箱体类零件主要起包容、支承其他零件的作用，常有内腔、轴承孔、凸台、肋、安装板、光孔、螺纹孔等结构。

2）主要加工方法：毛坯一般为铸件，主要在铣床、刨床、钻床上加工。

3）视图表达：一般需要两个以上基本视图来表达，主视图按形状特征和工作位置来选择，采用通过主要支承孔轴线的剖视图表达其内部形状结构，局部结构常用局部视图、局部

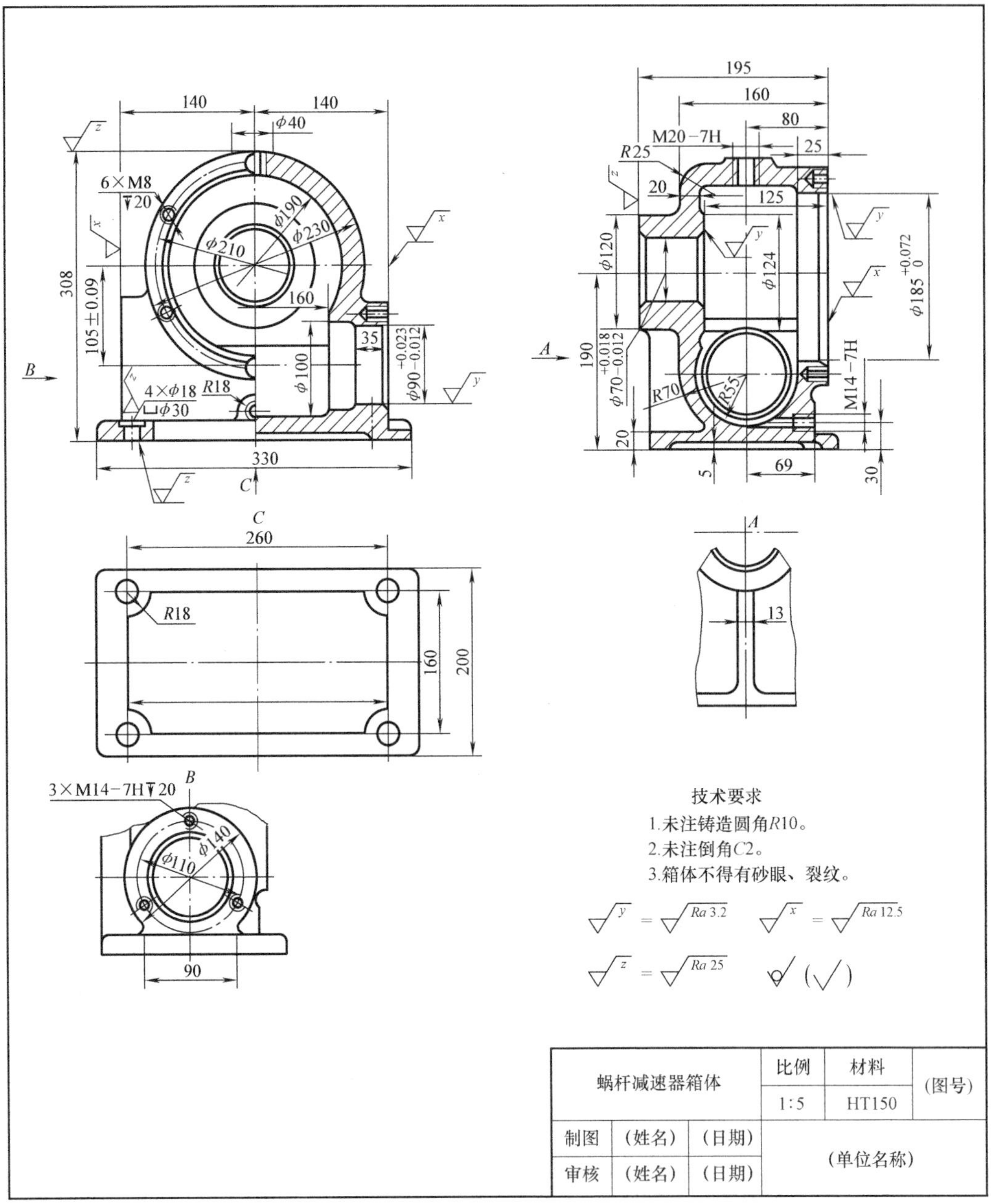

图 7-27 蜗杆减速器箱体零件图

剖视图、断面图等表达。

4）尺寸标注：长、高、宽三个方向的主要尺寸基准通常选用轴孔中心线、对称平面、结合面和较大的加工平面。定位尺寸较多，各孔的中心线（或轴线）之间的距离、轴承孔轴线与安装面的距离应直接注出。

5）技术要求：箱体类零件的轴孔、结合面及重要表面，在尺寸精度、表面粗糙度和几何公差等方面有较严格的要求。常有保证铸造质量的要求，如进行时效处理，不允许有砂眼、裂纹等。

通过对四类典型零件的分析，可以看出，识读零件图的一般方法是由概括了解到深入细致分析，以分析视图、想象形状为核心。分析图形离不开尺寸，分析尺寸的同时，又要结合技术要求。有些零件还要借助一些有关资料，才能真正看懂、理解图形。识读零件图是一件很细致的工作，马虎不得，读懂零件图不仅需要扎实的基础知识，而且需要一定的实践经验。因此，只有多看多练，打下良好的基础，培养求实的作风，才能不断提高看图能力。

【综合应用训练】

【案例 7-1】 读懂图 7-28 所示的丝杠支座零件图，并回答下列问题。

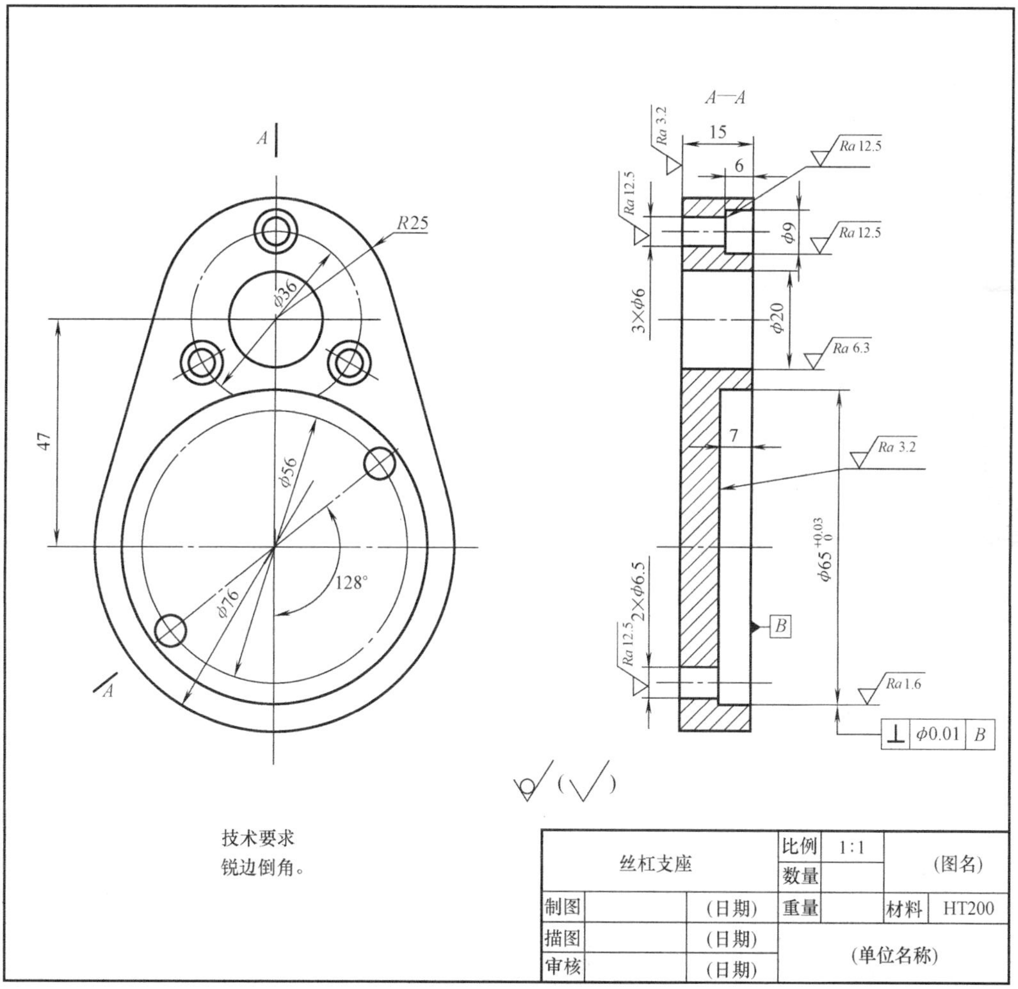

图 7-28 丝杠支座零件图

（1）该零件的名称是__________，比例是__________，材料是__________，其中 HT 表示__________，200 表示__________。

（2）该零件用了__________个基本视图来表达，其中 *A—A* 是用__________剖切的__________图。

（3）尺寸 2 × ϕ6.5 表示有________个公称尺寸是________的孔，其定位尺寸是________。

（4）图中有 3 个沉孔，其大孔直径是________，深度是________，小孔直径是________，其定位尺寸是________。

（5）尺寸 $\phi 65^{+0.03}_{0}$ 的公称尺寸是________，上极限尺寸是________，下极限尺寸是________，上极限偏差是________，下极限偏差是________，公差值是________。

（6）该零件加工表面的表面粗糙度值最小的是________，最大的是________，其他表面粗糙度代号是________。

（7）图中几何公差框格表示被测要素是________，基准要素是________，公差项目是________，公差值是________。

【案例 7-2】 读懂图 7-29 所示的阀体零件图，并想象其立体形状。

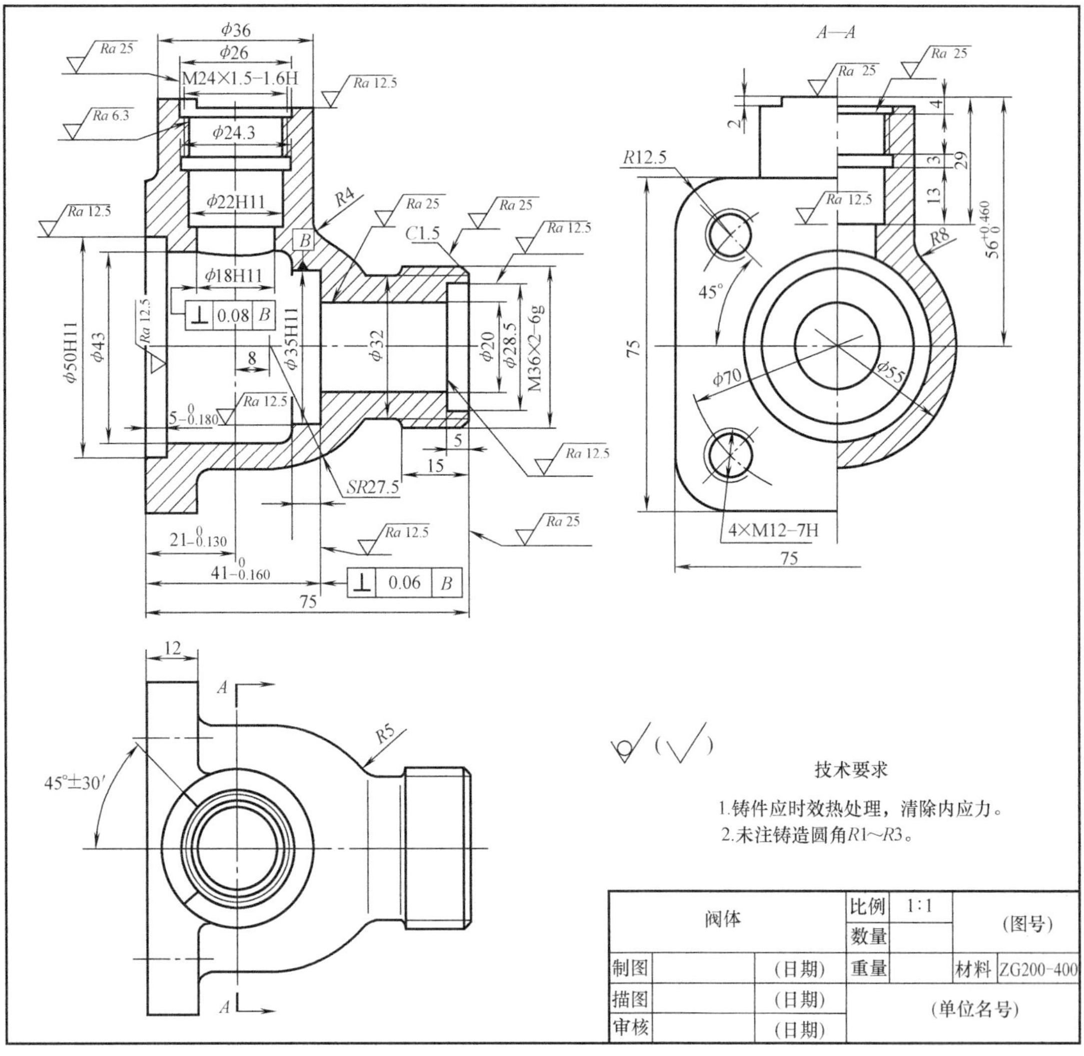

图 7-29 阀体零件图

【归纳总结】

零件图是加工和检验零件的依据，零件图的视图选择、尺寸标注、技术要求是本章的重点，也是难点所在。

1. 视图选择：零件的视图表达要做到完整、清晰、合理、看图方便。在上述前提下，力求表达简洁。主视图是核心，是确定表达方案的关键。

主视图的选择必须遵循三个原则：形状特征原则、工作位置原则和加工位置原则。

2. 尺寸标注：必须正确地选择尺寸基准，基准的选择要满足设计和工艺要求。重要的尺寸必须直接注出，其他尺寸可按加工顺序、测量方便性或形体分析法进行标注，还应特别注意不能注成封闭尺寸链。

3. 技术要求：零件的技术要求包括表面粗糙度、尺寸公差、几何公差、热处理和表面修饰的说明以及零件加工、检验、实验、材料等各项要求。

零件图作为直接指导制造零件和检验零件的图样，是机械制图课应用阶段的核心内容。正确、熟练地识读零件图，是技术工人和工程技术人员必须掌握的基本功。只要熟悉识读零件图的方法和步骤，并不断实践，多看多练，就能够有效地提高读图能力。

第八章
装 配 图

【学习目标】

【知识目标】

1. 了解装配图的作用和内容。
2. 理解装配图的视图选择原则、基本画法和简化画法。
3. 理解装配图的尺寸标注。
4. 理解配合的概念和种类。
5. 理解装配图的零件序号和明细栏。
6. 熟悉识读装配图的方法和步骤。

【技能目标】

1. 熟悉识读装配图的方法和步骤，能识读简单的装配图。
2. 掌握配合代号在装配图上的标注和识读。
3. 掌握简单装配图的画法。

【素质目标】

1. 培养学生自主学习的习惯，加强沟通交流与合作能力的培养，促进良好职业素质的形成。
2. 培养综合运用所学知识解决实际问题的能力和独立工作的能力。

第一节　装配图概述

装配图是表达整台机器或部件的工作原理、装配关系、连接方式及结构形状、传动方式的机械图样。装配图表达了产品结构和设计思想，是生产中装配、检验、调试和维修工作的重要技术文件。

一、装配图的作用

装配图主要有以下作用：

1）在产品设计时，首先要根据设计任务书构思并确定设计方案（必要时可画出轴测图、结构图或装配示意图等），然后根据设计方案画出装配图，再根据装配图及有关参考资料，画出各组成部分的零件图。

2）在制造产品时，根据装配图，了解机器的性能、结构、传动路线、工作原理和使用方法。

二、装配图的内容

由图 8-1 所示的滑动轴承的装配图可以看到，一张完整的装配图应具备如下内容：

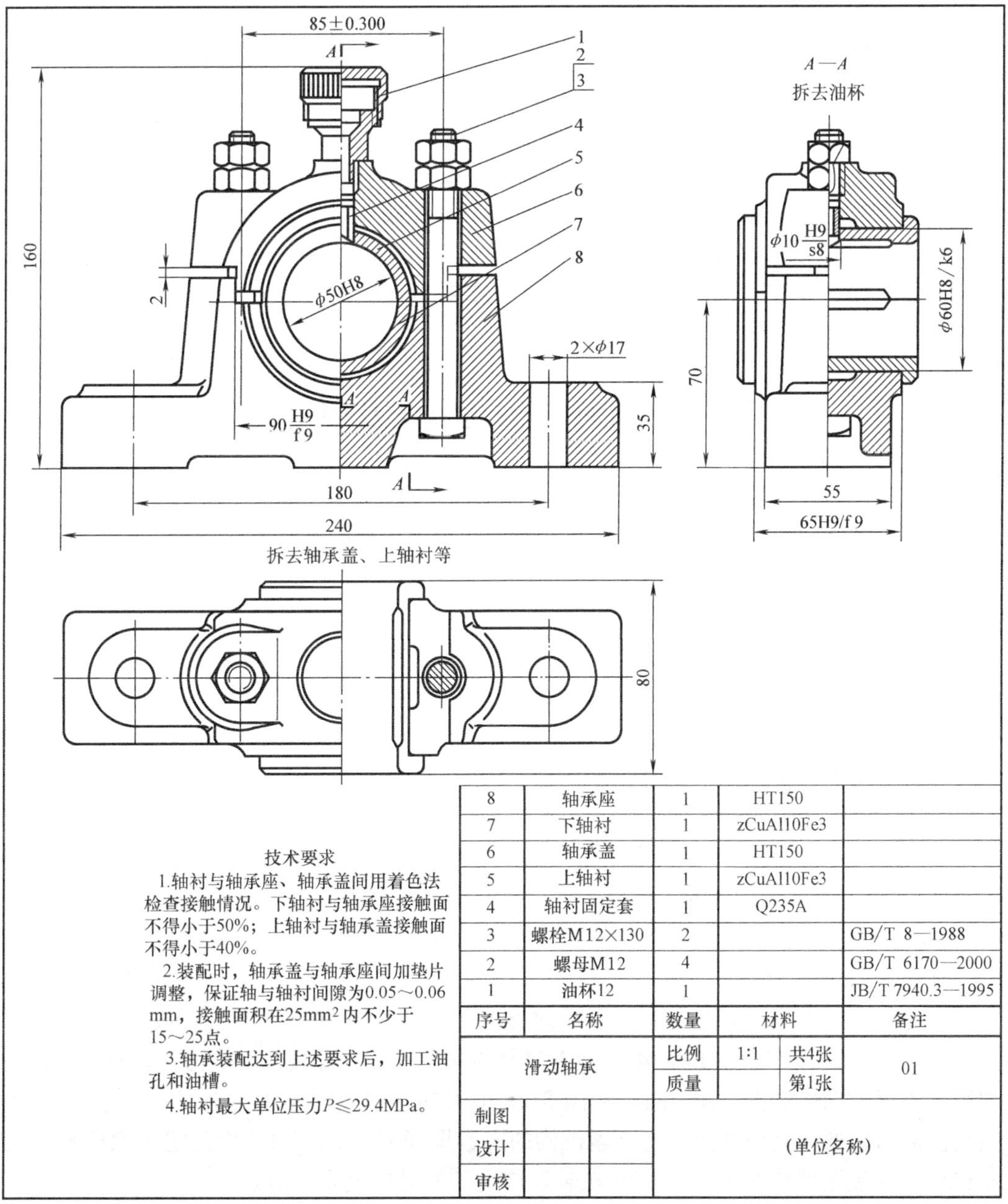

技术要求

1.轴衬与轴承座、轴承盖间用着色法检查接触情况。下轴衬与轴承座接触面不得小于50%；上轴衬与轴承盖接触面不得小于40%。

2.装配时，轴承盖与轴承座间加垫片调整，保证轴与轴衬间隙为0.05～0.06 mm，接触面积在25mm² 内不少于15～25点。

3.轴承装配达到上述要求后，加工油孔和油槽。

4.轴衬最大单位压力$P \leqslant 29.4$MPa。

序号	名称	数量	材料	备注
8	轴承座	1	HT150	
7	下轴衬	1	zCuAl10Fe3	
6	轴承盖	1	HT150	
5	上轴衬	1	zCuAl10Fe3	
4	轴衬固定套	1	Q235A	
3	螺栓M12×130	2		GB/T 8—1988
2	螺母M12	4		GB/T 6170—2000
1	油杯12	1		JB/T 7940.3—1995

滑动轴承	比例	1:1	共4张	01
	质量		第1张	
制图			(单位名称)	
设计				
审核				

图 8-1　滑动轴承的装配图

1. 一组视图

用各种常用表达方法和特殊表达方法准确、完整、清楚和简便地表达出机器或部件的工作原理、部件的结构、零件之间的相互位置和装配关系。如图 8-1 所示，滑动轴承装配图是通过一组三视图，主、左视图采用半剖视图，俯视图右半边拆去轴承盖的画法，将装配体表达得完整、清楚。

2. 必要的尺寸

装配图上只需标注机器或部件的规格、总体大小、各零件间的配合关系、安装、检验等的尺寸。

3. 技术要求

用文字说明或符号指明该装配体的装配、检验、调试和使用等方面的要求。

4. 零件序号、标题栏、明细栏

（1）零件序号　对零件按一定的顺序和方法进行编写的号码。使用零件序号，可指明零件所在的位置。

（2）标题栏　在图纸的右下角按规定格式画出标题栏注写装配体的名称（或名称代号）、图号、比例、责任者签字、日期等内容。

（3）明细栏　明细栏自标题栏向上画出，或放在标题栏的上面或左侧，填写组成零件的序号、名称、材料、数量、重量和备注等内容。

第二节　装配图的表达方法及规定画法

装配图要正确、清楚地表达装配体的结构、工作原理及零件间的装配关系，并不要求把每个零件的各部分结构均完全地表达出来，前面介绍的图样的基本表达方法，对装配图同样适用。

一、装配图表达方案的确定

绘制装配图首先要选好主视图，主视图是确定装配图表达方案的核心。为使主视图能够反映装配体的大部分形状结构及主要装配关系，一般应选择符合工作位置或自然安放的方位，选取能够反映主要或较多装配关系的投射方向。当主视图确定后，再根据需要合理选择其他视图，采用各种表达方法使表达方案趋于完善。

1. 主视图的选择原则

1）应选择能反映装配体的工作位置和总体结构特征的方位作为主视图的投射方向。

2）应选择能反映装配体的工作原理和主要装配线的方位作为主视图的投射方向。

3）应选择能尽量多地反映装配体内部零件间的相对位置关系的方位作为主视图的投射方向，如图 8-2a 所示。

铣床尾座根据上述原则选择主视图投射方向“*A*”，尾座的四条装配干线都不在同一平面内。通过图 8-2b 可知尾座的工作原理主要是顶紧工件，主要装配干线为顶紧机构，因此，主视图的投射方向应选择“*A*”向。从图 8-2a 中可知，主视图可表达夹紧、放松工件的顶紧机构。同时，通过其他视图又将夹紧机构的夹紧螺杆 13、调高机构中的定位螺杆 8，以及倾角机构中的锁紧螺栓 M10 ×35 三者在装配体上的相对位置表达清楚。

2. 其他视图的选择

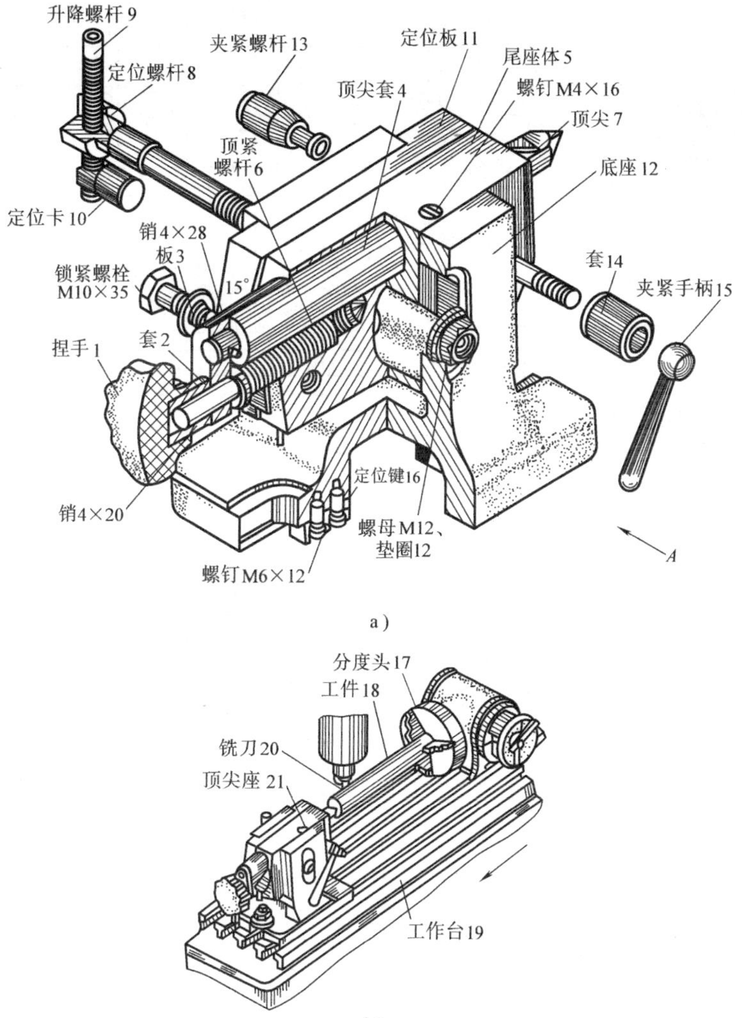

图 8-2 铣床尾座及附件

a）铣床尾座轴测图 b）铣床尾座附件

为补充表达主视图上没有而又必须表达的内容，对其他尚未表达的部位必须再选择相应的视图进一步说明。选择的视图要重点突出，相互配合，避免重复。如图 8-3 所示，铣床尾座装配图中左视图是通过定位螺杆 8 的轴线作全剖视图，配合主视图突出表达升降机构的工作原理和各零件的装配关系。

B—B 断面图突出表达了夹紧机构零件组的装配关系和夹紧原理。

C—C 剖视图将顶尖在正平面内转动角度表达清楚。

K 向局部视图表明了锁紧螺栓 GB/T 5782 M10×35 的活动范围。

俯视图一方面表达了铣床尾座的外部形状，更重要的是突出表明定位板 11 与尾座体 5 通过螺栓 M10×35 的连接情况及其各装配线在水平面上的相对位置。

二、装配图的规定画法

1. 零件间接触面、配合面的画法

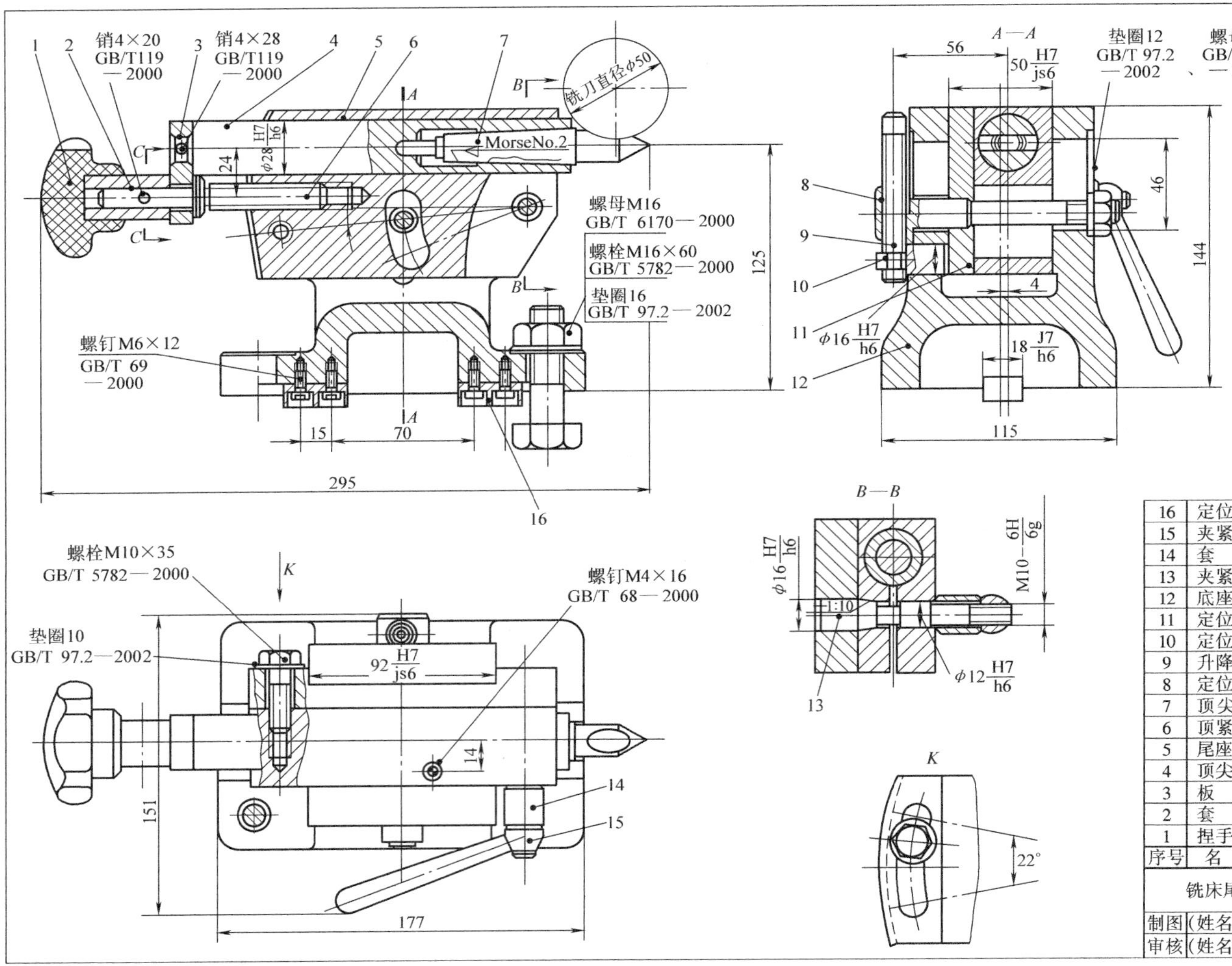

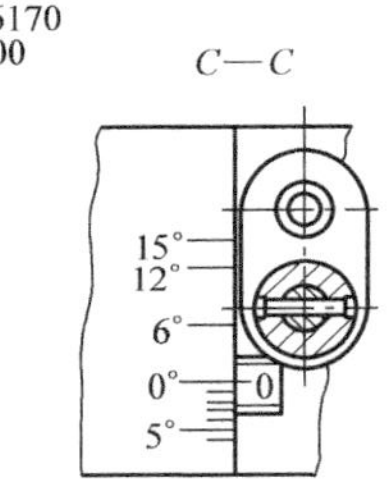

技术要求

1. 装好后倒去配合以外的锐角 C0.5～C1。
2. 调整顶尖轴线使之与配用的分度头的轴线等高且平行，并刻“0”线打 0 位字。
3. 配磨顶面。

序号	名称	数量	材料	备注
16	定位键	2	20Mn2	
15	夹紧手柄	1	45	
14	套	1	45	
13	夹紧螺杆	1	45	
12	底座	1	HT200	
11	定位板	1	HT200	
10	定位卡	1	45	
9	升降螺杆	1	45	
8	定位螺杆	1	45	
7	顶尖	1	20CrMn	
6	顶紧螺杆	1	45	
5	尾座体	1	HT200	
4	顶尖套	1	45	
3	板	1	45	
2	套	1	45	
1	捏手	1	酚醛塑料	

铣床尾座		比例	1:2	共 张	03
		质量		第 张	
制图	(姓名)(日期)	(单位名称)			
审核	(姓名)(日期)				

图 8-3 机床尾座装配图

相邻两零件的接触面和公称尺寸相同的相互配合的工作面只画一条线，不接触的表面和非配合表面即使间隙很小也应画两条线。如图 8-1 所示，主视图上轴承座 8 与轴承盖 6 的接触面之间、俯视图上的下轴衬 7 与轴承座 8 的配合面之间只画一条线，主视图上螺栓 3 与轴承座 8 的螺孔之间为非接触面，必须画两条线。

2. 装配图中剖面符号的画法

1）在装配图的剖视、断面图中，各零件应使用国家标准规定的剖面符号。

2）同一零件在各个视图中的剖面线方向、间隔都应一致，而不同零件的剖面线方向、间隔不一样。如图 8-1 中轴承盖 6 与轴承座 8 的剖面线方向。

3）零件很薄，其剖面厚度在 2mm 以下的图形允许用涂黑代替，如图 8-7 所示的垫片。

3. 实心杆件、标准件的画法

在装配图上作剖视图时，当剖切面通过实心杆件（如轴、连杆、拉杆、球、手柄、钩子等）及标准件（螺栓、螺钉、垫片、螺母、键、销等）的基本轴线时，这些零件按不剖绘制。如果确实要表达其内部结构，则可用局部剖视表达，如图 8-1 所示的件 3 螺栓。

三、装配图的特殊画法

1. 拆卸画法

装配图中常有零件间相互重叠现象，即某些零件遮住了需要表达的结构或装配关系。此时可假想将某些零件拆去后，再画出某一视图，或沿零件间结合面进行剖切（相当于拆去剖切平面一侧的零件），此时结合面上不画剖面线，对于拆去的零件视图，可在视图上方标注“拆去零件 × × ×”，如图 8-1 所示的俯视图。

2. 假想画法

1）为了表达运动范围和极限位置，可先在一个位置上画出该零件，再在其极限位置上用双点画线画出其外形轮廓线，如图 8-4 所示。

2）为表达本部件与不属于它的其他零部件的装配安装关系，可以用双点画线将其他零部件的形状或部分形状假想画出来，如图 8-5 所示。

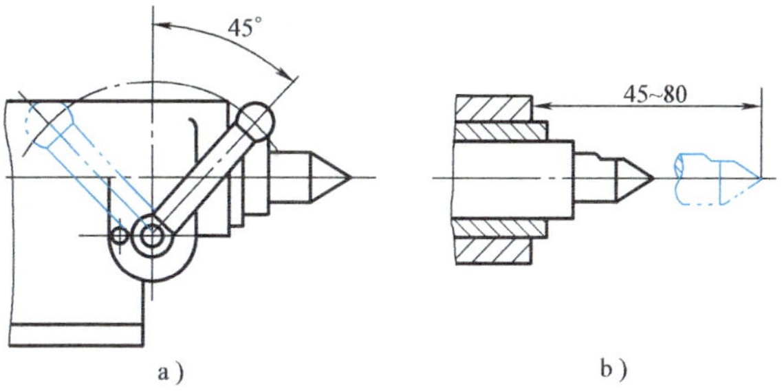

图 8-4　假想画法（一）

3. 展开画法

在装配图中，为了表达传动机构的传动路线和装配关系，可以假想按其运动顺序剖切，然后展开在同一个平面上，这种表达方法称为展开画法，如图 8-6 所示。

4. 夸大画法

在装配图中常有一些薄片零件、细丝弹簧、微小间隙、小锥度等，如果按实际尺寸画出，往往表达不清楚，或不易画出，为此可以采用夸大画法，如图 8-7 所示。

5. 简化画法

1）装配图中若干相同的零、部件组，可仅详细地画出一组，其余只需用细点画线表示出其位置，如图 8-8 所示。

2）在装配图中，可用粗实线表示带传动中的带，用细点画线表示链传动中的链，如图 8-9 所示。

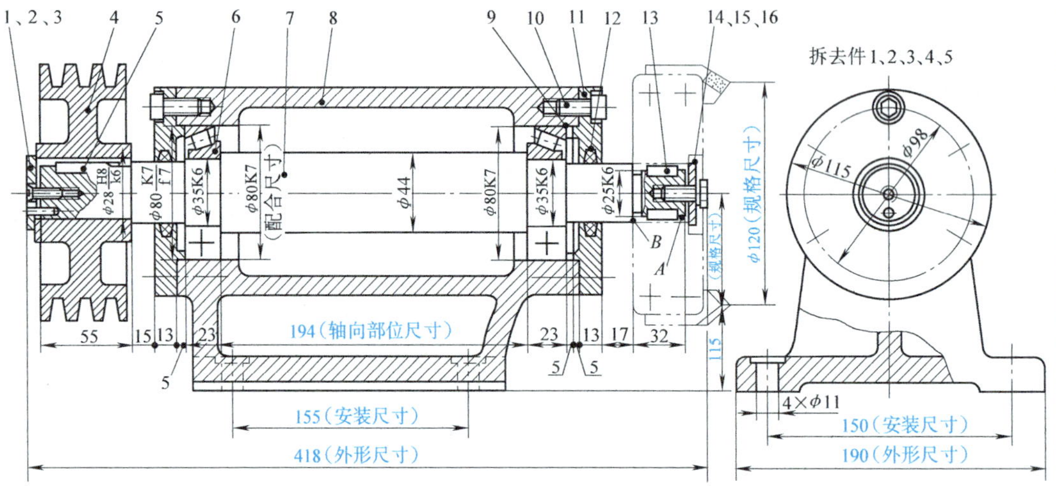

技术要求

1.主轴轴线对底面的平行度公差为0.04/100。
2.刀盘定位轴颈A对2个φ35k6公共轴线的径向圆跳动公差为0.02。
3.刀盘定位端面B对2个φ35k6公共轴线的轴向圆跳动公差为0.02。
4.铣刀轴端的轴向窜动为0.01。

序号	名称	数量	材料	备注
16	垫圈6	1	Q345(65Mn	GB 93—1987
15	螺栓M6×20	1	Q235	GB/T 5781—2000
14	挡圈 B32	1	35	GB/T 892—1986
13	键6×6×20	2	45	GB/T 1096—2003
12	毡圈	2	半粗羊毛毡	FJ3141981
11	端盖	2	HT200	
10	螺钉M8×32	12	Q235	GB/T 70.1—2008
9	调整环	1	35	
8	座体	1	HT200	
7	轴	1	45	
6	轴承30307	2		GB/T 297—1994
5	键8×7×40	1	45	GB/T 1096—2003
4	V带轮	1	HT150	
3	销3 m6×12	1	35	GB/T 119.1—2000
2	螺钉M6×18	1	Q235	GB/T 68— 2000
1	挡圈A35	1	35	GB/T 891—1986

铣刀头		比例	1:1	共 张	
		质量		第1张	
制图			(单位名称)		
设计					
审核					

图 8-5 假想画法（二）

3）在装配图中，当剖切面通过的某些部件已由其他图形表示清楚时，可按不剖绘制，如图 8-10 所示。

4）在装配图中，零件的倒角、圆角、凹坑、凸台、沟槽、滚花、刻线及其他细节等可不画出。

5）在装配图中可省略螺栓、螺母、销等紧固件的投影，而用细点画线和指引线指明它们的位置。此时，表示紧固件组的公共指引线应根据其不同类型从被连接件的某一端引出，如螺钉、螺柱、销连接从其装入端引出，螺栓连接从其装有螺母一端引出，如图 8-11 所示。

6）在能够清楚表达产品特征和装配关系的条件下，装配图中可以仅画出其简化后的轮廓，如图 8-12 所示。

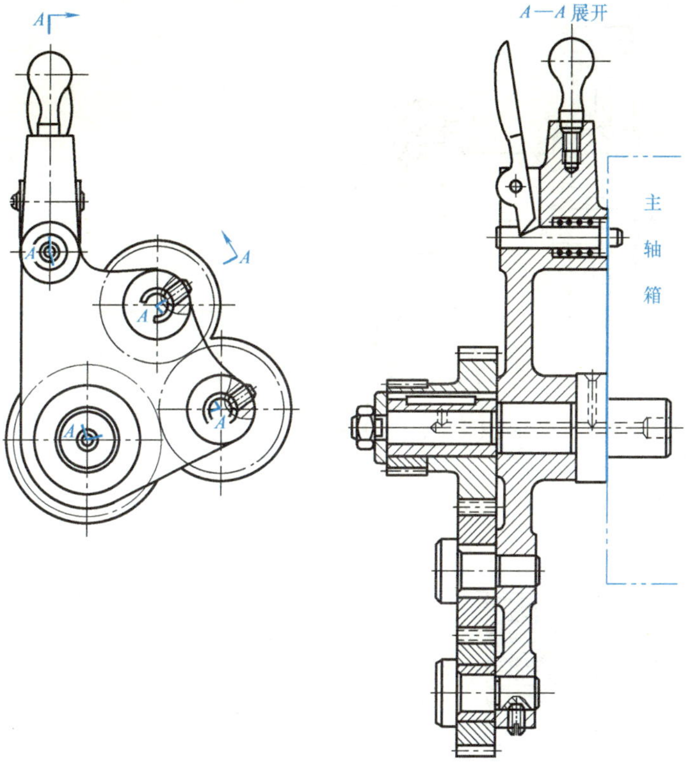

图 8-6 展开画法

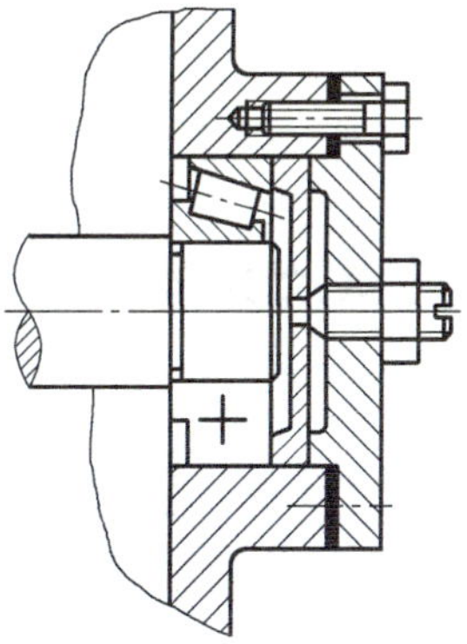

图 8-7 夸大画法

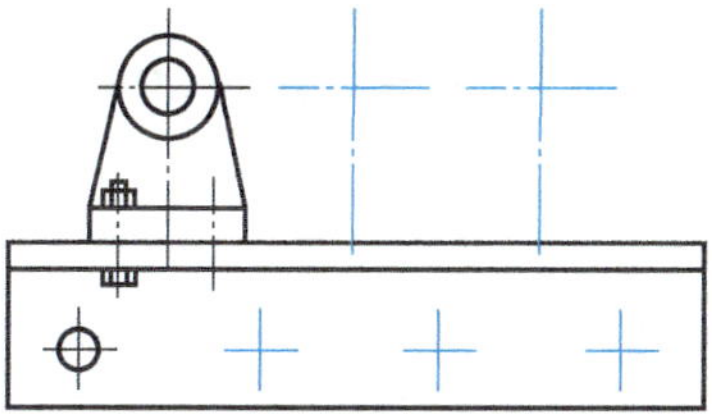

图 8-8 简化画法（一）

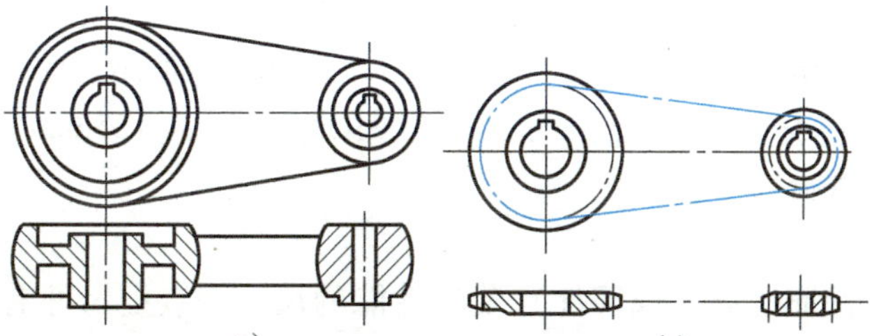

a）

b）

图 8-9 简化画法（二）

a）带传动 b）链传动

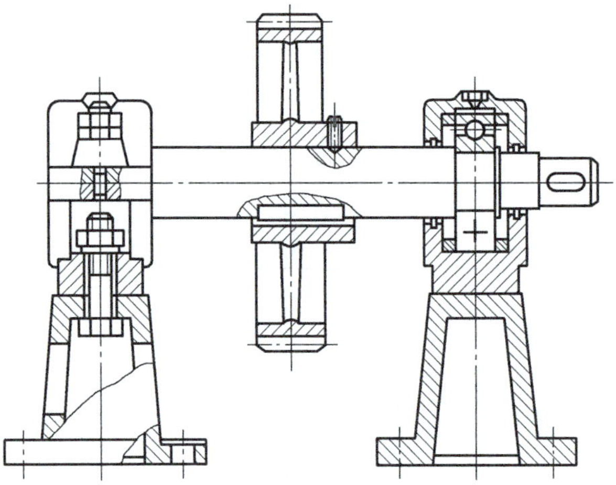

图 8-10　简化画法（三）

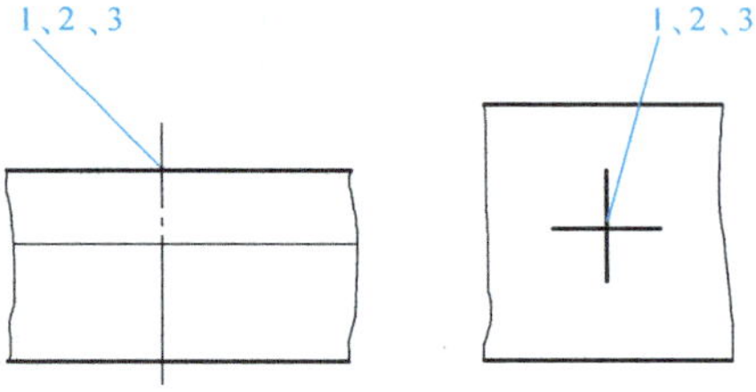

图 8-11　简化画法（四）

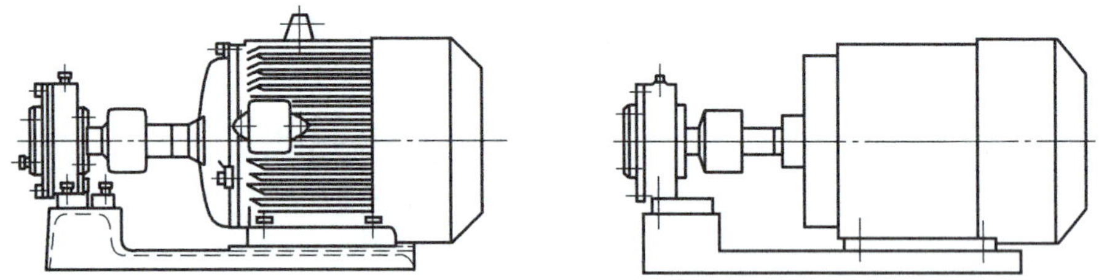

a）　　b）

图 8-12　简化画法（五）

a）简化前　b）简化后

第三节　装配图的尺寸标注、技术要求及其他内容

一、装配图上的尺寸标注

装配图和零件图的作用不一样，因此对尺寸标注的要求也不相同。装配图是设计和装配机器时用的图样，所以不必把零件制造时需要的全部尺寸都标注出来，只需标注下列尺寸即可。

1. 规格、性能尺寸

规格、性能尺寸是表示装配体的工作性能或产品规格的尺寸。这类尺寸是设计产品的依据。如图 8-1 所示，滑动轴承的轴孔尺寸 ϕ50H8；又如图 8-3 所示，铣床尾座上顶针轴线到底面的高度 125mm，它表明该尾座只限于工件最大回转半径为 125mm，即限定了固定在尾座上的被加工工件的直径尺寸。

2. 装配尺寸

装配尺寸是用于保证机器（或部件）装配性能的尺寸。装配尺寸有两种：配合尺寸和相对位置尺寸。

（1）配合尺寸　零件间有配合要求的尺寸。如图 8-1 所示的配合尺寸 90H9/f9，又如图 8-3 所示的配合尺寸 ϕ16H7/h6。

（2）相对位置尺寸 表示装配体在装配时需要保证的零件间较重要的距离尺寸和间隙尺寸。如图 8-1 所示的轴承盖与轴承座之间的非接触面间距尺寸 2；又如图 8-3 所示的调高机构与顶紧机构中心距尺寸 56，顶紧机构与底座定位键中心偏移尺寸 4 等。

3. 安装尺寸

安装尺寸是表示零、部件安装在机器上或机器安装在固定基础上，所需的对外安装时连接用的尺寸，如图 8-1 所示的孔尺寸 $\phi17$ 和孔距尺寸 180，又如图 8-3 中的键宽尺寸 18J7/h6 等。

4. 外形尺寸

外形尺寸是表示机器或部件的总长、总宽、总高的尺寸。它反映机器或部件的大小，及包装、安装、运输过程所占空间的尺寸，如图 8-1 所示的 240、160、80 即为总体外形尺寸。

5. 其他重要尺寸

根据装配体的结构特点和需要，必须标注的重要尺寸，如运动件的极限位置尺寸、零件间的主要定位尺寸、设计计算尺寸等。

上述各类尺寸，在每张装配图上并非一一俱全，有时一个尺寸兼有几种含义，这就需要根据具体情况而定。

二、装配图的技术要求

各类不同的机器（或部件），其性能不同，技术要求也各不相同。因此，在拟订机器（或部件）装配图的技术要求时，应做具体分析。在零件图中已经注明的技术要求，装配图中不再重复标注。技术要求一般填写在图样下方的空白处。

具体的技术要求应包括以下几个方面：

1. 装配要求

装配要求包括装配后必须保证的准确度要求（一般指位置公差）、装配时的加工要求（如组合后加工）、指定的装配方法和装配后的要求（如转动灵活、密封处不得漏油等）。

2. 检验要求

检验要求包括基本性能的检验方法和条件、装配后必须保证准确度的各种检验方法说明等。

3. 使用要求

使用要求包括对产品的基本性能、维护保养、操作等方面的要求。

三、装配图中零、部件编号和明细栏

装配图上对每个零件都必须进行编号，并填写明细栏，以便备料、编制购货单等，以利于组织生产；同时看装配图时，也必须根据序号查阅明细栏，了解零件内容。

1. 零件序号的排列方法

将装配图上包括标准件在内的所有零件，按一定顺序统一编号。相同的零件只编一个序号，一个序号只注一次，序号注在图外明显位置，排列整齐，如图 8-5 所示。零件序号标注规定如下：

1）在所注零件的可见轮廓线内用细实线画出指引线，指引线相互不可以交叉，指引线一端用水平细实线或细实线圆圈表示；指引线通过剖面线区域时，不应与剖面线平行且允许曲折一次。

2）序号字号比图上尺寸数字大一号或两号，其注法如图 8-13 所示。很薄或涂黑的剖面序号注法如图 8-14 所示，用箭头指向零件。

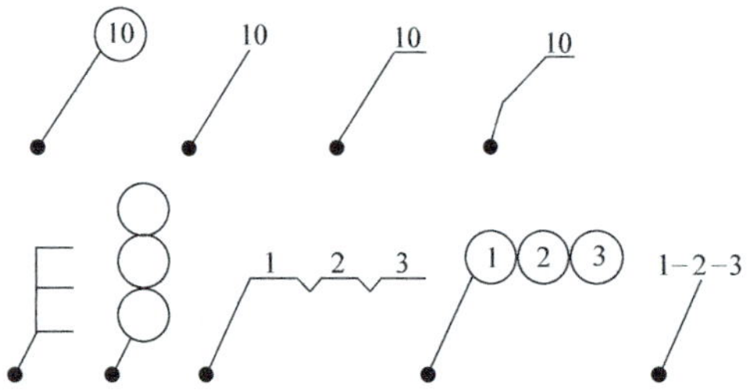

图 8-13　序号标注方法

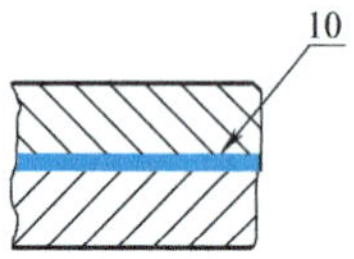

图 8-14　很薄或涂黑零件的注法

3）紧固件组或装配关系清楚的零件组，允许采用公共的指引线，如图 8-13 所示。

4）水平或垂直方向的序号（代号）在图样中应水平或垂直排列整齐，按顺时针或逆时针方向顺序排列，如图 8-5 所示。

2. 明细栏

明细栏是装配图全部零部件的详细目录，一般配置在装配图的标题栏上方，按由下而上的顺序填写，如图 8-3 所示。当由下而上延伸位置不够时，可靠标题栏的左边由下而上延续。

四、装配体的工艺结构

为使零件装配成机器（或部件）后能达到设计的性能要求，并给零件的加工和拆装带来方便，故对装配体的工艺结构是否合理有一定要求。否则，若按装配工艺不合理的图样加工出零件，就会在装配时产生干涉，甚至达不到设计要求。为此，本节主要介绍几种常见的装配工艺结构。

（一）接触面和配合面的合理结构

1）两零件的接触面，在同一方向上只允许有一对平面接触，如图 8-15a、b 所示。这样既保证了零件间接触良好，又降低了零件的加工要求。若要求两对平行平面同时接触，就会造成零件加工困难，实际是不可能的，在使用上也没有必要（图 8-15d、e、f）。

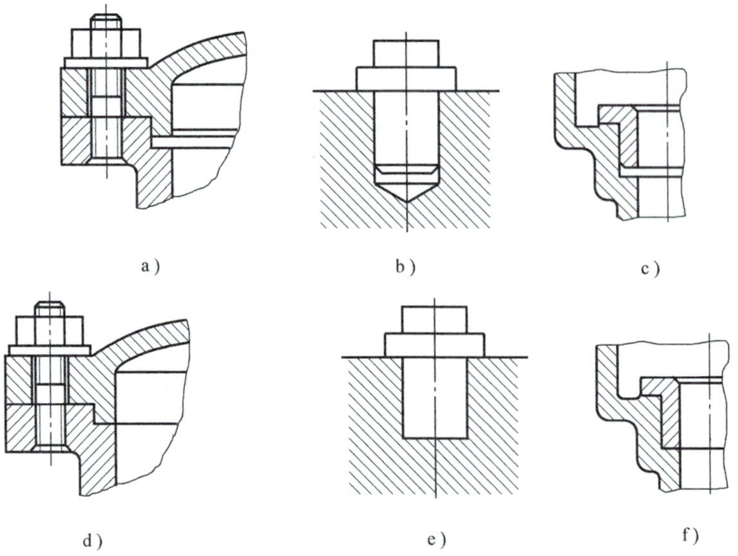

图 8-15　接触面与配合面的结构

a)、b)、c) 正确　d)、e)、f) 错误

2）对于孔轴配合，同一方向上轴和孔也只允许有一对表面相配合，如图 8-15c 所示。

3）两零件有一对直角相交的表面接触时，在转角处应制出倒角、倒圆或凹槽等，以保证接触良好，如图 8-16 所示。

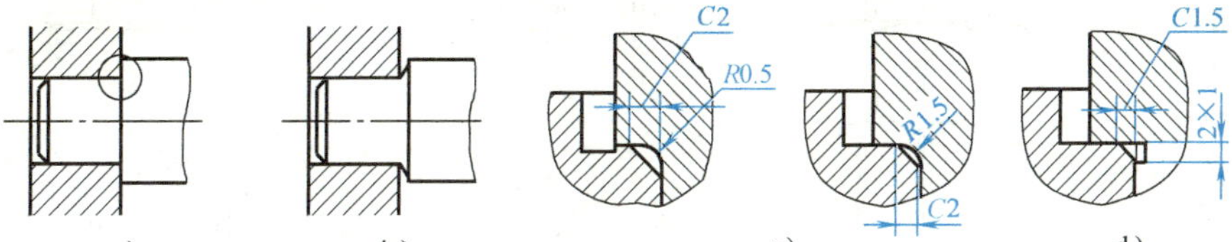

图 8-16 转角处的结构

a）不正确 b）倒角和倒圆 c）两个半径不同的圆弧 d）退刀槽和倒角

4）两圆锥表面配合时，圆锥体的端面与锥孔底部之间应留有空隙，即 $L_2 > L_1$，如图 8-17 所示，否则可能达不到锥面配合的要求或增加零件制造困难。

5）为了保证接触良好，合理地减少加工面积，在被连接件上常做出沉孔与凸台等结构，如图 8-18 所示。

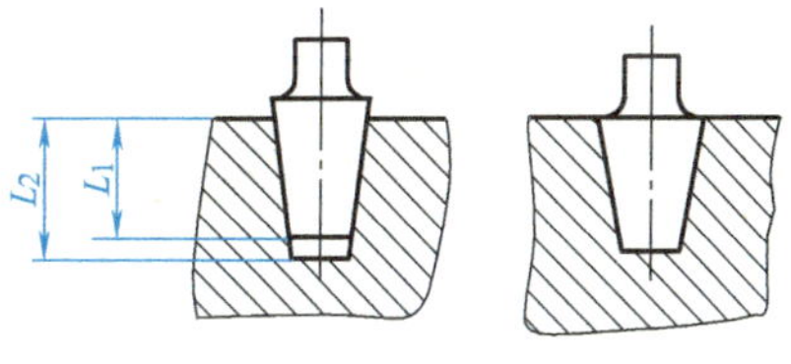

图 8-17 锥面配合的结构

a）合理 b）不合理

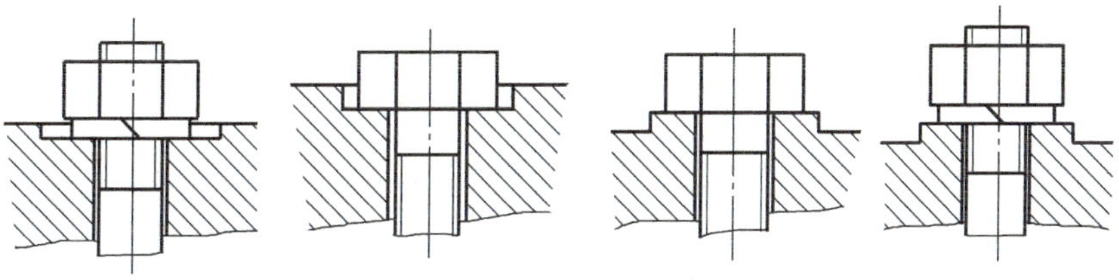

图 8-18 沉孔与凸台

a）沉孔 b）凸台

（二）防松结构

机器在运转过程中，由于受到振动或冲击，螺纹紧固件可能发生松动或脱落，有时甚至会造成严重事故。因此，在这些机构中必须带有防松结构。图 8-19 所示为常见的几种防松结构。

（三）密封与防漏结构

1. 滚动轴承的密封结构

为了防止外部的灰尘和水分进入及轴承的润滑剂渗漏，滚动轴承要进行密封。常见的密封方法如图 8-20 所示。各种密封方法所用的零件和某些结构均已标准化，可从有关手册中查取。

2. 阀体、缸体中的密封结构

在机器或部件的阀体、缸体中，为了防止内部液体或气体外漏，同时防止外部灰尘、杂质进入，要采用防漏、防尘措施，常采用如图 8-21 所示的结构。

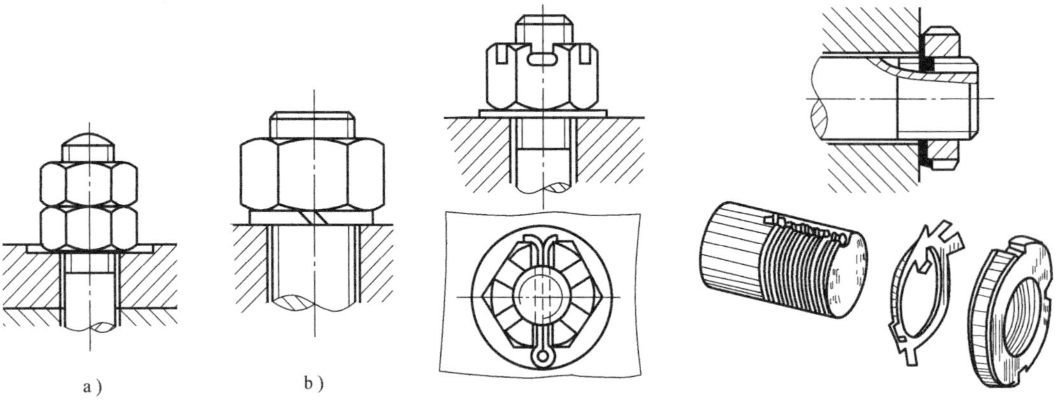

a） b） c） d）

图 8-19 防松结构

a）用双螺母锁紧 b）弹簧垫圈锁紧 c）用开口销锁紧 d）用止动垫圈锁紧

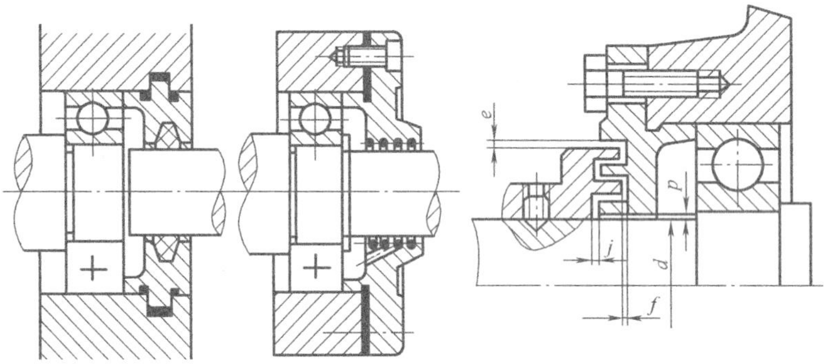

a） b） c）

图 8-20 轴承的密封结构

a）毡圈式密封 b）油沟式密封 c）迷宫式密封

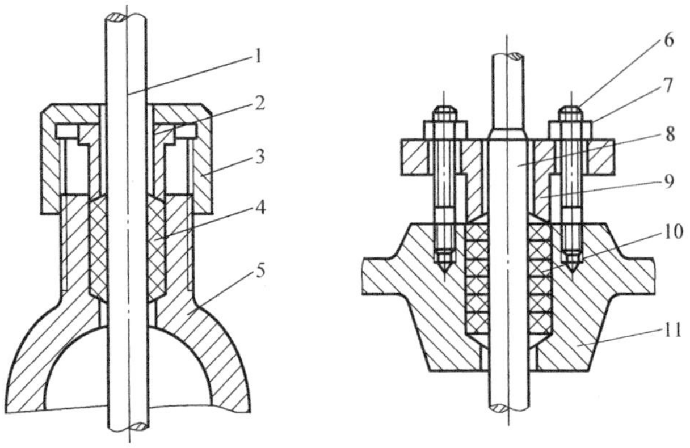

a） b）

图 8-21 阀体、缸体的密封结构

a）阀体的密封结构 b）缸体的密封结构

1—阀杆 2、9—压套 3—螺套 4、10—填料 5—阀体 6—螺柱 7—螺母 8—活塞杆 11—缸体

（四）方便拆装的合理结构

1）定位销的合理结构，部件中常采用圆柱销或圆锥销定位，以保证重装后两零件间相对位置的精度。为了加工销孔和拆卸销子的方便，应尽量将销孔做成通孔，如图 8-22 所示。

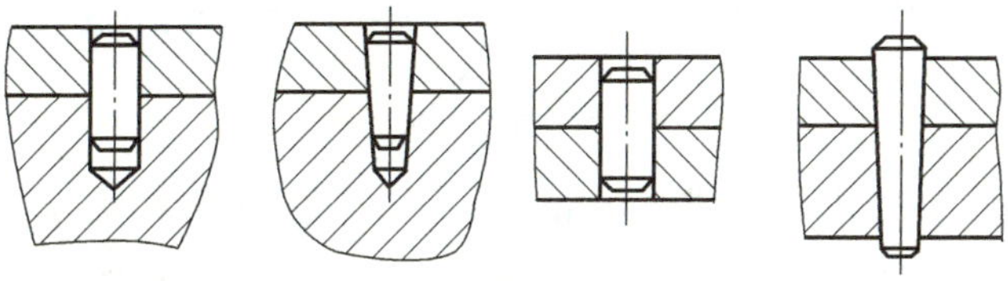

a）　　b）

图 8-22　定位销的装配结构

a）不通孔不合理　b）通孔合理

2）滚动轴承常以轴肩定位，为了维修时容易拆卸，要求轴肩的高度必须小于轴承内圈或外圈的厚度，如图 8-23 所示。其尺寸可从有关的设计手册中查出。

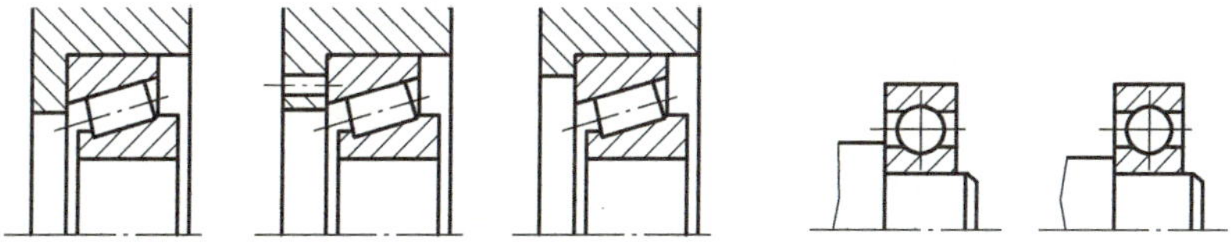

a）　b）　c）　d）　e）

图 8-23　滚动轴承的定位方式

a）、d）不正确　b）、c）、e）正确

3）对于螺纹紧固件来说，其装配结构主要考虑装拆方便，常见的合理结构如图 8-24 所示。

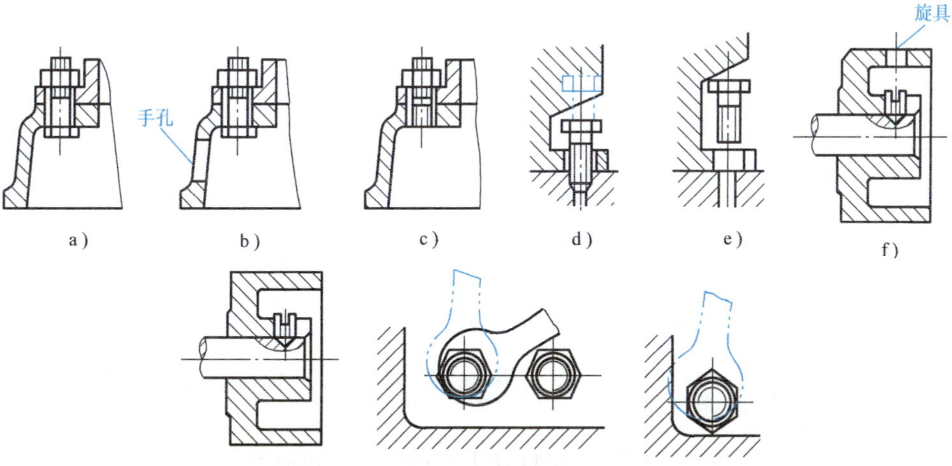

a）　b）　c）　d）　e）　f）　g）　h）　i）

图 8-24　螺纹紧固件装配的合理结构

a）、d）、g）、i）不合理　b）、c）、e）、f）、h）合理

第四节　装配图的绘制方法和步骤

绘制装配图是机械设计与装配体测绘必不可少的一个环节，具体绘制装配图的画法和步骤以图 8-25 所示的球阀为例进行说明。

1. 分析部件

在画装配图前，须对所画机器（或部件）进行分析，了解机器（或部件）的功用、工作原理、结构特点及零件间的装配连接关系等，对所画装配体做到心中有数。可通过查阅有关技术资料、看总装配图以及现场参观方式进行。

2. 视图选择

对装配体有了充分的分析了解后，就可运用装配图的各种表达方法，选择一组恰当的视图，把机器（或部件）的工作原理、零件间的装配连接关系、结构特征以及主要零件的结构形状表达出来。

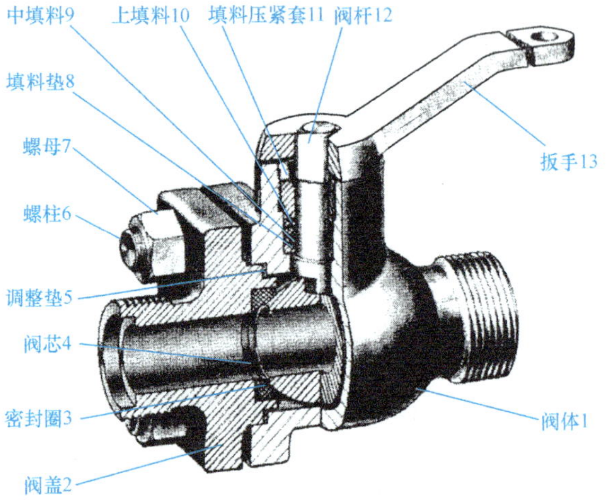

图 8-25　球阀

(1) 装配体位置的选择　通常将装配体按工作位置放置，使装配体的主要轴线或主要安装面呈水平或垂直位置。如图 8-25 所示的球阀，选择工作位置，球阀一般水平放置，即将其流体通道的轴线水平放置，并将阀芯转至全部开启状态。

(2) 主视图的选择　选择视图时首先要选择好主视图。机器（或部件）一般应按它的工作位置或习惯位置放置，而主视图的投射方向应突出反映该装配体的主要装配关系和结构特征及工作原理等特征。球阀左视图的投射方向：将阀盖放在左边，使左视图能清楚地反映其端面形状。沿球阀的前后对称面剖切，选取全剖视图，可将其工作原理、装配关系、零件间的相互位置表示清楚。

(3) 其他视图的选择　主视图确定后，往往还需要选择其他视图和表达方法，来进一步补充主视图未表达出来或未表达清楚的内容。要求所选的视图在作用上各有重点、互相配合、避免重复，其视图数量的多少，要视装配体的复杂程度而定。

如图 8-27 所示的球阀装配图，除了选用全剖的主视图外，还选用了半剖的左视图和俯视图来表达其形状。

左视图主要表达球阀的外形结构、主要零件的结构形状，以及双头螺柱的连接部位和数量等尚未表示清楚的部分。

俯视图主要表达扳手的开关位置，同时表达球阀的外形和扳手的形状。

3. 画装配图的步骤

视图的表达方案确定后，即可动手画图了。为了保证画图质量，提高画图效率，掌握合理的画图步骤是很重要的。球阀装配图的画图步骤如图 8-26 所示。

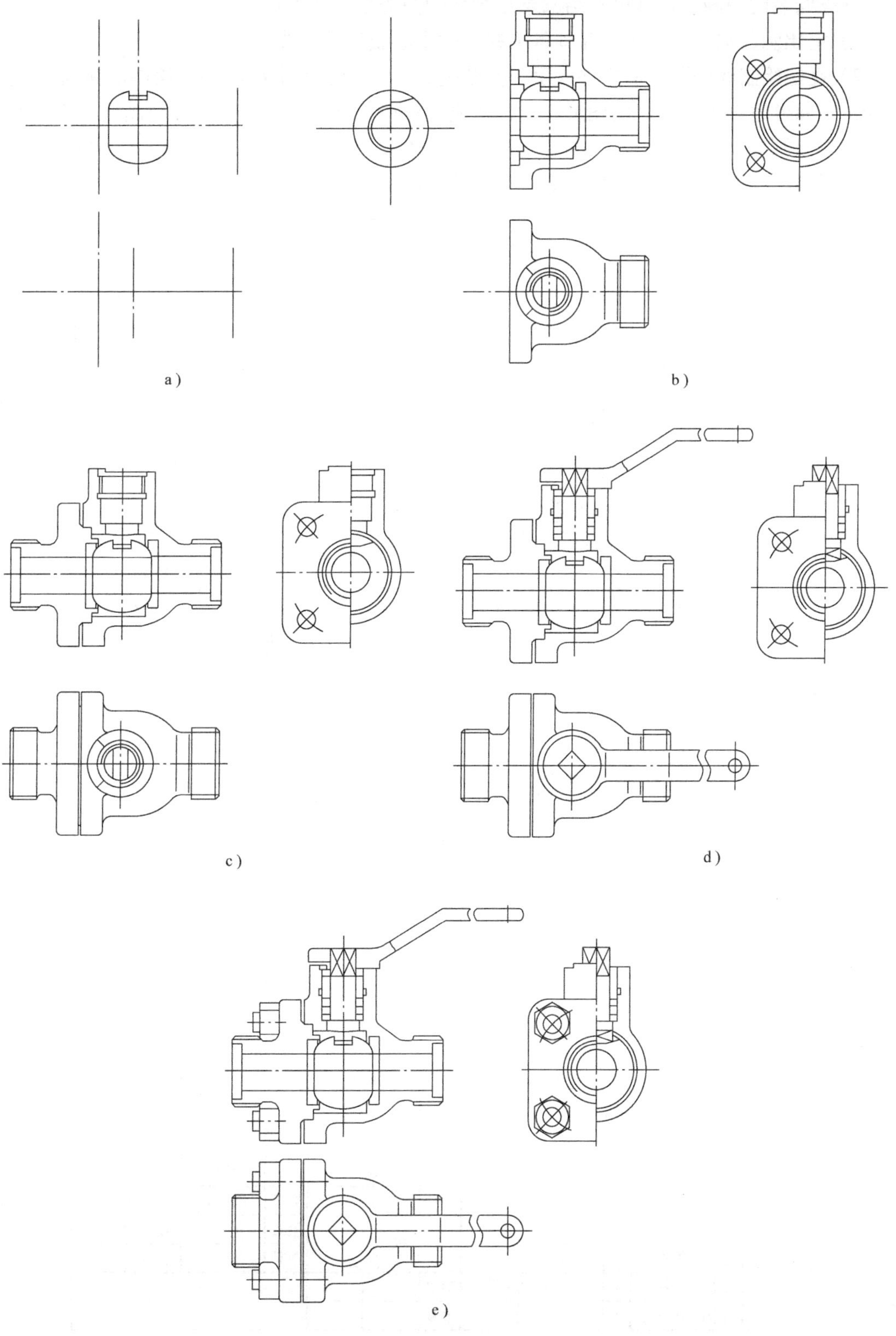

图 8-26　阀体装配图的画图步骤

从球阀装配图画图步骤可总结归纳出画装配图的步骤如下：

1）定比例，选图幅，布图并画各个视图的中心线和基准线。

2）逐层绘制底稿图，从主件入手，按装配关系，逐个画出各零件。绘图时围绕着装配干线由里向外逐个画出零件的图形，这样可避免被遮盖部分的轮廓线徒劳地画出。剖开的零件，应直接画成剖开后的形状，不要先画好外形再改成剖视图。作图时，应几个视图配合着画，以提高绘图速度，同时要解决好工艺结构问题。

3）标注尺寸和技术要求，编零件序号，填写明细栏、标题栏。

4）检查、描深，并完成全图。

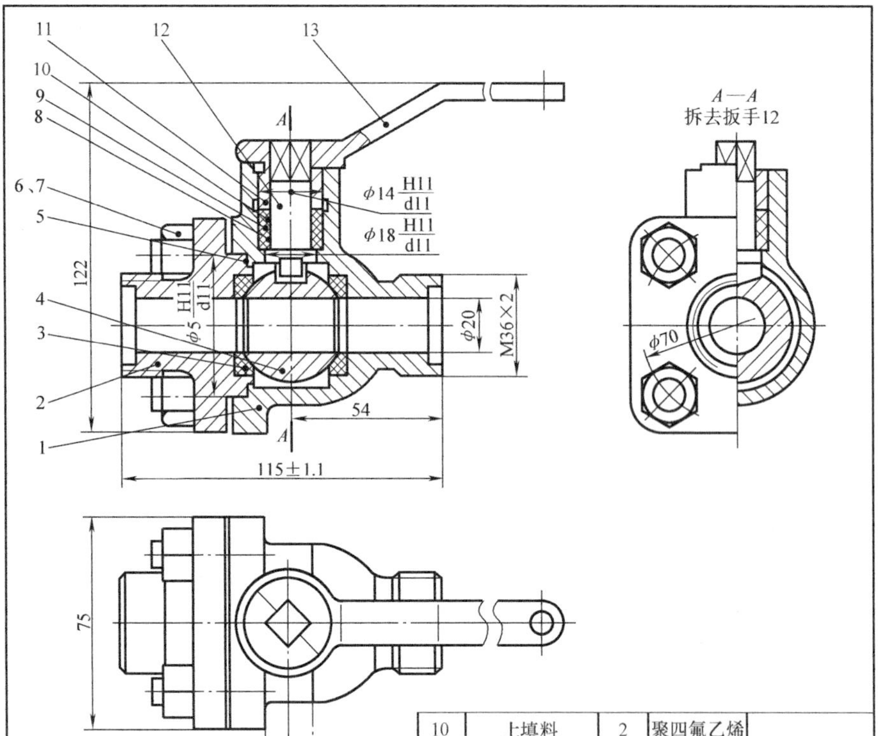

技术要求

1.对阀门的紧密性要进行水压强度试验。

2.关闭阀门时不得有泄漏现象。

序号	名称	数量	材料	备注
10	上填料	2	聚四氟乙烯	
9	中填料	2	聚四氟乙烯	
8	填料垫	1	40Cr	
7	螺母M12	4	35	GB/T 6170—2000
6	螺柱M12×30	4	35	GB/T 987—1988
5	调整垫	1	聚四氟乙烯	
4	阀芯	1	40Cr	
3	密封圈	2	聚四氟乙烯	
2	阀盖	1	ZG200-400	
1	阀体	1	ZG200-400	

球 阀		班级		比例	
		参号		窗号	
制图		(单位名称)			
审核					

13	扳手	1	ZG200—400	
12	阀杆	1	40Cr	
11	填料压紧套	1	35	

图 8-27 球阀装配图

第五节 装配图的识读与拆画零件图

一、识读装配图的方法和步骤

读装配图的目的是对机器（或部件）进行全面的了解和认识，掌握机器（或部件）的性能、工作原理、各零件间的装配关系、主要零件的结构形状及作用、机器（或部件）的使用和维修要求等。读装配图通常采用以下方法和步骤。

1. 概括了解

通过阅读标题栏、明细栏和有关的说明书及视图、尺寸、技术要求，对机器（或部件）有个大致的了解。如阅读标题栏了解机器（或部件）的名称、大致用途；阅读明细栏了解组成机器（或部件）零件的数量、名称、采用的材料；阅读尺寸可了解机器（或部件）的大小等。

2. 分析视图、区分零件

了解视图的数目，找出主视图，确定其他视图的投射方向，明确各视图所用图样画法和各视图表达的内容。利用装配图的规定画法、零件的序号和指引线及机械常识区分出每个零件。

3. 分析装配关系和工作原理

将装配体分成几条装配干线，深入分析机器（或部件）的装配关系，逐步分析清楚零件的定位和固定情况、零件的运动情况、各零件的作用及零件间的配合情况等，最后弄清机器（或部件）的工作原理。

4. 分析零件结构形状

经过分析，在对零件的基本形状有了一定了解的基础上，结合零件的功用及零件间的装配关系，分析并考虑零件加工和装配方便等因素，进一步完善装配图上表达不完整的结构，从而想象出零件完整的结构。

5. 归纳总结

在以上分析的基础上，还应把机器（或部件）的作用、结构、装配、操作、维修等几方面的问题联系起来思考，进行综合归纳，形成对机器（或部件）的全面认识，达到看懂全图的目的。

下面以机用虎钳的装配图为例（图 8-28），来具体分析识读装配图的方法、步骤。

（1）概括了解　机用虎钳是安装在机床工作台上，用于夹紧工件，以便进行切削加工的一种通用工具。机用虎钳由 11 种零件组成，其中螺钉 10、圆柱销 7 是标准件，其他为专用件。

机用虎钳装配图是采用三个基本视图和一个表示单个零件的视图（2 号零件）来表达的。主视图采用全剖视图，可反映机用虎钳的工作原理和零件间的装配关系。俯视图反映了固定钳座的结构形状，并且通过局部剖视表达了钳口板与固定钳座连接的局部结构。左视图采用 *A*—*A* 半剖视图表达。

（2）工作原理和装配关系　主视图基本上反映了机用虎钳的工作原理，旋转螺杆 8 使螺母块 9 带动活动钳身 4 做水平方向左右移动，夹紧工件进行切削加工。最大夹持厚度为 70mm，图中的双点画线表示活动钳身的极限位置。

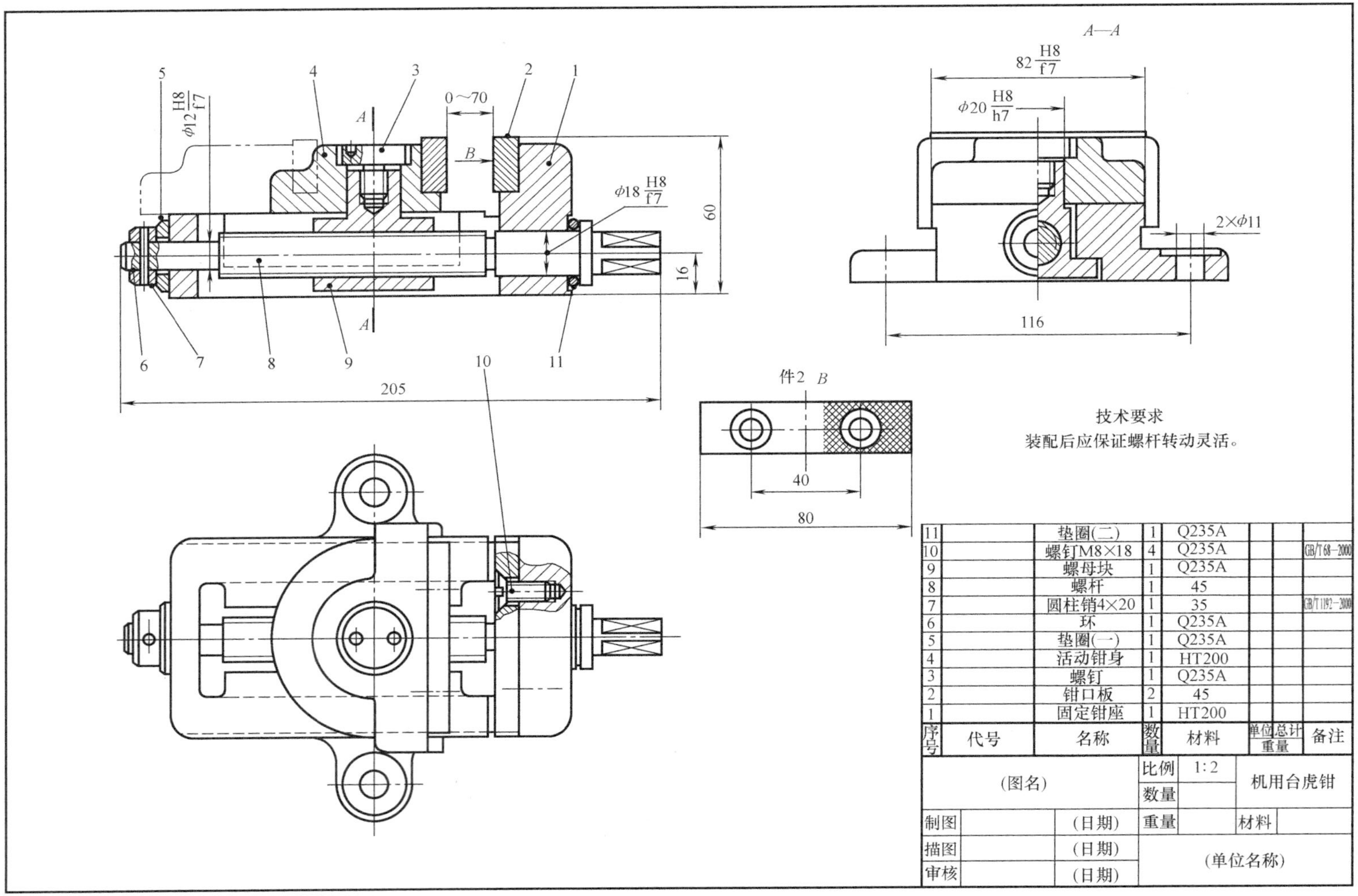

技术要求
装配后应保证螺杆转动灵活。

序号	代号	名称	数量	材料	单位重量	总计重量	备注
11		垫圈(二)	1	Q235A			
10		螺钉M8×18	4	Q235A			GB/T 68—2000
9		螺母块	1	Q235A			
8		螺杆	1	45			
7		圆柱销4×20	1	35			GB/T 1192—2000
6		环	1	Q235A			
5		垫圈(一)	1	Q235A			
4		活动钳身	1	HT200			
3		螺钉	1	Q235A			
2		钳口板	2	45			
1		固定钳座	1	HT200			

(图名)	比例	1:2	机用台虎钳	
	数量			
制图	(日期)	重量		材料
描图	(日期)	(单位名称)		
审核	(日期)			

图 8-28 机用虎钳的装配图

主视图反映了主要零件的装配关系：螺母块从固定钳座 1 的下方空腔装入工字形槽内，再装入螺杆，并用垫圈 11、5 和环 6 及圆柱销 7 将螺杆轴向固定；通过螺钉 3 将活动钳身与螺母块连接，最后用螺钉 10 将两块钳口板 2 分别与固定钳座和活动钳身连接。

（3）分析零件　机用虎钳的主要零件是固定钳座、螺杆、螺母块、活动钳身等，它们在结构和尺寸上均有非常密切的联系，要读懂装配图，必须仔细分析有关的零件图。在分析零件的结构时，应根据装配图上反映的零件作用和装配关系等进行分析。

1）图 8-28 所示的固定钳座下部空腔的工字形槽是为了装入螺母块，并使螺母块带动活动钳身随着螺杆顺（逆）时针旋转时做水平方向左右移动。所以固定钳座工字形槽的上、下导面均有较高的表面粗糙度要求，为 $Ra1.6\mu m$。同样，活动钳身底面的表面粗糙度值也是 $Ra1.6\mu m$。

2）螺母块在机用虎钳工作中起重要作用，它与螺杆旋合，随着螺杆的转动，带动活动钳身在钳座上左右移动，螺母块的螺纹有较高的表面粗糙度要求，同时为了使螺母块在固定钳座上移动自如（对照装配图中的左视图），它的下部凸台也有较高的表面粗糙度要求，为 $Ra1.6\mu m$，螺母块的整体结构是上圆下方，上部圆柱与活动钳身相配合，注出尺寸及公差为 $\phi 20\frac{H8}{h7}$。螺母块可通过螺钉 3 调节松紧度，使螺杆转动灵活，活动钳身移动自如。

3）为了使螺杆在固定钳座左、右两圆柱孔内转动灵活，螺杆两端轴颈与圆孔采用基孔制间隙配合（ϕ18H8/f7 和 ϕ12H8/f7）。

4）为了使活动钳身在固定钳座工字形槽的水平导面上移动自如，活动钳身与固定钳座导面两侧的结合面采用了基孔制间隙配合（82H8/f7）。

（4）归纳总结　综合各部分结构，形成对装配体的完整认识，图 8-29 所示为机用虎钳的立体结构形状。

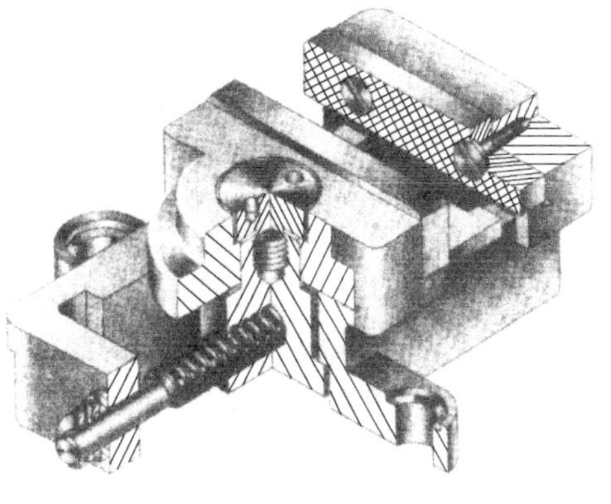

图 8-29　机用虎钳立体图

二、由装配图拆画零件图

根据装配图拆画零件图的过程简称“拆图”，拆图是产品设计过程中的一项重要工作。图 8-30 即为根据机用虎钳装配图拆画的固定钳座零件图。一般拆画零件图应注意以下几个方面内容。

1. 拆画零件图的步骤

拆画零件图一般可分成以下几个步骤：

1）看懂装配图，并将要拆画的零件轮廓在装配图的各个投影中分离出来。

2）分析零件的结构形状。

3）选择零件图的表达方案，先确定主视图，再确定其他表达方法。

4）按要求画出零件图。

2. 拆画零件图的注意事项

（1）零件的视图和结构处理

1）主视图的选择和视图数量的确定。拆图时，应根据零件图的主视图选择原则进行分

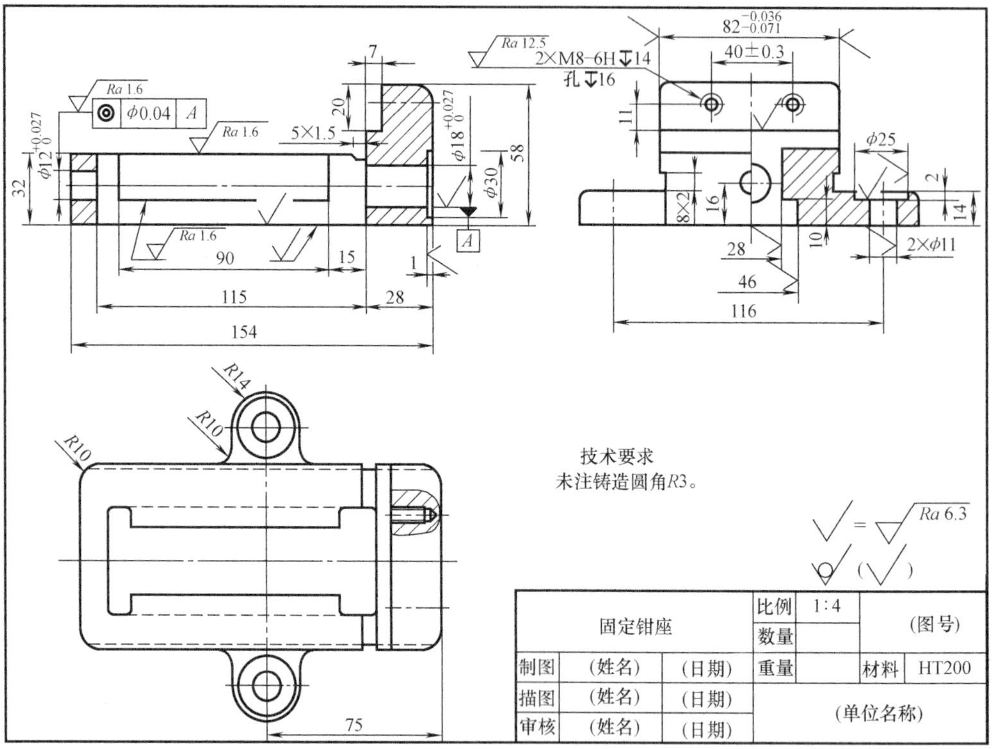

图 8-30 固定钳座零件图

析，来确定每个零件的主视图。对于视图数量不能简单地照搬装配图上的表达方式，而应以能完整、清晰表达零件各组成部分的形状和相对位置为原则。

2）补充设计装配图上未确定的结构形状。拆图时，对未表达清楚的结构，要根据零件的作用和工艺要求进行合理的补充设计。

3）增补装配图上省略的零件工艺结构。拆图时，必须将装配图上省略的倒角、退刀槽、圆角、起模斜度等工艺结构在零件图上完整、清楚地表达出来。

（2）零件的尺寸处理　零件图上的尺寸标注包括以下几项：

1）抄尺寸，将装配图上注出的与画图有关的尺寸直接抄到零件图上，不得随意改变。对注有配合代号的尺寸，还应在零件图上注出其上、下极限偏差或公差代号。

2）查尺寸，对于零件上凡已标准化和规格化的结构，如螺纹、键槽、倒角、退刀槽等尺寸，应从有关标准和手册中查出数值。

3）计算尺寸，有些尺寸需要通过计算确定。如齿轮的分度圆直径，应根据已知的模数、齿数等有关数值来计算确定后标注。

4）测量尺寸，对零件上的一般结构尺寸，可以按装配图的画图比例直接从图中量取，将数值取为整数或取相近的标准数值（如标准直径、长度等）。

5）统一尺寸，对有装配关系的零件，应特别注意使其有关尺寸和基准协调一致，以保证它们之间的装配。

（3）技术要求和材料的确定　对于零件图上的表面粗糙度、形状和位置公差、材料、热处理和其他技术要求，可根据零件的工作条件、加工方法、检验和装配要求，查阅手册或参考有关图样资料确定。

在拆图过程中，必须加强图样的校核，特别要把相关零件图联系起来校核，以检查它们的有关结构形状和尺寸是否协调一致。

本例中前面已对机用虎钳装配图做过分析识读，在此不再赘述。机用虎钳的组成及各部分形状如图 8-31 所示。

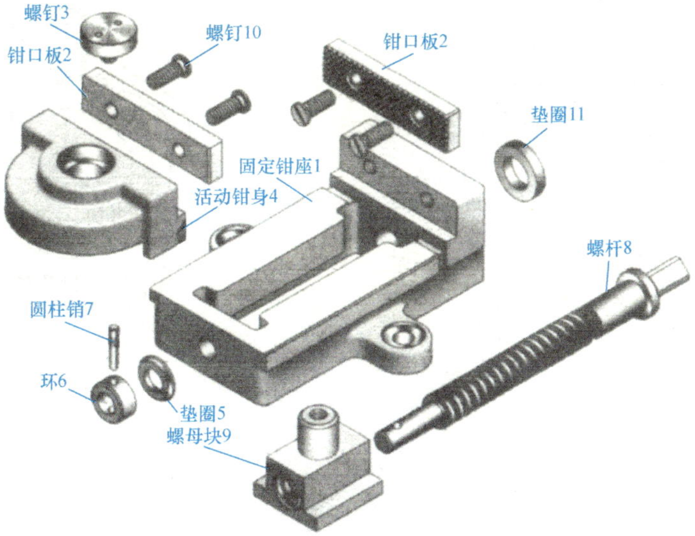

图 8-31 机用虎钳的结构分解图

从装配图中分离出固定钳座 1 的轮廓，想象固定钳座的立体图，进一步确定零件图的视图表达方案。主视图按装配图中主视图的投射方向，采用全剖视图表达，左视图采用半剖视，俯视图主要表达固定钳座 1 的外形，采用局部剖视表达螺孔的结构。按零件图的要求，标注固定钳座的完整尺寸、尺寸公差、技术要求等，填写标题栏，完成后的零件图如图 8-30 所示。

【综合应用训练】

【案例 8-1】 读懂图 8-32 所示装配图，按要求回答下面的问题。

1. 该装配体的名称是__________，共由__________个零件组成，其绘图比例是__________。

2. 该装配图共有__________个图形，主视图采用了__________剖视，其中件__________、__________和__________等紧固件或实心零件按规定均未剖视，为了表达它们与其相邻零件的装配关系，又作了__________个__________剖视。轴与套本不是该装配体上的零件，用__________画法画出其轮廓，以体现装配体的拆卸功能。为节省图纸幅面，较长的把手 2 采用了__________画法。俯视图采用了__________画法，其上的局部剖视图表达了__________和__________的配合情况。

3. 该装配体上，尺寸 82 属于__________尺寸，表示__________________________。该装配体的外形尺寸是__________、__________和__________。尺寸 ϕ10H8/k7 是__________和__________的配合尺寸，属于__________制的__________配合。

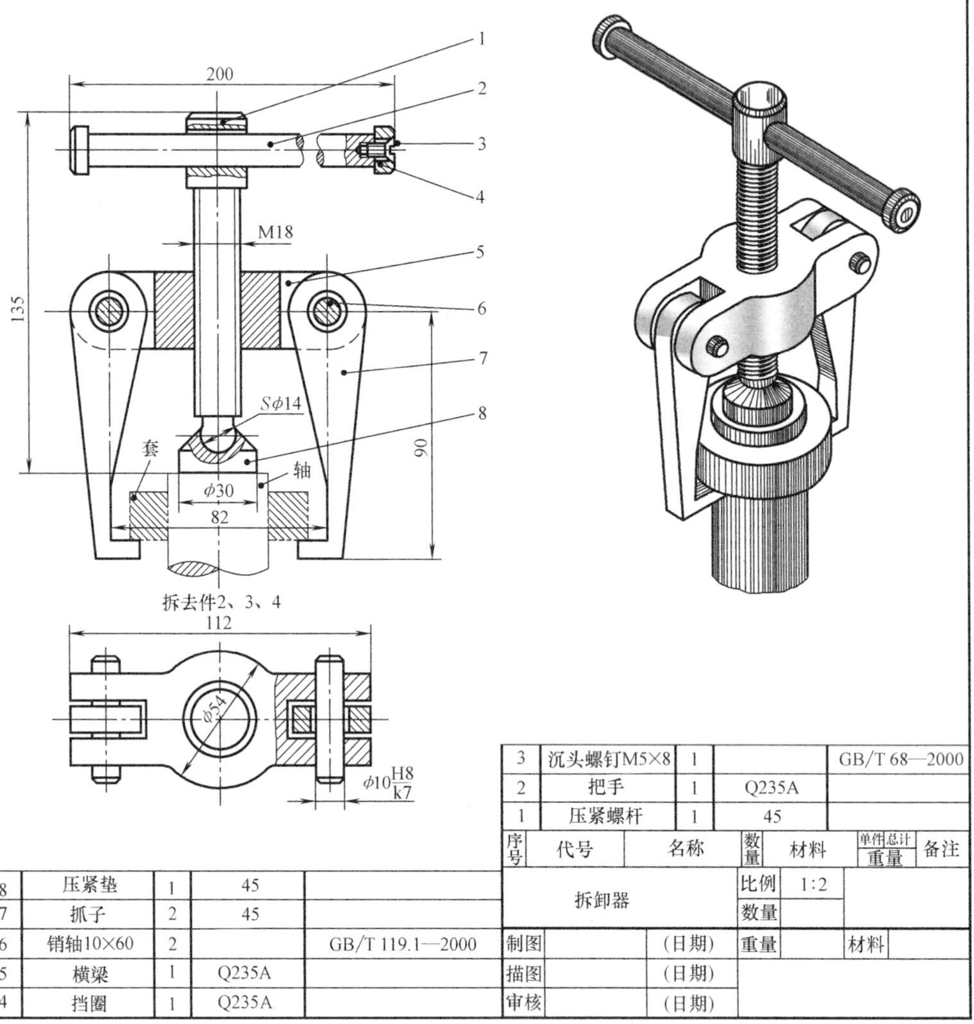

8	压紧垫	1	45	
7	抓子	2	45	
6	销轴10×60	2		GB/T 119.1—2000
5	横梁	1	Q235A	
4	挡圈	1	Q235A	
3	沉头螺钉M5×8	1		GB/T 68—2000
2	把手	1	Q235A	
1	压紧螺杆	1	45	
序号	代号　名称	数量	材料	单件 总计 重量　备注

拆卸器			比例	1:2	
			数量		
制图		(日期)	重量		材料
描图		(日期)			
审核		(日期)			

图 8-32　装配图

【归纳总结】

装配图是表达机器（或部件）的图样，是表达设计思想、指导装配和进行技术交流的重要技术文件。本章主要内容如下。

1. 认识装配图：一张完整的装配图应包括四个方面的内容，即①一组视图，②必要的尺寸，③技术要求，④序号、明细栏和标题栏。

2. 简单装配体装配图的绘制：

（1）装配图的表达方法　装配图应能正确、清楚地表达装配体的结构、工作原理及零件间的装配关系。视图、剖视图、断面图等零件图常用的表达方法对装配图基本上都是适用的，装配图表达方案的选择是以装配体的工作原理和零件间的装配关系来确定主视图的投射方向，理解装配图的基本画法和简化画法是识读和绘制装配图的基础，要逐步学习掌握。

（2）装配图的尺寸和技术要求　装配图上一般只需注出装配体的特征、安装、检验及总体尺寸等，其技术要求主要应注写装配体在装配、检验、使用时应达到和应注意的技术指标。

3. 识读装配图：识图装配图主要是了解组成装配体的各零件间的相互关系，主要包括它们在装配体中的位置、作用、固定或连接的方法、运动情况及拆装顺序等，从而进一步了解装配体的性能、工作原理及零件的主要结构形状。

4. 由装配图拆画零件图：拆图是产品设计过程中的一项重要工作。正确识读装配图是拆图的基础，应逐步学习掌握。

第九章
机器零部件的测绘

【学习目标】

【知识目标】

1. 熟悉零部件测绘的方法和步骤，提高综合机械图样的表达能力。

2. 掌握常用测量工具（游标卡尺、千分尺、百分表等）的使用方法。

3. 了解被测部件的用途、性能、工作原理、结构特点、各零件的装配关系及主要零件的作用、加工方法等，明确装配顺序。

【技能目标】

1. 掌握典型零件测绘的方法和步骤。

2. 能绘制典型零件的零件图。

3. 能绘制装配草图。

【素质目标】

1. 培养学生自主学习的习惯，加强沟通交流与合作能力的培养，促进良好职业素质的形成。

2. 培养综合运用所学知识解决实际问题的能力和独立工作的能力。

3. 培养严格遵守纪律、踏实工作、善于分析、一丝不苟的工作作风。

第一节　常用测绘工具及其使用方法

在零件的测绘过程中，测量尺寸是一个很重要的环节，尺寸数值要测量得准确。测绘时，应根据对尺寸精确程度的要求选用合适的测量工具。生产中使用的测量工具种类很多，其中常用的测量工具有钢直尺、游标卡尺、千分尺、内卡钳、外卡钳、角尺等；此外，还有一些专用的测量工具，如圆角规、螺纹规等。下面主要学习几种常用的测量工具的使用方法。

一、钢直尺

钢直尺是测量直线尺寸常用的一种工具，一般用不锈钢制成，测量精度在 0.5mm 以内，钢直尺一般有公制、英制尺寸，常用的长度规格有 150mm、300mm、500mm、1000mm 等。图 9-1 所示为最常用的 150mm 钢直尺。

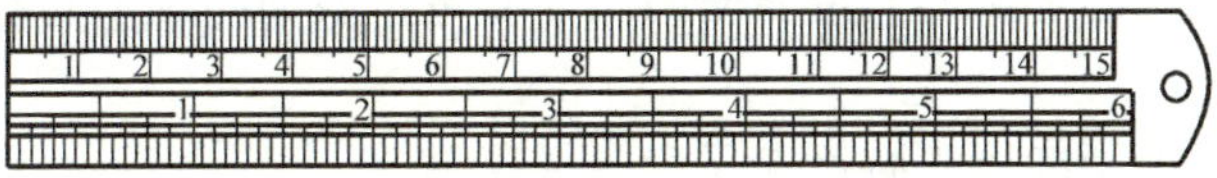

图 9-1　钢直尺

二、游标卡尺

游标卡尺是利用游标原理对两测量爪相对移动分割的距离进行读数的通用长度测量工具，由于其测量精度较高，在生产中使用比较广泛。既可以用于测量直线尺寸，又可用于测量内轮廓尺寸及深度，如图 9-2 所示。

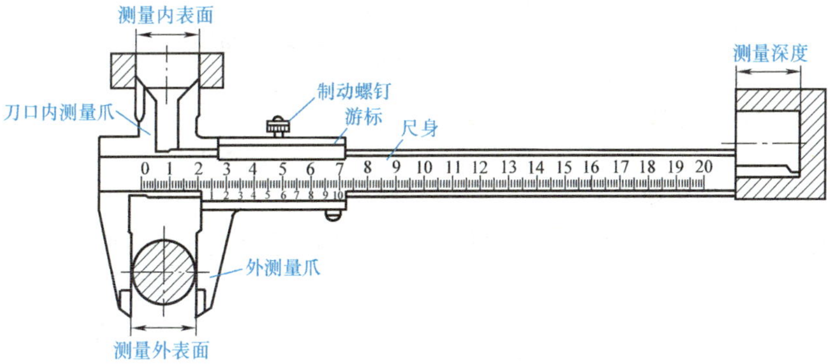

图 9-2　游标卡尺测量尺寸示意图

1. 读数方法

游标卡尺主要由尺身和游标组成，游标可沿尺身移动，尺身标记间距为 1mm，而游标标记间距的不同决定了游标卡尺读数的精度。按读数精度，游标卡尺可分为 0.1mm、0.05mm、0.02mm 三种，游标上分别刻有 10 条、20 条、50 条刻线。

游标卡尺读数时，整数部分在尺身上读取，小数部分由游标读数确定。即：读数值 = 游标零位指示的尺身整数 + 游标上与尺身标记对齐的标记读数。

0.02mm 精度游标卡尺标记原理与读数方法如图 9-3 所示。

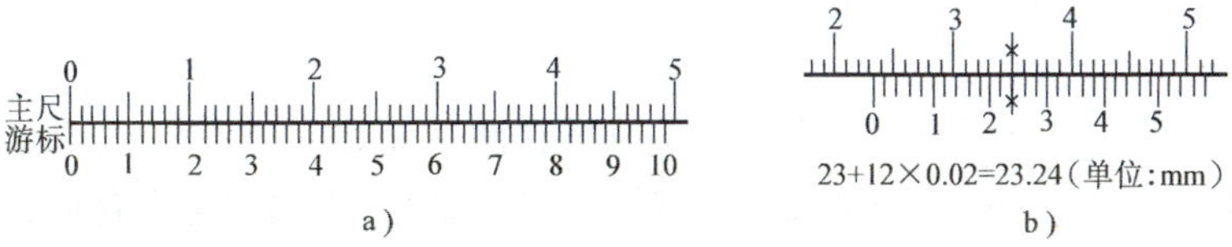

图 9-3　0.02mm 游标卡尺标记原理与读数方法

2. 使用注意事项

1）使用前应擦净尺框与外测量爪，将其闭合，检查尺身与游标零线是否重合，若不重合，应送计量中心校正或测量后根据其误差进行修正。

2）测量时，应使外测量爪逐渐靠近工件，测量压力不能过大，以免变形及磨损加剧，影响测量精度。同时注意游标卡尺必须放正，以免测量不准。

3）从工件上取下卡尺读数时，应沿测量方向轻轻拔出，或从工件上取下卡尺前先旋紧制动螺钉，以免读数前位置变动。

4）游标卡尺仅用于已加工的光滑表面的尺寸测量，表面粗糙或正在运动的工件不宜用游标卡尺测量。

5）使用完毕，应擦干净置于游标卡尺盒中保存。

三、千分尺

千分尺是用微分筒读数的量尺，其分度值为0.01mm。按用途不同还有内径千分尺、深度千分尺、公法线千分尺等。最常用的千分尺，按其测量范围有0～25mm、25～50mm、50～75mm三种规格。千分尺的结构形状如图9-4所示。

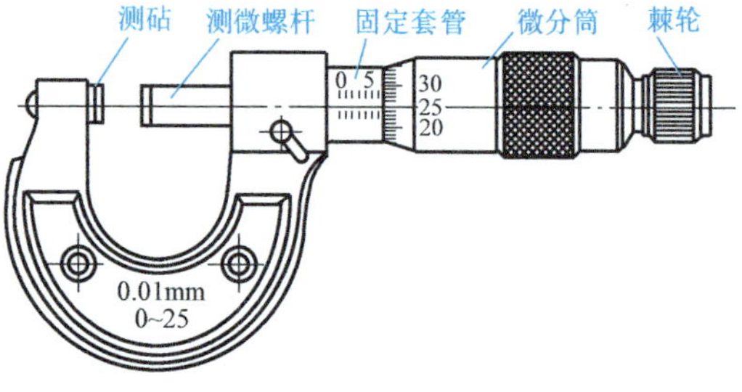

图9-4 千分尺

测微螺杆与微分筒装配在一起，当转动微分筒时，二者一起左右移动；测力装置可使测砧面与工件接触时保持恒定测量力，以保证测量精度。

1. 刻线原理与读数方法

千分尺的读数机构由固定套管和微分筒组成。在固定套管的轴线方向刻有一条中线，中线上、下方各刻间距为1mm的标尺（相互错开0.5mm），在微分筒左端锥面上共有50条标尺分度。测微螺杆的螺距为0.5mm，所以当微分筒转一周时，带动测微螺杆轴向移动0.5mm，这样微分筒上的一小格读数值为0.5/50mm=0.01mm。

千分尺读数时，0.5整数倍在固定套管标尺上读取，其余尾数在微分筒标尺上读取。先读固定套管上露出的标尺值，然后看微分筒上哪一格与固定套管中线对齐并读取其标尺值，这样，读数值=固定套管标尺（0.5的整数倍）+微分筒标尺值×0.01。

千分尺标尺及读数方法如图9-5所示。

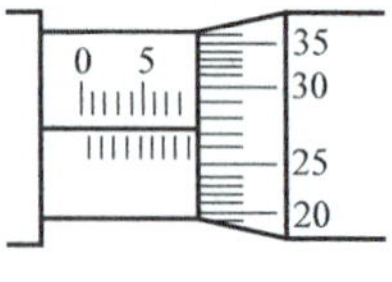

8.5+27×0.01=8.77(单位:mm)

图9-5 千分尺标尺及读数方法

2. 使用注意事项

1）使用前先将测砧与测微螺杆擦干净，然后使二者正常接触（对测量范围在25mm以上的千分尺，应采用标准量棒校对），看微分筒标尺零线是否与固定套管中线对齐，若不对齐，可记住误差，测量后修正。但最好及时送计量中心校正。

2）测量时先将工件被测表面擦净，并准确放在测砧面之间，不得倾斜；当测微螺杆快接触工件时应转动端部棘轮，待其发出“哒哒”声打滑时，表明测量力合适，应停止转动。

3）读数时要特别注意不要读漏中线下方的0.5mm。

4）千分尺不得用于测量粗糙表面或正在运动表面的尺寸。

5）使用后置于千分尺盒内保存，切忌放在有较强振动、磁场以及高温的地方。

四、百分表

百分表是一种分度值为0.01mm，指针可转一圈以上的机械式量表。百分表是精度较高的比较量具，它只能测出相对数值，而不能测出绝对数值。因此，主要用于测量工件的形状、位置误差及工件找正。

1. 百分表的结构原理

百分表的结构如图 9-6 所示。

它通过内部机械传动系统将测头中心相对位移转变为度盘转数指针、小指针的角位移，大指针每一格读数为 0.01mm，而小指针每格读数为 1mm，其刻度范围即为百分表的测量范围，据此百分表有 0～3mm、0～5mm、0～10mm 三种规格。

2. 使用注意事项

1）测量前轻推测杆，检查它在轴套内移动是否灵活，指针转动是否灵活。

2）百分表必须安装在百分表架上使用，安装时测杆应垂直于被测表面，如图 9-7 所示。

3）测量时，测杆应有适当的压缩量（0.3～1mm），但为读数方便，可在测杆预先压缩后，转动度盘把指针调零再开始测量。

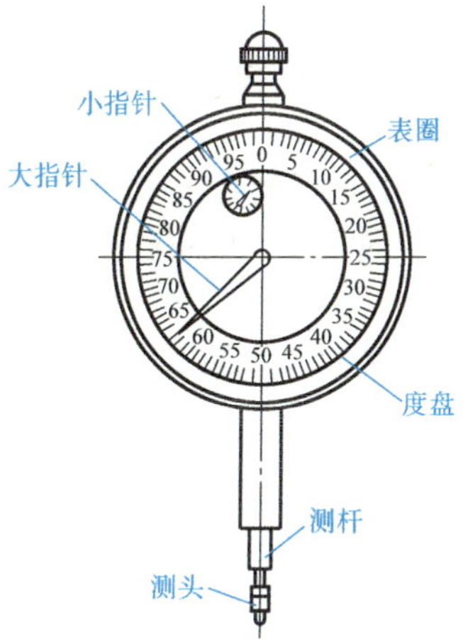

图 9-6　百分表

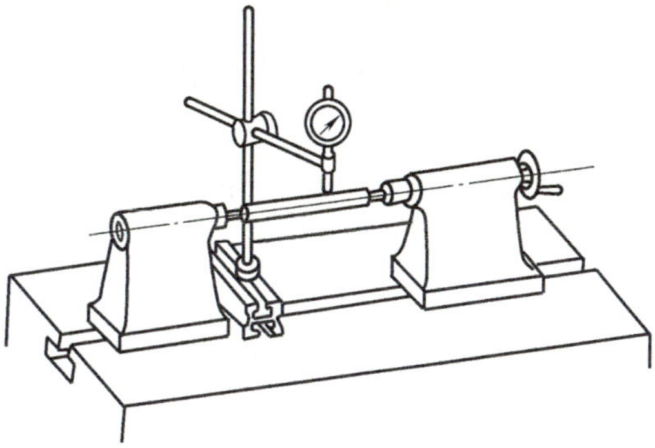

图 9-7　百分表测量工件跳动量

第二节　零件测绘的方法和步骤

零件的测绘是根据实际零件，目测比例，徒手或部分徒手绘出零件草图，然后根据零件草图按比例绘制出零件图的过程。零件草图是画零件图的主要依据，因此，应该掌握测绘零件图的正确步骤和方法。

一、测量前的准备工作

在对零件进行测量前，应首先对该零件的有关技术资料进行收集，如与该零件有关的图样资料、技术标准（包括国标、行业、企业等的技术资料），做到对测量零件的充分了解。其次应该准备测量用的一些工具（包括测量工具和绘图工具）。

二、分析和研究测绘对象

在测量前应该明确该零件的用途、性能、材料、结构特征以及该零件在整个设备中的功用和有关的装配关系。如图 9-8 所示的压盖，材料为铸铁（HT150），压盖零件的结构特征为压盖轴向板、空心圆筒及三个通孔。

三、确定合理的表达方案

先根据压盖零件的外形特征、在设备中的工作位置和安装位置选择主视图，再根据表示需要选择其他视图，并考虑是否需用剖视、断面和简化画法等表达方法。确定的表达方案应将零件的结构特征准确、清晰地表达出来。

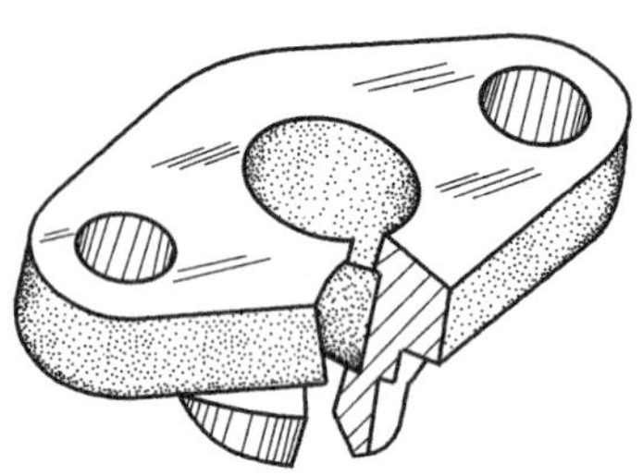

图 9-8 压盖

根据盘盖类零件的结构形状特点，它的主要结构是同轴圆柱体和圆柱孔，此类零件主要在车床上加工。选择主视图一般将轴线放在水平位置，所以，压盖画图时选择加工位置方向为主视图，并作全剖视图，清晰地表达压盖轴向板、圆筒长度、通孔等结构形状。选择视图的主要目的是表达三个通孔的相对位置。

四、零件测绘时的注意事项

1）被测零件制造中存在的缺陷，如砂眼、气孔、刀痕、创伤以及长期使用造成的磨损、破损等不应画出。

2）不应忽略零件上制造、装配必要的工艺结构。如铸造圆角、倒角、退刀槽、凸台、凹坑、工艺孔等都必须画出。

3）有配合关系的尺寸，一般只要测出它的公称尺寸就可以了。其配合关系和相应的公差值，应在分析后再查阅有关资料确定。对非配合尺寸或不重要的尺寸，应将已测得的尺寸进行圆整处理。

4）对于螺纹、键槽、齿轮等标准化的结构尺寸，应把测得的结果与标准值进行核对，采用标准化的尺寸。

第三节 装配体测绘的方法和步骤

对新产品进行仿制或对现有机械设备进行技术改造以及维修时，往往需要对其进行测绘，即通过拆卸画出装配示意图和零件草图，根据零件草图，画装配图。再依据装配图和零件草图画零件工作图，从而完成装配图和零件图的整套图样，这个过程称为装配体测绘。现以图 8-25 所示球阀为例，介绍装配体测绘的方法和步骤。

一、了解测绘对象

通过观察分析装配体，收集和阅读该装配体的产品说明书或其他有关技术资料，了解其用途、性能、工作原理、结构特点、传动系统以及各零件间的装配连接关系等。在收集资料过程中，尤其要重视生产工人和技术人员对该装配体的使用情况和改进意见，为测绘工作顺利进行做好充分的准备。

球阀的阀芯是球形的，是用于启闭和调节流量的部件。图示位置时阀门全部开启，当扳手按顺时针方向旋转 90°时，阀门全部关闭。

该装配体的关键零件是阀芯。下面从运动关系、密封关系、包容关系等进行分析。

运动关系：扳手 →阀杆→阀芯。

密封关系：两个密封圈为第一道防线，调整垫保证阀体与阀盖之间的密封，第二道防线为填料，以防止从转动零件阀杆处的间隙漏油。

包容关系：阀体和阀盖是球阀的主体零件，它们之间以四组双头螺柱连接，阀芯通过两个密封圈定位于阀中，通过填料压紧套与阀体的螺纹旋合将材料为聚四氟乙烯的填料固定于阀体中。

阀体左端通过螺柱和螺母与阀盖连接，形成球阀容纳阀芯的空腔，左端的圆柱槽与阀盖的圆柱凸缘相配合；阀体空腔右侧圆柱槽，用于放置球阀关闭时不泄漏流体的密封圈；阀体右端有用于连接系统中管道的外螺纹，内部阶梯孔与空腔相通；在阀体上部的圆柱体中，有阶梯孔与空腔相通，在阶梯孔内容纳阀杆、填料压紧套；阶梯孔顶端90°扇形限位凸块用于控制扳手和阀杆的旋转角度。

二、拆卸零件画装配示意图

在初步了解装配体功能的基础上，按一定顺序拆卸零件，通过对零件作用和结构的仔细分析，进一步了解零件间的装配、连接关系。

拆卸零件时应注意：在拆卸前应测量一些必要的原始尺寸，比如某些零件间的相对位置等。要制订周密的拆卸计划，合理地选用工具，采用正确的拆卸方法，按照一定的拆卸顺序依次拆卸，严禁胡乱敲打，避免损坏原有零件。对于有较高精度的配合或过盈配合，应尽量少拆或不拆，避免降低原有配合精度或损坏零件。为避免零件的混淆和丢失，应按照拆卸的顺序对零件进行编号、登记并贴上标签，依次整齐放置，避免碰伤、变形或丢失，从而保证再次装配能顺利进行。

装配示意图是通过目测徒手用简单的线条绘制出装配体的轮廓、装配关系、工作原理及传动路线的图样。画示意图时，可将零件看成是透明体，表示可不受前后层次的限制，并尽量把所有零件集中在一个图上表示出来。画机构传动部分的示意图时，应按照国家标准《机械制图 机构运动简图用图形符号》的规定绘制。对一般零件可按其外形和结构特点形象地画出零件的大致轮廓。球阀的装配示意图如图9-9所示。

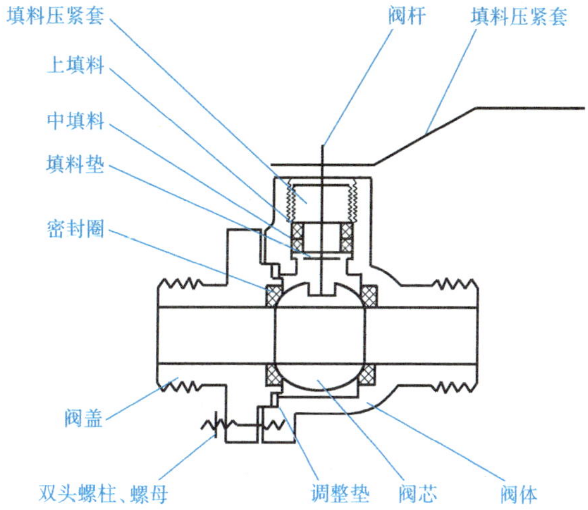

图9-9　球阀的装配示意图

三、画零件草图

在装配体测绘中，画零件草图应注意：

1）标准件不必画零件草图，但应测量其主要规格尺寸，其他数据可通过查阅国家标准获取，并在明细栏中登记。所有非标准件都必须画出零件草图，并要准确、完整地标注测量尺寸，不得遗漏。

2）零件草图可以按照装配关系或拆卸顺序依次画出，以便随时校对和协调各零件之间的相关尺寸。

3）零件间有配合、连接关系的尺寸要协调一致，并在相关零件草图上一并标出。

球阀的部分零件草图如图9-10所示。零件草图的绘制方法如下：

1）在图纸上确定出作图的基准线、中心线，布置视图时应注意留出尺寸标注的空间。

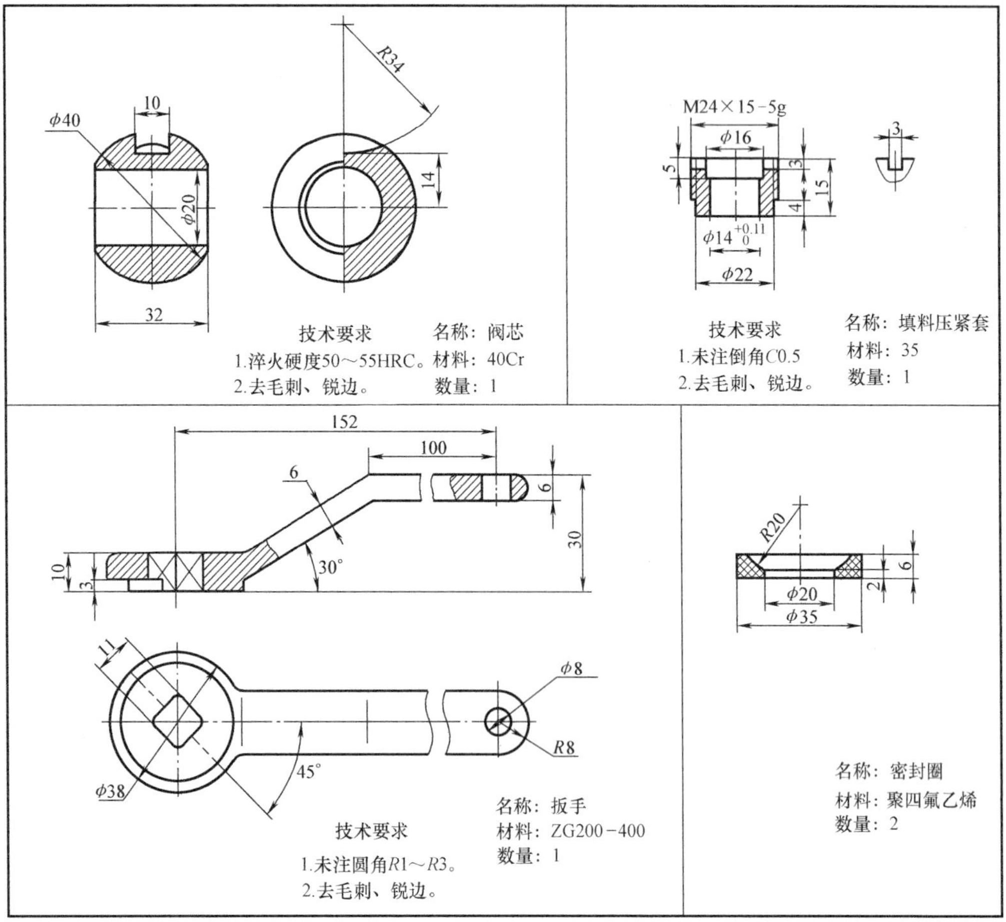

图 9-10　球阀的部分零件草图

2）用细实线详细画出零件的内外结构和形状，在绘图中应注意比例协调。

3）针对画出的图样按照零件进行认真的校对，改正错误的地方或漏画的位置，无误后画出尺寸界线、尺寸线。

4）逐个测量并标注尺寸、表面粗糙度代号、尺寸公差，制订技术要求，填写标题栏中的有关内容。

四、绘制装配图

由确定零件间关系的装配示意图以及画出零件具体形状的零件草图来绘制部件的装配图。球阀的装配图如图 8-27 所示。具体绘制方法见第八章。

五、画零件工作图

根据装配图和零件草图拆画零件工作图，绘制零件工作图的方法和步骤参考第七章。

【综合应用训练】

图 9-11 所示为齿轮泵，图 9-12 所示为其装配图，要求拆画传动齿轮轴 3 的零件图，并简述齿轮泵的工作原理。

【解题指导】 首先看懂装配图，并想出其形状，熟悉其工作原理，最后拆画出零件图。

图 9-11 齿轮泵

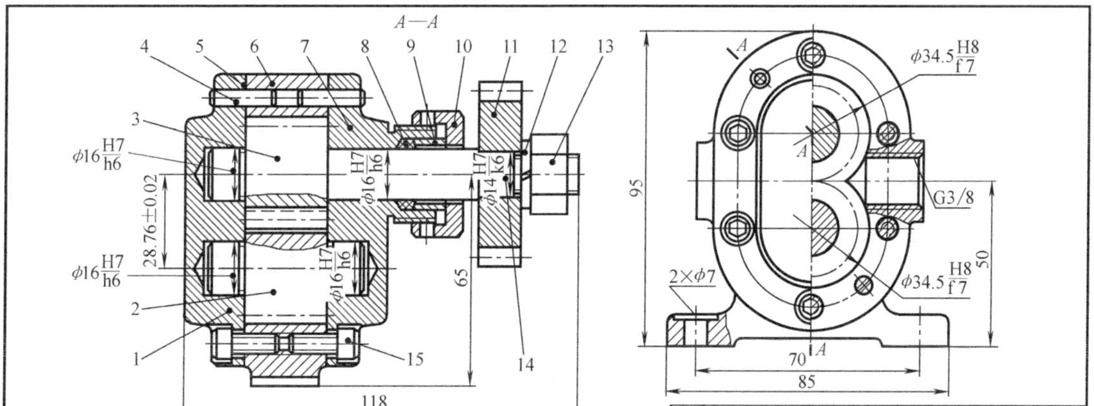

序号	代号	名称	数量	材料	单件 总计 重量	备注
15		螺钉M6×16	12	35		GB/T 70.1—2000
14		键4×4×10	1	45		GB/T 1096—2003
13		螺母M12×15	1	35		GB/T 6170—2003
12		垫圈12	1	65Mn		GB/T 97.1—2002
11		传动齿轮	1	45		m=2.5,z=20
10		压紧螺母	1	35		
9		压盖衬套	1	ZCuSn5Pb5Zn5		
8		密封圈	1	毛毡		
7		右端盖	1	HT200		
6		泵体	1	HT200		
5		垫片	2	纸		t=1
4		销5 m6×18	4	45		GB/T 119.1—2000
3		传动齿轮轴	1	45		m=3，z=9
2		齿轮轴	1	45		m=3，z=9
1		左端盖	1	HT200		

(图号)		比例		齿轮泵
		数量		
制图	(日期)	重量		材料
描图	(日期)	(图号)		
审核	(日期)			

图 9-12 齿轮泵装配图

【归 纳 总 结】

测绘是学习机械制图过程中理论联系实际的重要环节，本章的学习主要是了解零件测绘的方法和技巧，学会正确的拆卸和装配方法，使学生提高和贯彻国家标准的意识，学习查阅相关标准确定标准件和常用件参数数值，合理标注技术要求。

本章主要介绍各种测量工具的使用方法。常用测量长度的工具有：钢直尺、内外卡钳、游标卡尺等；常用角度测量工具为游标万能角度尺；常用螺纹测量工具为螺纹规。

零件测绘的主要步骤有：①画草图；②确定主要的尺寸基准后测量尺寸、标注技术要求；③整理成标准的机械图样。

附　　录

附表 1　普通螺纹公称直径、螺距和基本尺寸（摘自 GB/T 193—2003、GB/T 196—2003）

（单位：mm）

公称直径 D,d		螺距 P		粗牙中径 D_2,d_2	粗牙小径 D_1,d_1
第一系列	第二系列	粗牙	细牙		
3		0.5	0.35	2.675	2.459
	3.5	0.6		3.110	2.850
4		0.7	0.5	3.545	3.242
	4.5	0.75		4.013	3.688
5		0.8		4.480	4.134
6		1	0.75	5.350	4.917
	7	1	0.75	6.350	5.917
8		1.25	1,0.75	7.188	6.647
10		1.5	1.25,1,0.75	9.026	8.376
12		1.75	1.5,1.25,1	10.863	10.106
	14	2	1.5,1.25,1	12.701	11.835
16		2	1.5,1	14.701	13.835
	18	2.5	2,1.5,1	16.376	15.294
20		2.5		18.376	17.294
	22	2.5		20.376	19.294
24		3	2,1.5,1	22.051	20.752
	27	3		25.051	23.752
30		3.5	3,2,1.5,1	27.727	26.211
	33	3.5	3,2,1.5	30.727	29.211
36		4	3,2,1.5	33.402	31.670
	39	4		36.402	34.670
42		4.5	4,3,2,1.5	39.077	37.129
	45	4.5		42.077	40.129
48		5		44.752	42.587
	52	5	4,3,2,1.5	48.752	46.587
56		5.5	4,3,2,1.5	52.428	50.046
	60	5.5		56.428	54.046
64		6		60.103	57.505
	68	6		64.103	61.505

注：1. 公称直径优先选用第一系列，第三系列未列入。

2. M14×1.25 仅用于火花塞。

附表 2 55°非密封管螺纹（摘自 GB/T 7307—2001）

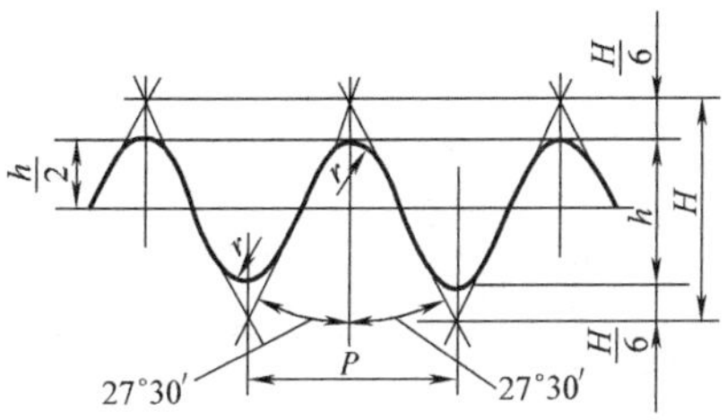

螺纹的设计牙型

标记示例
尺寸代号 2，右旋，圆柱内螺纹：G2
尺寸代号 3，右旋，A 级圆柱外螺纹：G3A
尺寸代号 2，左旋，圆柱内螺纹：G2 LH
尺寸代号 4，左旋，B 级圆柱外螺纹：G4B-LH

尺寸代号	每 25.4mm 内所含的牙数 n	螺距 P/mm	牙高 h /mm	基本直径		
				大径 $d=D$/mm	中径 $d_2=D_2$/mm	小径 $d_1=D_1$/mm
1/16	28	0.907	0.581	7.723	7.142	6.561
1/8	28	0.907	0.581	9.728	9.147	8.566
1/4	19	1.337	0.856	13.157	12.301	11.445
3/8	19	1.337	0.856	16.662	15.806	14.950
1/2	14	1.814	1.162	20.955	19.793	18.631
3/4	14	1.814	1.162	26.441	25.279	24.117
1	11	2.309	1.479	33.249	31.770	30.291
$1\frac{1}{4}$	11	2.309	1.479	41.910	40.431	38.952
$1\frac{1}{2}$	11	2.309	1.479	47.803	46.324	44.845
2	11	2.309	1.479	59.614	58.135	56.656
$2\frac{1}{2}$	11	2.309	1.479	75.184	73.705	72.226
3	11	2.309	1.479	87.884	86.405	84.926
4	11	2.309	1.479	113.030	111.551	110.072
5	11	2.309	1.479	138.430	136.951	135.472
6	11	2.309	1.479	163.830	162.351	160.872

附表 3 六角头螺栓（摘自 GB/T 5782—2000） （单位：mm）

六角头螺栓 （GB/T 5782—2000）

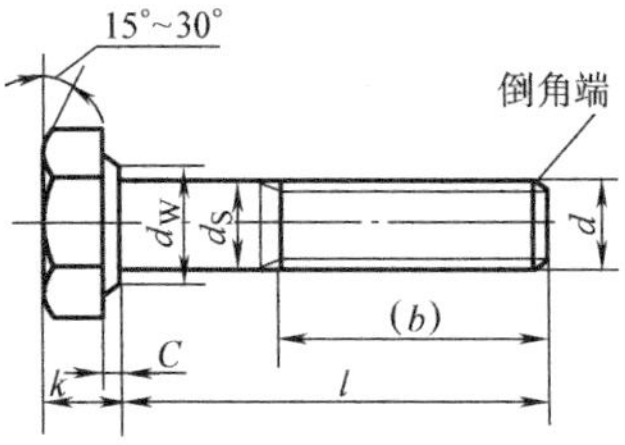

六角头螺栓——全螺纹(GB/T 5783—2000)

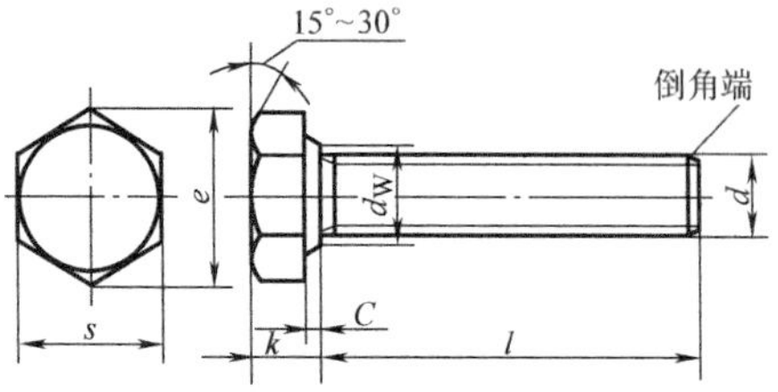

标记示例

螺纹规格 d = M12、公称长度 l = 80、性能等级为 8.8 级、表面氧化、产品等级为 A 级的六头螺栓：

螺栓 GB/T 5782 M12 × 80

螺纹规格 d = M12、公称长度 l = 80、性能等级为 8.8 级、表面氧化、全螺纹、产品等级为 A 级的六角头螺栓：

螺栓 GB/T 5783 M12 × 80

螺纹规格	d	M4	M5	M6	M8	M10	M12	M16	M20	M24	M30	M36	M42	M48
b 参考	$l \leqslant 125$	14	16	18	22	26	30	38	46	54	66	78	—	—
	$125 < l \leqslant 200$	—	—	—	28	32	36	44	52	60	72	84	96	108
	$l > 200$	—	—	—	—	—	—	57	65	73	85	97	109	121
c_{max}		0.4	0.5		0.6			0.8					1	
k_{max}		2.925	3.65	4.15	5.45	6.58	7.68	10.18	12.715	15.215	—	—	—	—
d_{smax}		4	5	6	8	10	12	16	20	24	30	36	42	48
s_{max}		7	8	10	13	16	18	24	30	36	46	55	65	75
e_{min}	A	7.66	8.79	11.05	14.38	17.77	20.03	26.75	33.53	39.98	—	—	—	—
	B	7.5	8.63	10.89	14.2	17.59	19.85	26.17	32.95	39.55	50.85	60.79	72.02	82.6
d_{wmin}	A	5.88	6.88	8.88	11.63	14.63	16.63	22.49	28.19	33.61	—	—	—	—
	B	5.74	6.74	8.74	11.47	14.47	16.47	22	27.7	33.25	42.75	51.11	59.95	69.45
l 范围	GB/T 5782	25 ~ 40	25 ~ 50	30 ~ 60	35 ~ 80	40 ~ 100	45 ~ 120	55 ~ 160	65 ~ 200	80 ~ 240	90 ~ 300	110 ~ 360	130 ~ 400	140 ~ 400
	GB/T 5783	8 ~ 40	10 ~ 50	12 ~ 60	16 ~ 80	20 ~ 100	25 ~ 100	35 ~ 100	40 ~ 100				80 ~ 500	100 ~ 500
l 系列	GB/T 5782	20 ~ 65(5 进位)、70 ~ 160(10 进位)、180 ~ 400(20 进位)												
	GB/T 5783	8、10、12、16、18、20 ~ 65(5 进位)、70 ~ 160(10 进位)、180 ~ 500(20 进位)												

注：1. P——螺距。末端应倒角，对螺纹规格 $d \leqslant$ M4 为辗制末端（GB/T 2）

2. 螺纹公差带：6 g。

3. 产品等级：A 级用于 d = 1.6 ~ 24mm 和 $l \leqslant 10d$ 或 $\leqslant$ 150 mm（按较小值）。

B 级用于 $d > 24$ 或 $l < 10d$ 或 > 150 mm（按较小值）的螺栓。

附表 4　六角螺母

（单位：mm）

1 型六角螺母—A 和 B 级（摘自 GB/T 6170—2000）
1 型六角螺母—细牙—A 和 B 级（摘自 GB/T 6171—2000）
六角螺母—C 级（摘自 GB/T 41—2000）

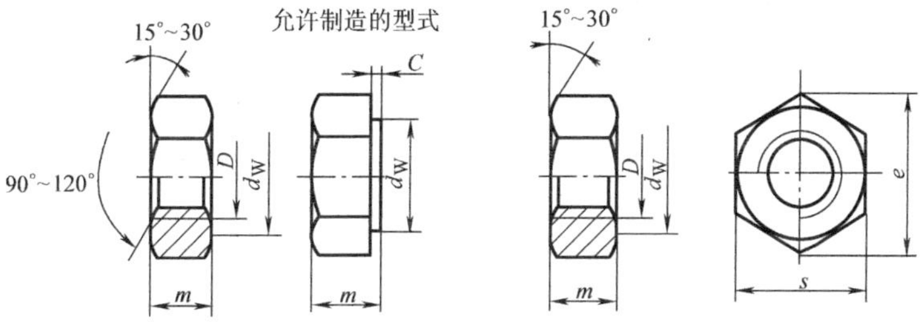

A 和 B 级　　　　C 级

标记示例

螺纹规格 D = M12、性能等级为 5 级、不经表面处理、C 级的六角螺母：

螺母　GB/T 41　M12

螺纹规格 D = M24、螺距 P = 2、性能等级为 10 级、不经表面处理、B 级的 1 型细牙六角螺母：

螺母 GB/T 6171　M24 × 2

螺纹规格	D	M4	M5	M6	M8	M10	M12	M16	M20	M24	M30	M36	M42	M48
	$D \times P$	—	—	—	M8 ×1	M10 ×1	M12 ×15	M16 ×15	M20 ×2	M24 ×2	M30 ×2	M36 ×3	M42 ×3	M48 ×3
C		0.4	0.5		0.6			0.8					1	
S_{max}		7	8	10	13	16	18	24	30	36	46	55	65	75
e_{min}	A、B 级	7.66	8.79	11.05	14.38	17.77	20.03	26.75	32.95	39.95	50.85	60.79	72.02	82.6
	C 级	—	8.63	10.89	14.2	17.59	19.85	26.17						
m_{max}	A、B 级	3.2	4.7	5.2	6.8	8.4	10.8	14.8	18	21.5	25.6	31	34	38
	C 级	—	5.6	6.1	7.9	9.5	12.2	15.9	18.7	22.3	26.4	31.5	34.9	38.9
d_{wmin}	A、B 级	5.9	6.9	8.9	11.6	14.6	16.6	22.5	27.7	33.2	42.7	51.1	60.6	69.4
	C 级	—	6.9	8.7	11.5	14.5	16.5	22						

注：1. P——螺距。

2. A 级用于 $D \leqslant 16$ 的螺母；B 级用于 $D > 16$ 的螺母；C 级用于 $D \geqslant 5$ 的螺母。

3. 螺纹公差：A、B 级为 6H，C 级为 7H；机械性能等级：A、B 级为 6、8、10 级，C 级为 4、5 级。

附表 5 双头螺柱（摘自 GB/T 897 ~ 900—1988） （单位：mm）

$b_m = 1d$（GB/T 897—1988） $b_m = 1.25d$（GB/T 898—1988）；$b_m = 1.5d$（GB/T 899—1988） $b_m = 2d$（GB/T 900—1988）

A 型

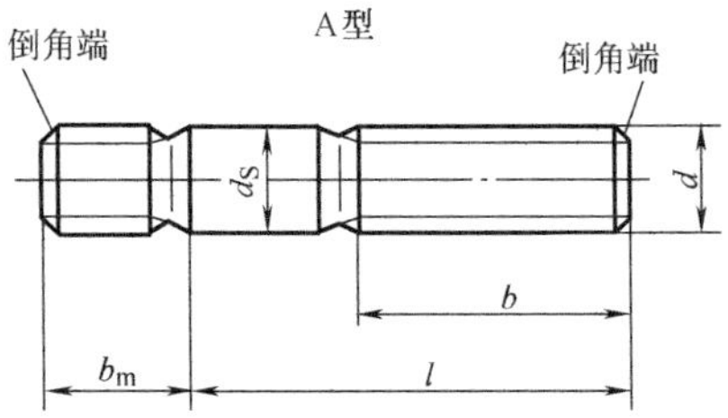

$d_{Smax} = d$

B 型

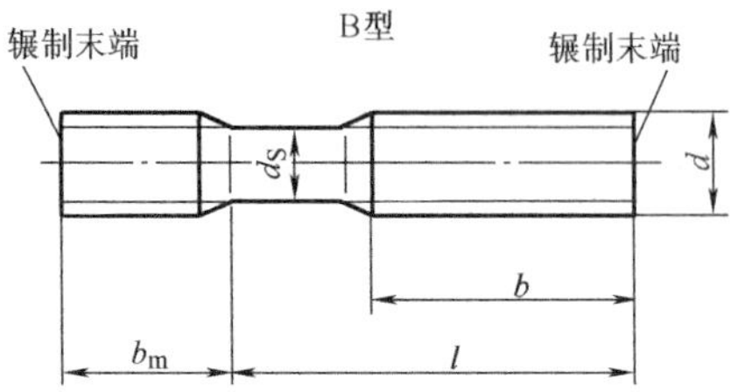

$d_S \approx$ 螺纹中径

标记示例

两端均为粗牙普通螺纹、$d = 10$、$l = 50$、性能等级为 4.8 级、不经表面处理、B 型、$b_m = 2d$ 的双头螺柱：

螺柱 GB 900 M10 × 50

旋入机体一端为粗牙普通螺纹、旋螺母端为螺距 $P = 1$ 的细牙普通螺纹、$d = 10$、$l = 50$、性能等级为 4.8 级、不经表面处理、A 型、$b_m = 2\ d$ 的双头螺柱：

螺柱 GB 900 A M10 - M10 × 1 × 50

螺纹规格 d	b_m（旋入机体端长度）				l/b（螺柱长度/旋螺母端长度）
	GB/T 897	GB/T 898	GB/T 899	GB/T 900	
M4	—	—	6	8	$\frac{16\sim22}{8}$ $\frac{25\sim40}{14}$
M5	5	6	8	10	$\frac{16\sim22}{10}$ $\frac{25\sim50}{16}$
M6	6	8	10	12	$\frac{20\sim22}{10}$ $\frac{25\sim30}{14}$ $\frac{32\sim75}{18}$
M8	8	10	12	16	$\frac{20\sim22}{12}$ $\frac{25\sim30}{16}$ $\frac{32\sim90}{22}$
M10	10	12	15	20	$\frac{25\sim28}{14}$ $\frac{30\sim38}{16}$ $\frac{40\sim120}{26}$ $\frac{130}{32}$
M12	12	15	18	24	$\frac{25\sim30}{14}$ $\frac{32\sim40}{16}$ $\frac{45\sim120}{26}$ $\frac{130\sim180}{32}$
M16	16	20	24	32	$\frac{30\sim38}{16}$ $\frac{40\sim55}{20}$ $\frac{60\sim120}{30}$ $\frac{130\sim200}{36}$
M20	20	25	30	40	$\frac{35\sim40}{20}$ $\frac{45\sim65}{30}$ $\frac{70\sim120}{38}$ $\frac{130\sim200}{44}$
（M24）	24	30	36	48	$\frac{45\sim50}{25}$ $\frac{55\sim75}{35}$ $\frac{80\sim120}{46}$ $\frac{130\sim200}{52}$
（M30）	30	38	45	60	$\frac{60\sim65}{40}$ $\frac{70\sim90}{50}$ $\frac{95\sim120}{66}$ $\frac{130\sim200}{72}$ $\frac{210\sim250}{85}$
M36	36	45	54	72	$\frac{65\sim75}{45}$ $\frac{80\sim110}{60}$ $\frac{120}{78}$ $\frac{130\sim200}{84}$ $\frac{210\sim300}{97}$
M42	42	52	63	84	$\frac{70\sim80}{50}$ $\frac{85\sim110}{70}$ $\frac{120}{90}$ $\frac{130\sim200}{96}$ $\frac{210\sim300}{109}$
M48	48	60	72	96	$\frac{80\sim90}{60}$ $\frac{95\sim110}{80}$ $\frac{120}{102}$ $\frac{130\sim200}{108}$ $\frac{210\sim300}{121}$
$l_{系列}$	12、(14)、16、(18)、20、(22)、25、(28)、30、(32)、35、(38)、40、45、50、55、60、(65)、70、75、80、(85)、90、(95)、100 ~ 260（10 进位）、280、300				

注：1. 尽可能不采用括号内的规格。末端按 GB/T 2—2001 规定。

2. $b_m = 1d$，一般用于钢对钢；$b_m =$（1.25 ~ 1.5）d，一般用于钢对铸铁；$b_m = 2d$，一般用于钢对铝合金。

附表6　螺钉（一）（摘自 GB/T 65～69—2000）　　（单位：mm）

开槽盘头螺钉（摘自 GB/T 67—2000）

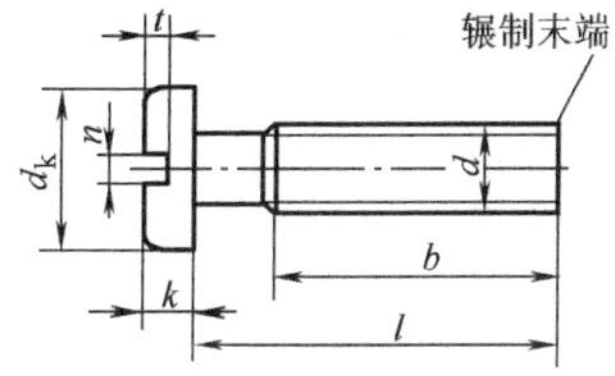

开槽沉头螺钉（摘自 GB/T 68—2000）

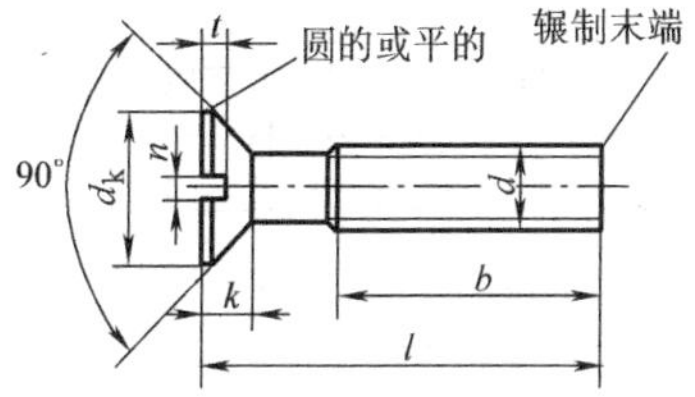

开槽半沉头螺钉（摘自 GB/T 69—2000）

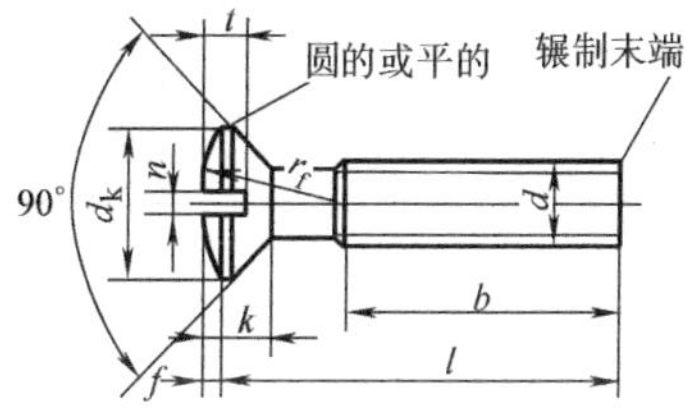

（无螺纹部分杆径≈中径或=螺纹大径）

标记示例

螺纹规格 d = M5、l = 60、性能等级为 4.8 级、不经表面处理的开槽盘头螺钉：

螺钉　GB/T 67　M5 × 60

<table>
<tr><th rowspan="2">螺纹规格 d</th><th rowspan="2">P</th><th rowspan="2">b_{min}</th><th rowspan="2">n 公称</th><th>f</th><th>r_f</th><th colspan="2">k_{max}</th><th colspan="2">d_{kmax}</th><th colspan="3">t_{min}</th><th colspan="2">$l_{范围}$</th><th colspan="2">全螺纹时最大长度</th></tr>
<tr><th>GB/T69</th><th>GB/T69</th><th>GB/T67</th><th>GB/T68 GB/T69</th><th>GB/T67</th><th>GB/T68 GB/T69</th><th>GB/T67</th><th>GB/T68</th><th>GB/T69</th><th>GB/T67</th><th>GB/T68 GB/T69</th><th>GB/T67</th><th>GB/T68 GB/T69</th></tr>
<tr><td>M2</td><td>0.4</td><td rowspan="2">25</td><td>0.5</td><td>4</td><td>0.5</td><td>1.3</td><td>1.2</td><td>4</td><td>3.8</td><td>0.5</td><td>0.4</td><td>0.8</td><td>2.5～20</td><td>3～20</td><td colspan="2" rowspan="2">30</td></tr>
<tr><td>M3</td><td>0.5</td><td>0.8</td><td>6</td><td>0.7</td><td>1.8</td><td>1.65</td><td>5.6</td><td>5.5</td><td>0.7</td><td>0.6</td><td>1.2</td><td>4～30</td><td>5～30</td></tr>
<tr><td>M4</td><td>0.7</td><td rowspan="5">38</td><td rowspan="2">1.2</td><td rowspan="2">9.5</td><td>1</td><td>2.4</td><td rowspan="2">2.7</td><td>8</td><td>8.4</td><td>1</td><td>1</td><td>1.6</td><td>5～40</td><td>6～40</td><td rowspan="5">40</td><td rowspan="5">45</td></tr>
<tr><td>M5</td><td>0.8</td><td>1.2</td><td>3</td><td>9.5</td><td>9.3</td><td>1.2</td><td>1.1</td><td>2</td><td>6～50</td><td>8～50</td></tr>
<tr><td>M6</td><td>1</td><td>1.6</td><td>12</td><td>1.4</td><td>3.6</td><td>3.3</td><td>12</td><td>12</td><td>1.4</td><td>1.2</td><td>2.4</td><td>8～60</td><td>8～60</td></tr>
<tr><td>M8</td><td>1.25</td><td>2</td><td>16.5</td><td>2</td><td>4.8</td><td>4.65</td><td>16</td><td>16</td><td>1.9</td><td>1.8</td><td>3.2</td><td colspan="2" rowspan="2">10～80</td></tr>
<tr><td>M10</td><td>1.5</td><td>2.5</td><td>19.5</td><td>2.3</td><td>6</td><td>5</td><td>20</td><td>20</td><td>2.4</td><td>2</td><td>3.8</td></tr>
<tr><td>$l_{系列}$</td><td colspan="16">2、2.5、3、4、5、6、8、10、12、(14)、16、20～50(5进位)、(55)、60、(65)、70、(75)、80</td></tr>
</table>

注：螺纹公差：6g；机械性能等级：4.8、5.8；产品等级：A。

附表7 螺钉（二）（摘自 GB/T 70.1—2008） （单位：mm）

内六角圆柱头螺钉（摘自 GB/T 70.1—2008）

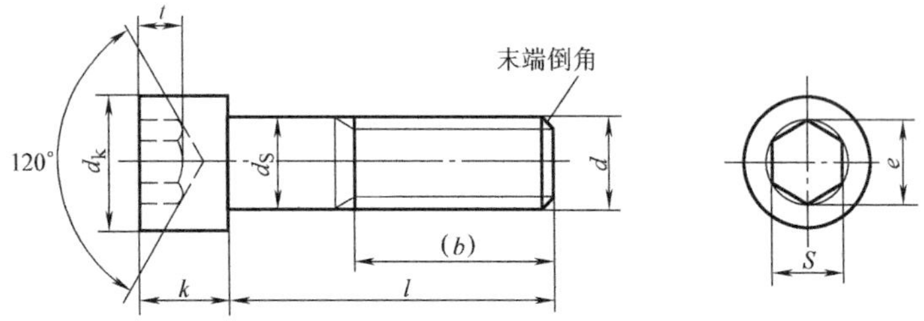

标记示例

螺纹规格 d = M5、公称长度 l = 20、性能等级为 8.8 级、表面氧化的内六角圆柱头螺钉：

螺钉 GB/T 70.1 M5×20

螺纹规格 d		M4	M5	M6	M8	M10	M12	M(14)	M16	M20	M24	M30	M36
螺距 P		0.7	0.8	1	1.25	1.5	1.75	2	2	2.5	3	3.5	4
$b_{参考}$		20	22	24	28	32	36	40	44	52	60	72	84
d_{kmax}	光滑头部	7	8.5	10	13	16	18	21	24	30	36	45	54
	滚花头部	7.22	8.72	10.22	13.27	16.27	18.27	21.33	24.33	30.33	36.39	45.39	54.46
k_{max}		4	5	6	8	10	12	14	16	20	24	30	36
t_{min}		2	2.5	3	4	5	6	7	8	10	12	15.5	19
$S_{公称}$		3	4	5	6	8	10	12	14	17	19	22	27
e_{min}		3.44	4.58	5.72	6.86	9.15	11.43	13.72	16	19.44	21.73	25.15	30.35
d_{smax}		4	5	6	8	10	12	14	16	20	24	30	36
$l_{范围}$		6~40	8~50	10~60	12~80	16~100	20~120	25~140	25~160	30~200	40~200	45~200	55~200
全螺纹时最大长度		25	25	30	35	40	45	55	55	65	80	90	100
$l_{系列}$		6、8、10、12、(14)、(16)、20~50(5 进位)、(55)、60、(65)、70~160(10 进位)、180、200											

注：1. 括号内的规格尽可能不用。末端按 GB/T 2—2001 规定。

2. 机械性能等级：8.8、12.9。

3. 螺纹公差：机械性能等级 8.8 级时为 6g，12.9 级时为 5g、6g。

4. 产品等级：A。

附表 8（一）　平垫圈（摘自 GB/T 97.1～97.2—2002）　　（单位：mm）

平垫圈—A 级（GB/T 97.1—2002）　　平垫圈　倒角型—A 级（GB/T 97.2—2002）

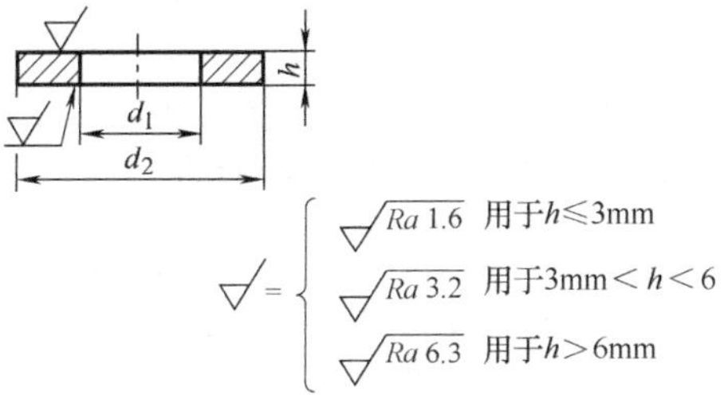

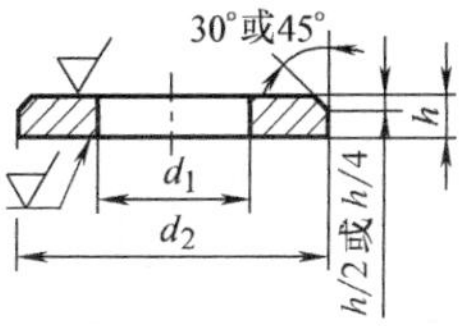

标记示例

标准系列、公称尺寸 $d=8$、硬度等级为 200HV 级、不经表面处理的平垫圈：

垫圈　GB/T 97.2　8

公称尺寸（螺纹规格）d	3	4	5	6	8	10	12	14	16	20	24	30	36
内径 d_1	3.2	4.3	5.3	6.4	8.4	10.5	13	15	17	21	25	31	37
外径 d_2	7	9	10	12	16	20	24	28	30	37	44	56	66
厚度 h	0.5	0.8	1	1.6	1.6	2	2.5	2.5	3	3	4	4	5

附表 8（二）　标准型弹簧垫圈（摘自 GB 93—1987）　　（单位：mm）

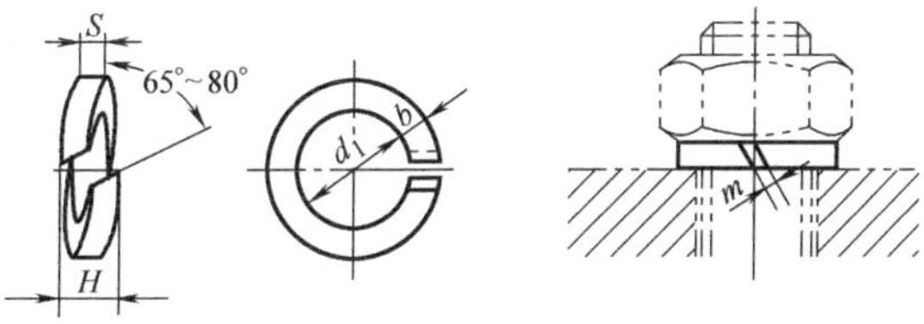

标记示例

规格 10、材料为 65Mn、表面氧化的标准型弹簧垫圈：

垫圈　GB 93—1987　10

规　格（螺纹大径）	4	5	6	8	10	12	16	20	24	30	36	42	48
$d_{1\min}$	4.1	5.1	6.1	8.1	10.2	12.2	16.2	20.2	24.5	30.5	36.5	42.5	48.5
$S=b_{公称}$	1.1	1.3	1.6	2.1	2.6	3.1	4.1	5	6	7.5	9	10.5	12
$m\leqslant$	0.55	0.65	0.8	1.05	1.3	1.55	2.05	2.5	3	3.75	4.5	5.25	6
$H_{\max}$	2.75	3.25	4	5.25	6.5	7.75	10.25	12.5	15	18.75	22.5	26.25	30

注：m 应大于零。

附表 9 圆柱销（摘自 GB/T 119.1～.2—2000） （单位：mm）

标记示例

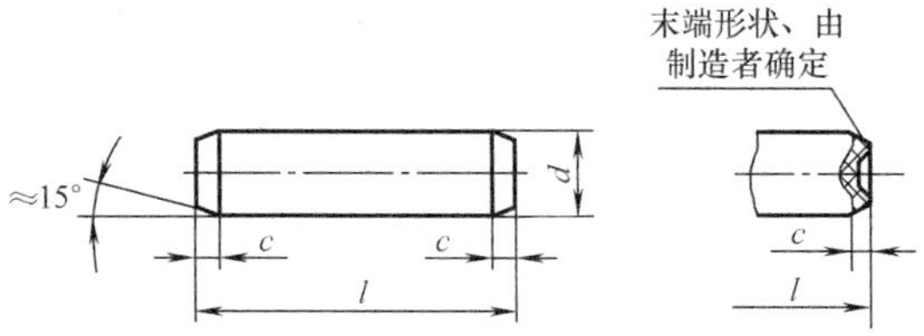

公称直径 d = 6mm、公差 m6、公称长度 l = 30mm、材料为钢、不经淬火、不经表面处理的圆柱销：

销 GB/T 119.1 6 m6×30

公称直径 d = 6mm、公称长度 l = 30mm、材料为钢、普通淬火（A 型）、表面氧化处理的圆柱销：

销 GB/T 119.2 6×30

公称直径 d		3	4	5	6	8	10	12	16	20	25	30	40	50
c≈		0.50	0.63	0.80	1.2	1.6	2.0	2.5	3.0	3.5	4.0	5.0	6.3	8.0
公称长度 l	GB/T 119.1	8～30	8～40	10～50	12～60	14～80	18～95	22～140	26～180	35～200	50～200	60～200	80～200	95～200
	GB/T 119.2	8～30	10～40	12～50	14～60	18～80	22～100	26～100	40～100	50～100	—	—	—	—
l 系列		8、10、12、14、16、18、20、22、24、26、28、30、32、35、40、45、50、55、60、65、70、75、80、85、90、95、100、120、140、160、180、200												

注：1. GB/T 119.1—2000 规定圆柱销的公称直径 d = 0.6～50mm，公称长度 l = 2～200mm，公差有 m6 和 h8。

2. GB/T 119.2—2000 规定圆柱销的公称直径 d = 1～20mm，公称长度 l = 3～100mm，公差仅有 m6。

3. 当圆柱销公差为 h8 时，其表面粗糙度 $Ra \leqslant 1.6\mu m$。

附表 10 圆锥销（摘自 GB/T 117—2000） （单位：mm）

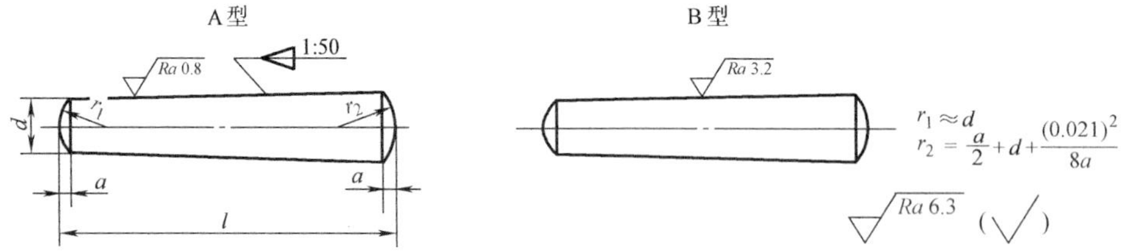

标记示例

公称直径为 10、长为 60 的 A 型圆锥销：

销 GB/T 117 10×60

d	4	5	6	8	10	12	16	20	25	30	40	50
a≈	0.5	0.63	0.8	1	1.2	1.6	2	2.5	3	4	5	6.3
长度范围 l	14～55	18～60	22～90	22～120	26～160	32～180	40～200	45～200	50～200	55～200	60～200	65～200
l（系列）	14，16，18，20，22，24，26，28，30，32，35，40，45，50，55，60，65，70，75，80，85，90，95，100，120，140，160，180，200											

附表 11　普通平键槽的尺寸与公差（摘自 GB/T 1095—2003）　　（单位：mm）

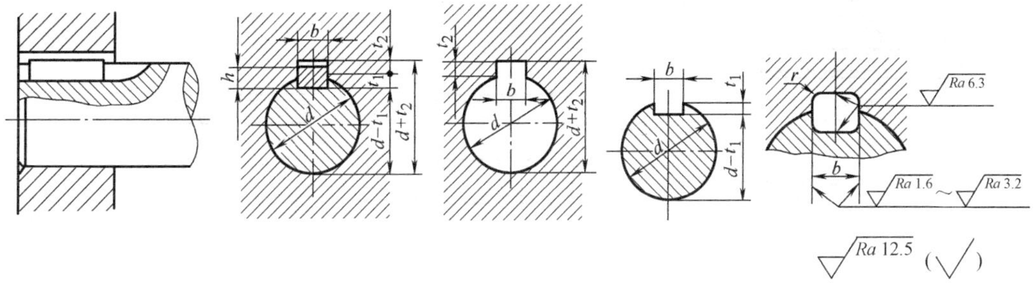

注：在工作图中，轴槽深用f_1或$(d-f_1)$标注，轮毂槽深用$(d+f_2)$标注。

轴的直径 d	键尺寸 $b\times h$	键槽											
		宽度 b						深度				半径 r	
		基本尺寸	极限偏差					轴 t_1		毂 t_2			
			正常联结		紧密联结	松联结		基本尺寸	极限偏差	基本尺寸	极限偏差	min	max
			轴 N9	毂 JS9	轴和毂 P9	轴 H9	毂 D10						
自 6～8	2×2	2	-0.004 -0.029	±0.0125	-0.060 -0.031	+0.025 0	+0.060 +0.020	1.2	+0.1 0	1.0	+0.1 0	0.08	0.16
>8～10	3×3	3						1.8		1.4			
>10～12	4×4	4	0 -0.030	±0.015	-0.012 -0.042	+0.030 0	+0.078 +0.030	2.5		1.8			
>12～17	5×5	5						3.0		2.3		0.16	0.25
>17～22	6×6	6						3.5		2.8			
>22～30	8×7	8	0 -0.036	±0.018	-0.015 -0.051	+0.036 0	+0.098 +0.040	4.0	+0.2 0	3.3	+0.2 0		
>30～38	10×8	10						5.0		3.3		0.25	0.40
>38～44	12×8	12	0 -0.043	±0.0215	+0.018 -0.061	+0.043 0	+0.120 +0.050	5.0		3.3			
>44～50	14×9	14						5.5		3.8			
>50～58	16×10	16						6.0		4.3			
>58～65	18×11	18						7.0		4.4			
>65～75	20×12	20	0 -0.052	±0.026	+0.022 -0.074	+0.052 0	+0.149 +0.065	7.5		4.9		0.40	0.60
>75～85	22×14	22						9.0		5.4			
>85～95	25×14	25						9.0		5.4			
>95～110	28×16	28						10.0		6.4			
>110～130	32×18	32	0 -0.062	±0.031	-0.026 -0.088	+0.062 0	+0.180 +0.080	11.0		7.4			
>130～150	36×20	36						12.0	+0.3 0	8.4	+0.3 0	0.70	1.0
>150～170	40×22	40						13.0		9.4			
>170～200	45×25	45						15.0		10.4			

注：1. $(d-t_1)$ 和 $(d+t_2)$ 两组组合尺寸的极限偏差按相应的 t_1 和 t_2 的极限偏差选取，但 $(d-t_1)$ 极限偏差应取负号（-）。

2. GB/T 1095—2003 中未列入"轴的直径 d"，本表列出仅供参考。

附表 12 普通平键的尺寸与公差（摘自 GB/T 1096—2003） （单位：mm）

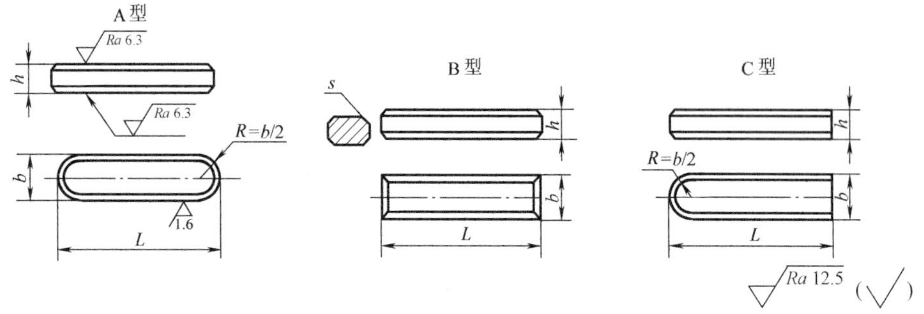

标记示例

圆头普通平键(A 型)、$b=18$、$h=11$、$L=100$：GB/T 1096 键 18×11×100

平头普通平键(B 型)、$b=18$、$h=11$、$L=100$：GB/T 1096 键 B 18×11×100

单圆头普通平键(C 型)、$b=18$、$h=11$、$L=100$：GB/T 1096 键 C 18×11×100

宽度 b	基本尺寸		2	3	4	5	6	8	10	12	14	16	18	20	22
	极限偏差 (h8)		0 −0.014		0 −0.018			0 −0.022		0 −0.027				0 −0.033	
高度 h	基本尺寸		2	3	4	5	6	7	8	8	9	10	11	12	14
	极限偏差	矩形 (h11)	—		—			0 −0.090					0 −0.010		
		方形 (h8)	0 −0.014		0 −0.018			—					—		
* 倒角或圆角 s			0.16～0.25			0.25～0.40			0.40～0.60					0.60～0.80	

长度 L 基本尺寸	极限偏差 (h14)													
6	0 −0.36			—	—	—	—	—	—	—	—	—	—	—
8					—	—	—	—	—	—	—	—	—	—
10						—	—	—	—	—	—	—	—	—
12	0 −0.48					—	—	—	—	—	—	—	—	—
14							—	—	—	—	—	—	—	—
16							—	—	—	—	—	—	—	—
18								—	—	—	—	—	—	—
20	0 −0.52							—	—	—	—	—	—	—
22		—			标准				—	—	—	—	—	—
25		—							—	—	—	—	—	—
28		—								—	—	—	—	—
32	0 −0.62	—								—	—	—	—	—
36		—									—	—	—	—
40		—	—								—	—	—	—
45		—	—				长度					—	—	—
50		—	—	—									—	—
56	0 −0.74	—	—	—										—
63		—	—	—	—									
70		—	—	—	—									
80		—	—	—	—	—								
90	0 −0.87	—	—	—	—	—				范围				
100		—	—	—	—	—	—							
110		—	—	—	—	—	—							
125	0 −1.00	—	—	—	—	—	—	—						
140		—	—	—	—	—	—	—						
160		—	—	—	—	—	—	—	—					
180		—	—	—	—	—	—	—	—	—				

注：倒角时在 s 值前注写 C，倒圆时在 s 值前注写 R。

附表 13　滚动轴承

深沟球轴承
（摘自 GB/T 276—2013）

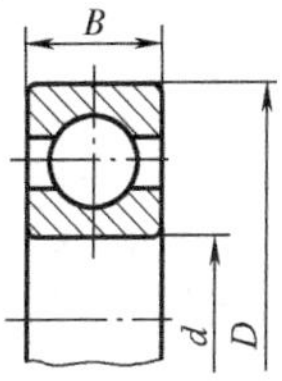

标 记 示 例
滚动轴承　6310
GB/T 276—2013

圆锥滚子轴承
（摘自 GB/T 297—1994）

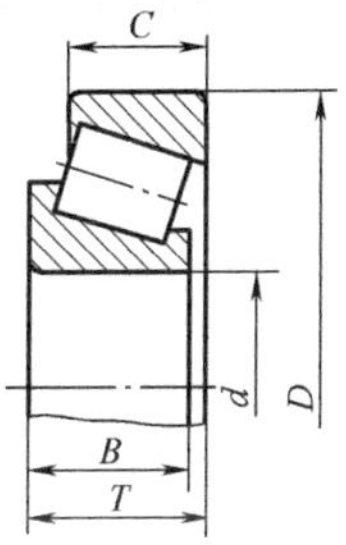

标 记 示 例
滚动轴承　30212
GB/T 297—1994

推力球轴承
（摘自 GB/T 301—1995）

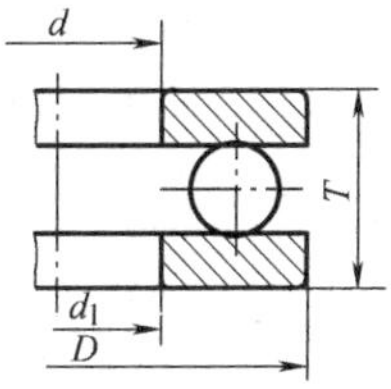

标 记 示 例
滚动轴承　51305
GB/T 301—1995

轴承型号	尺寸/mm			轴承型号	尺寸/mm					轴承型号	尺寸/mm			
	d	*D*	*B*		*d*	*D*	*B*	*C*	*T*		*d*	*D*	*T*	d_1
尺寸系列[(0)2]				尺寸系列[02]						尺寸系列[12]				
6202	15	35	11	30203	17	40	12	11	13.25	51202	15	32	12	17
6203	17	40	12	30204	20	47	14	12	15.25	51203	17	35	12	19
6204	20	47	14	30205	25	52	15	13	16.25	51204	20	40	14	22
6205	25	52	15	30206	30	62	16	14	17.25	51205	25	47	15	27
6206	30	62	16	30207	35	72	17	15	18.25	51206	30	52	16	32
6207	35	72	17	30208	40	80	18	16	19.75	51207	35	62	18	37
6208	40	80	18	30209	45	85	19	16	20.75	51208	40	68	19	42
6209	45	85	19	30210	50	90	20	17	21.75	51209	45	73	20	47
6210	50	90	20	30211	55	100	21	18	22.75	51210	50	78	22	52
6211	55	100	21	30212	60	110	22	19	23.75	51211	55	90	25	57
6212	60	110	22	30213	65	120	23	20	24.75	51212	60	95	26	62
尺寸系列[(0)3]				尺寸系列[03]						尺寸系列[13]				
6302	15	42	13	30302	15	42	13	11	14.25	51304	20	47	18	22
6303	17	47	14	30303	17	47	14	12	15.25	51305	25	52	18	27
6304	20	52	15	30304	20	52	15	13	16.25	51306	30	60	21	32
6305	25	62	17	30305	25	62	17	15	18.25	51307	35	68	24	37
6306	30	72	19	30306	30	72	19	16	20.75	51308	40	78	26	42
6307	35	80	21	30307	35	80	21	18	22.75	51309	45	85	28	47
6308	40	90	23	30308	40	90	23	20	25.25	51310	50	95	31	52
6309	45	100	25	30309	45	100	25	22	27.25	51311	55	105	35	57
6310	50	110	27	30310	50	110	27	23	29.25	51312	60	110	35	62
6311	55	120	29	30311	55	120	29	25	31.50	51313	65	115	36	67
6312	60	130	31	30312	60	130	31	26	33.50	51314	70	125	40	72

注：圆括号中的尺寸系列代号在轴承代号中省略。

附表 14　优先及常用配合轴的极限偏差表（摘自 GB/T 1800.1—2009）（单位：μm）

代号		a	b	c	d	e	f	g						
公称尺寸 /mm		标准公差等级												
大于	至	11	11	*11	*9	8	*7	*6	5	*6	*7	8	*9	10
—	3	-270	-140	-60	-20	-14	-6	-2	0	0	0	0	0	0
		-330	-200	-120	-45	-28	-16	-8	-4	-6	-10	-14	-25	-40
3	6	-270	-140	-70	-30	-20	-10	-4	0	0	0	0	0	0
		-345	-215	-145	-60	-38	-22	-12	-5	-8	-12	-18	-30	-48
6	10	-280	-150	-80	-40	-25	-13	-5	0	0	0	0	0	0
		-338	-240	-170	-76	-47	-28	-14	-6	-9	-15	-22	-36	-58
10	14	-290	-150	-95	-50	-32	-16	-6	0	0	0	0	0	0
14	18	-400	-260	-205	-93	-59	-34	-17	-8	-11	-18	-27	-43	-70
18	24	-300	-160	-110	-65	-40	-20	-7	0	0	0	0	0	0
24	30	-430	-290	-240	-117	-73	-41	-20	-9	-13	-21	-33	-52	-84
30	40	-310	-170	-120										
		-470	-330	-280	-80	-50	-25	-9	0	0	0	0	0	0
40	50	-320	-180	-130	-142	-89	-50	-25	-11	-16	-25	-39	-62	-100
		-480	-340	-290										
50	65	-340	-190	-140										
		-530	-380	-330	-100	-60	-30	-10	0	0	0	0	0	0
65	80	-360	-200	-150	-174	-106	-60	-29	-13	-19	-30	-46	-74	-120
		-550	-390	-340										
80	100	-380	-220	-170										
		-600	-440	-390	-120	-72	-36	-12	0	0	0	0	0	0
100	120	-410	-240	-180	-207	-126	-71	-34	-15	-22	-35	-54	-87	-140
		-630	-460	-400										
120	140	-460	-260	-200										
		-710	-510	-450										
140	160	-520	-280	-210	-145	-85	-43	-14	0	0	0	0	0	0
		-770	-530	-460	-245	-148	-83	-39	-18	-25	-40	-63	-100	-160
160	180	-580	-310	-230										
		-830	-560	-480										
180	200	-660	-340	-240										
		-950	-630	-530										
200	225	-740	-380	-260	-170	-100	-50	-15	0	0	0	0	0	0
		-1030	-670	-550	-285	-172	-96	-44	-20	-29	-46	-72	-115	-185
225	250	-820	-420	-280										
		-1110	-710	-570										
250	280	-920	-480	-300										
		-1240	-800	-620	-190	-110	-56	-17	0	0	0	0	0	0
280	315	-1050	-540	-330	-320	-191	-108	-49	-23	-32	-52	-81	-130	-210
		-1370	-860	-650										
315	355	-1200	-600	-360										
		-1560	-960	-720	-210	-125	-62	-18	0	0	0	0	0	0
355	400	-1350	-680	-400	-350	-214	-119	-54	-25	-36	-57	-89	-140	-230
		-1710	-1040	-760										
400	450	-1500	-760	-440										
		-1900	-1160	-840	-230	-135	-68	-20	0	0	0	0	0	0
450	500	-1650	-840	-480	-385	-232	-131	-60	-27	-40	-63	-97	-155	-250
		-2050	-1240	-880										

（续）

代号				js	k	m	n	p	r	s	t	u	v	x	y	z
公称尺寸/mm		标准公差等级														
大于	至	*11	12	6	*6	6	*6	*6	6	*6	6	*6	6	6	6	6
—	3	0 -60	0 -100	±3	+6 0	+8 +2	+10 +4	+12 +6	+16 +10	+20 +14	—	+24 +18	—	+26 +20	—	+32 +26
3	6	0 -75	0 -120	±4	+9 +1	+12 +4	+16 +8	+20 +12	+23 +15	+27 +19	—	+31 +23	—	+36 +28	—	+43 +35
6	10	0 -90	0 -150	±4.5	+10 +1	+15 +6	+19 +10	+24 +15	+28 +19	+32 +23	—	+37 +28	—	+43 +34	—	+51 +42
10	14	0 -110	0 -180	±5.5	+12 +1	+18 +7	+23 +12	+29 +18	+34 +23	+39 +28	—	+44 +33	—	+51 +40	—	+61 +50
14	18										—		+50 +39	+56 +45	—	+71 +60
18	24	0 -130	0 -210	±6.5	+15 +2	+21 +8	+28 +15	+35 +22	+41 +28	+48 +35	—	+54 +41	+60 +47	+67 +54	+76 +63	+86 +73
24	30										+54 +41	+61 +48	+68 +55	+77 +64	+88 +75	+101 +88
30	40	0 -160	0 -250	±8	+18 +2	+25 +9	+33 +17	+42 +26	+50 +34	+59 +43	+64 +48	+76 +60	+84 +68	+96 +80	+110 +94	+128 +112
40	50										+70 +54	+86 +70	+97 +81	+113 +97	+130 +114	+152 +136
50	65	0 -190	0 -300	±9.5	+21 +2	+30 +11	+39 +20	+51 +32	+60 +41	+72 +53	+85 +66	+106 +87	+121 +102	+141 +122	+163 +144	+191 +172
65	80								+62 +43	+78 +59	+94 +75	+121 +102	+139 +120	+165 +146	+193 +174	+229 +210
80	100	0 -220	0 -350	±11	+25 +3	+35 +13	+45 +23	+59 +37	+73 +51	+93 +71	+113 +91	+146 +124	+168 +146	+200 +178	+236 +214	+280 +258
100	120								+76 +54	+101 +79	+126 +104	+166 +144	+194 +172	+232 +210	+276 +254	+332 +310
120	140	0 -250	0 -400	±12.5	+28 +3	+40 +15	+52 +27	+68 +43	+88 +63	+117 +92	+147 +122	+195 +170	+227 +202	+273 +248	+325 +300	+390 +365
140	160								+90 +65	+125 +100	+159 +134	+215 +190	+253 +228	+305 +280	+365 +340	+440 +415
160	180								+93 +68	+133 +108	+171 +146	+235 +210	+277 +252	+335 +310	+405 +380	+490 +465
180	200	0 -290	0 -460	±14.5	+33 +4	+46 +17	+60 +31	+79 +50	+106 +77	+151 +122	+195 +166	+265 +236	+313 +284	+379 +350	+454 +425	+549 +520
200	225								+109 +80	+159 +130	+209 +180	+287 +258	+339 +310	+414 +385	+499 +470	+604 +575
225	250								+113 +84	+169 +140	+225 +196	+313 +284	+369 +340	+454 +425	+549 +520	+669 +640
250	280	0 -320	0 -520	±16	+36 +4	+52 +20	+66 +34	+88 +56	+126 +94	+190 +158	+250 +218	+347 +315	+417 +385	+507 +475	+612 +580	+742 +710
280	315								+130 +98	+202 +170	+272 +240	+382 +350	+457 +425	+557 +525	+682 +650	+822 +790
315	355	0 -360	0 -570	±18	+40 +4	+57 +21	+73 +37	+98 +62	+144 +108	+226 +190	+304 +268	+426 +390	+511 +475	+626 +590	+766 +730	+936 +900
355	400								+150 +114	+244 +208	+330 +294	+471 +435	+566 +530	+696 +660	+856 +820	+1036 +1000
400	450	0 -400	0 -630	±20	+45 +5	+63 +23	+80 +40	+108 +68	+166 +126	+272 +232	+370 +330	+530 +490	+635 +595	+780 +740	+960 +920	+1140 +1100
450	500								+172 +132	+292 +252	+400 +360	+580 +540	+700 +660	+860 +820	+1040 +1000	+1290 +1250

注：带“*”者为优先选用的，其他为常用的。

附表 15 优先及常用配合孔的极限偏差表（摘自 GB/T 1800.2—2009）（单位：μm）

代号		A	B	C	D	E	F	G	H					
公称尺寸/mm		标准公差等级												
大于	至	11	11	*11	*9	8	*8	*7	6	*7	*8	*9	*10	*11
—	3	+330 +270	+200 +140	+120 +60	+45 +20	+28 +14	+20 +6	+12 +2	+6 0	+10 0	+14 0	+25 0	+40 0	+60 0
3	6	+345 +270	+215 +140	+145 +70	+60 +30	+38 +20	+28 +10	+16 +4	+8 0	+12 0	+18 0	+30 0	+48 0	+75 0
6	10	+370 +280	+240 +150	+170 +80	+76 +40	+47 +25	+35 +13	+20 +5	+9 0	+15 0	+22 0	+36 0	+58 0	+90 0
10	14	+400 +290	+260 +150	+205 +95	+93 +50	+59 +32	+43 +16	+24 +6	+11 0	+18 0	+27 0	+43 0	+70 0	+110 0
14	18													
18	24	+430 +300	+290 +160	+240 +110	+117 +65	+73 +40	+53 +20	+28 +7	+13 0	+21 0	+33 0	+52 0	+84 0	+130 0
23	30													
30	40	+470 +310	+330 +170	+280 +120	+142 +80	+89 +50	+64 +25	+34 +9	+16 0	+25 0	+39 0	+62 0	+100 0	+160 0
40	50	+480 +320	+340 +180	+290 +130										
50	65	+530 +340	+380 +190	+330 +140	+174 +100	+106 +60	+76 +30	+40 +10	+19 0	+30 0	+46 0	+74 0	+120 0	+190 0
65	80	+550 +360	+390 +200	+340 +150										
80	100	+600 +380	+440 +220	+390 +170	+207 +120	+126 +72	+90 +36	+47 +12	+22 0	+35 0	+54 0	+87 0	+140 0	+220 0
100	120	+630 +410	+460 +240	+400 +180										
120	140	+710 +460	+510 +260	+450 +200	+245 +145	+148 +85	+106 +43	+54 +14	+25 0	+40 0	+63 0	+100 0	+160 0	+250 0
140	160	+770 +520	+530 +280	+460 +210										
160	180	+830 +580	+560 +310	+480 +230										
180	200	+950 +660	+630 +340	+530 +240	+285 +170	+172 +100	+122 +50	+61 +15	+29 0	+46 0	+72 0	+115 0	+185 0	+290 0
200	225	+1030 +740	+670 +380	+550 +260										
225	250	+1110 +820	+710 +420	+570 +280										
250	280	+1240 +920	+800 +480	+620 +300	+320 +190	+191 +110	+137 +56	+69 +17	+32 0	+52 0	+81 0	+130 0	+210 0	+320 0
280	315	+1370 +1050	+860 +540	+650 +330										
315	355	+1560 +1200	+960 +600	+720 +360	+350 +210	+214 +125	+151 +62	+75 +18	+36 0	+57 0	+89 0	+140 0	+230 0	+360 0
355	400	+1710 +1350	+1040 +680	+760 +400										
400	450	+1900 +1500	+1160 +760	+840 +440	+385 +230	+232 +135	+165 +68	+83 +20	+40 0	+63 0	+97 0	+155 0	+250 0	+400 0
450	500	+2050 +1650	+1240 +840	+880 +480										

（续）

代号			JS		K			M	N		P		R	S	T	U
公称尺寸/mm		标准公差等级														
大于	至	12	6	7	6	*7	8	7	6	*7	6	*7	7	*7	7	*7
—	3	+100 0	±3	±5	0 -6	0 -10	0 -14	-2 -12	-4 -10	-4 -14	-6 -12	-6 -16	-10 -20	-14 -24	—	-18 -28
3	6	+120 0	±4	±6	+2 -6	+3 -9	+5 -13	0 -12	-5 -13	-4 -16	-9 -17	-8 -20	-11 -23	-15 -27	—	-19 -31
6	10	+150 0	±4.5	±7	+2 -7	+5 -10	+6 -16	0 -15	-7 -16	-4 -19	-12 -21	-9 -24	-13 -28	-17 -32	—	-22 -37
10	14	+180 0	±5.5	±9	+2 -9	+6 -12	+8 -19	0 -18	-9 -20	-5 -23	-15 -26	-11 -29	-16 -34	-21 -39	—	-26 -44
14	18															
18	24	+210 0	±6.5	±10	+2 -11	+6 -15	+10 -23	0 -21	-11 -24	-7 -28	-18 -31	-14 -35	-20 -41	-27 -48	—	-33 -54
23	30														-33 -54	-40 -61
30	40	+250 0	±8	±12	+3 -13	+7 -18	+12 -27	0 -25	-12 -28	-8 -33	-21 -37	-17 -42	-25 -50	-34 -59	-39 -64	-51 -76
40	50														-45 -70	-61 -86
50	65	+300 0	±9.5	±15	+4 +15	+9 -21	+14 -32	0 -30	-14 -33	-9 -39	-26 -45	-21 -51	-30 -60	-42 -72	-55 -85	-76 -106
65	80												-32 -62	-48 -78	-64 -94	-91 -121
80	100	+350 0	±11	±17	+4 -18	+10 -25	+16 -38	0 -35	-16 -38	-10 -45	-30 -52	-24 -59	-38 -73	-58 -93	-78 -113	-111 -146
100	120												-41 -76	-66 -101	-91 -126	-131 -166
120	140	+400 0	±12.5	±20	+4 -21	+12 -28	+20 -43	0 -40	-20 -45	-12 -52	-36 -61	-28 -68	-48 -88	-77 -117	-107 -147	-155 -195
140	160												-50 -90	-85 -125	-119 -159	-175 -215
160	180												-53 -93	-93 -133	-131 -171	-195 -235
180	200	+460 0	±14.5	±23	+5 -24	+13 -33	+22 -50	0 -46	-22 -51	-14 -60	-41 -70	-33 -79	-60 -106	-105 -151	-149 -195	-219 -265
200	225												-63 -109	-113 -159	-163 -209	-241 -287
225	250												-67 -113	-123 -169	-179 -225	-267 -313
250	280	+520 0	±16	±26	+5 -27	+16 -36	+25 -56	0 -52	-25 -57	-14 -66	-47 -79	-36 -88	-74 -126	-138 -190	-198 -250	-295 -347
280	315												-78 -130	-150 -202	-220 -272	-330 -382
315	355	+570 0	±18	±28	+7 -29	+17 -40	+28 -61	0 -57	-26 -62	-16 -73	-51 -87	-41 -98	-87 -144	-169 -226	-247 -304	-369 -426
355	400												-93 -150	-187 -244	-273 -330	-414 -471
400	450	+630 0	±20	±31	+8 -32	+18 -45	+29 -68	0 -63	-27 -67	-17 -80	-55 -95	-45 -108	-103 -166	-209 -272	-307 -370	-467 -530
450	500												-109 -172	-229 -292	-337 -400	-517 -580

注：带“*”者为优先选用的，其他为常用的。

附表 16 标准公差数值（摘自 GB/T 1800.2—2009）

公称尺寸/mm		标准公差等级																	
		μm										mm							
大于	至	IT1	IT2	IT3	IT4	IT5	IT6	IT7	IT8	IT9	IT10	IT11	IT12	IT13	IT14	IT15	IT16	IT17	IT18
6	10	1	1.5	2.5	4	6	9	15	22	36	58	90	0.15	0.22	0.36	0.58	0.90	1.5	2.2
10	18	1.2	2	3	5	8	11	18	27	43	70	110	0.18	0.27	0.43	0.70	1.10	1.8	2.7
18	30	1.5	2.5	4	6	9	13	21	33	52	84	130	0.21	0.33	0.52	0.84	1.30	2.1	3.3
30	50	1.5	2.5	4	7	11	16	25	39	62	100	160	0.25	0.39	0.62	1.00	1.60	2.5	3.9
50	80	2	3	5	8	13	19	30	46	74	120	190	0.30	0.46	0.74	1.20	1.90	3.0	4.6
80	120	2.5	4	6	10	15	22	35	54	87	140	220	0.35	0.54	0.87	1.40	2.20	3.5	5.4
120	180	3.5	5	8	12	18	25	40	63	100	160	250	0.40	0.63	1.00	1.60	2.50	4.0	6.3

注：公称尺寸小于或等于 1mm 时，无 IT14 ~ IT18。

参考文献

[1] 金大鹰. 机械制图 [M]. 北京：机械工业出版社，2004.
[2] 杨惠英. 机械制图 [M]. 北京：清华大学出版社，2002.
[3] 王幼龙. 机械制图 [M]. 北京：高等教育出版社，2001.
[4] 李文，林若森. 机械制图教程 [M]. 北京：清华大学出版社，2004.
[5] 刘小年. 机械制图 [M]. 北京：机械工业出版社，2005.
[6] 胡敬佩. 工程制图基础 [M]. 北京：清华大学出版社，2004.
[7] 江会保，管文华. 机械制图 [M]. 北京：机械工业出版社，2005.
[8] 左晓明. 工程制图 [M]. 北京：机械工业出版社，2004.
[9] 北京邮电大学工程画教研室. 工程制图与计算机绘图基础 [M]. 北京：人民邮电出版社，2002.
[10] 王谟金. 机械制图 [M]. 北京：清华大学出版社，2004.
[11] 吕守祥，王一廷. 机械制图 [M]. 重庆：重庆大学出版社，2004.
[12] 冯秋官. 机械制图 [M]. 北京：高等教育出版社，2000.
[13] 钱可强. 机械制图 [M]. 北京：机械工业出版社，2011.
[14] 柳燕君，应龙泉，潘陆桃. 机械制图 多学时 [M]. 北京：高等教育出版社，2010.